现代农业装备与应用

XIANDAI NONGYE ZHUANGBEI YU YINGYONG

浙江省农业机械学会　编著

浙江科学技术出版社

图书在版编目(CIP)数据

现代农业装备与应用 / 浙江省农业机械学会编著. —杭
州:浙江科学技术出版社,2018.12(2019.12 重印)
ISBN 978-7-5341-8445-1

Ⅰ.①现…　Ⅱ.①浙…　Ⅲ.①农业机械　Ⅳ.①S22

中国版本图书馆 CIP 数据核字(2018)第 216811 号

书　　名	现代农业装备与应用
编　　著	浙江省农业机械学会

出 版 发 行	浙江科学技术出版社
	邮政编码:310006
	杭州市体育场路 347 号
	办公室电话:0571-85062601
	销售部电话:0571-85171220
	网　址:www.zkpress.com
	E-mail:zkpress@zkpress.com
排　　版	杭州大漠照排印刷有限公司
印　　刷	杭州宏雅印刷有限公司
经　　销	全国各地新华书店

开　　本	889×1194　1/16	印　张	16.75
字　　数	483 000		
版　　次	2018 年 12 月第 1 版	2019 年 12 月第 2 次印刷	
书　　号	ISBN 978-7-5341-8445-1	定　价	56.00 元

策划组稿 詹　喜	**责任编辑** 李亚学	**文字编辑** 李亚学　赵雷霖
责任校对 赵　艳	**责任美编** 金　晖	**责任印务** 叶文炀

内容提要

本书结合现代农业装备在浙江省实际应用情况，分为粮油机械、蔬菜机械、茶叶机械、水果机械、食用菌机械、畜牧水产机械、设施农业装备、农业物联网与智能装备共八章内容进行编写，以浙江省近年来推广应用的200个左右品目的农业装备为例，介绍了其结构原理、操作使用、维护保养与应用实例等内容。本书图文并茂，通俗易懂，科学实用，理论与生产实践密切结合，为农业"机器换人"提供了理论指引与实践指导。本书适合农业（农机）推广与管理部门、农业企业以及农户阅读使用，可作为农机技术与农民素质培训教材，也可供农机科研人员与高等农业院校相关专业师生参考。

实施乡村振兴战略，积极推广现代农业装备与技术，促进农业农村现代化。

中国工程院院士 罗锡文

2018年11月26日

序

现代农业装备是发展现代农业的重要物质基础，是提高农业生产力水平和解放劳动力的重要物质载体。

近年来，特别是 2016 年农业部（现农业农村部）将浙江省作为创建全国农业"机器换人"示范省以来，浙江省立足农业产业特色，围绕建设高效生态现代农业，大力推广先进、适用的农业装备，全方位、深层次推进农业"机器换人"，使现代农业装备的覆盖面、渗透力和效益显著提升，农业生产方式加速向机械化、设施化、标准化、专业化转变，有效提高了农业劳动生产率、资源利用率和土地产出率，减轻了劳动强度，为促进农业机械化全面、高质、高效发展，促进农业增产增效，保障农产品有效供给，吸引和留住农业从业者，推动乡村振兴战略实施发挥了重要作用。

目前，浙江省农业生产全程、全面机械化发展格局基本形成，粮食、茶叶、食用菌生产全程机械化水平全面提升，蔬菜、水果、畜牧、水产机械化加快推进，农业装备正加速由中低端向中高端转型升级，绿色生态、智能精准、高效舒适现代农业装备的应用范围不断扩大，"互联网＋农机"取得显著进展，农业"机器换人"工作成效明显。

在此背景下，浙江省农业机械学会组织知名农机专家、学者和具有丰富实践经验的农机科研、技术推广人员，以浙江省近年来示范、推广的现代农业装备为例，编著了本书。本书图文并茂，通俗易懂，科学实用，为农机推广管理和农业生产人员了解并掌握先进、适用的农业装备提供了参考，为进一步推进浙江省乃至全国农业"机器换人"工作，促进农业生产全程、全面机械化发展，推动乡村振兴战略实施，促进农村经济繁荣提供了有力的支撑。

中国农业机械学会农机化分会主任委员

中国农业大学教授、博士生导师

2018 年 11 月 16 日

前　言

FOREWORD

当前，我国正处于传统农业向现代农业转变的阶段，传统农业向现代农业转变的过程就是实现农业现代化的过程。根据《中共中央、国务院关于实施乡村振兴战略的意见》，计划到2035年，乡村振兴要取得决定性进展，农业农村现代化基本实现；到2050年，乡村全面振兴，农业强、农村美、农民富全面实现。现代农业装备是现代农业的重要标志和物质载体，也是实现农业现代化的重要工具。因此，加快发展现代农业装备并将其推广应用，对于促进现代农业发展、实施乡村振兴战略显得十分迫切与必要。

本书为浙江省科学技术协会重点科普专项资助项目，立足浙江省粮油、蔬菜、茶叶、水果、食用菌、畜牧水产等主要农业产业，收集、整理了各类先进、实用的农业装备，深入浅出地介绍了现代农业装备的结构原理、操作使用、维护保养与应用实例，具有较强的专业性、实用性和指导性。因此，本书既可作为农技（机）推广与管理人员知识更新与农民素质培训用书，又可作为农机专业合作社、农机大户以及广大机手自学用书，还可作为农机科研人员、技术推广人员和高等农业院校相关专业师生参考用书。

本书由浙江省内外知名农机专家、学者和具有丰富实践经验的农机科研、技术推广人员共同编写。全书共分八章，每章由业内专家负责组织编写工作。第一章粮油机械，组长：李鉴方，副组长：李革、杨海川；第二章蔬菜机械，组长：李鉴方，副组长：俞高红、楼艺红；第三章茶叶机械，组长：赵力勤，副组长：章飞杰；第四章水果机械，组长：陈长卿；第五章食用菌机械，组长：吴志珍，副组长：周延锁；第六章畜牧水产机械，组长：李奎（畜牧机械）、李世建（水产机械），副组长：杨晓平、王群英；第七章设施农业装备，组长：李鉴方，副组长：陈志明；第八章农业物联网与智能装备，组长：聂鹏程，副组长：应博凡、周延锁。全书主审：何勇，副主审：雷良育、余文胜、杨自栋、姚立健。

在本书策划、编写、出版过程中，我们多次组织有关部门与单位的专家、学者进行专题研究、讨论、审阅，并得到浙江省科学技术协会、浙江省农业机械管理局、浙江大学、华中农业大学、浙江理工大学、浙江农林大学、浙江省农业机械研究院、浙江科学技术出版社、浙江吉峰聚力农业机械有限公司等有关单位和各市、县（市、区）农机管理部门的大力支持和帮助，于敬梅、谌文思、陈静思、王泽、陈玉景、朱勤聪、王晓云、刘鸿宇、胡永伟、吴文强、王斌、黄良兵等同志为编写此书付出了辛勤的劳动，吉承建、孙国超、俞爱民为本书封面、封底提供照片，在此一并表示衷心的感谢！

由于本书涉及内容广泛，加之编写时间仓促，若有疏漏之处，敬请广大同行、读者提出宝贵意见和建议，以便修订完善。

浙江省农业机械学会

2018年10月

目　录

CONTENTS

第五章　食用菌机械

第六章　畜牧水产机械

第七章　设施农业装备

第一章

粮油机械

粮油作物是粮食作物和油料作物的统称,主要包括水稻、小麦、玉米、马铃薯、大豆、油菜、花生等作物,浙江省的主要作物为水稻、小麦、马铃薯、大豆与油菜等。推进粮油生产全程机械化,是确保粮食安全、农业持续稳定发展的有效载体与重要手段。粮油机械是指粮油作物生产及其产品初加工等相关农事活动中使用的机械、设备,主要包括平地机械、耕整地机械、播种施肥机械、田间管理机械、收获机械、收获后处理机械、初加工机械及废弃物利用处理设备等。如今粮油机械已成熟应用,今后的发展方向是复式作业与精准化、智能化,而且能通过智能控制系统实现多机协同作业。本章以浙江省主要推广应用的粮油机械为例进行介绍。

第一节　平地机械

平地机械主要包括铲运机和平地机。平地机是利用刮刀平整地面的土方机械,刮刀装在机械前后的轮轴之间,能升降、倾斜、回转和外伸。本节主要介绍浙江省内多数地区应用的激光平地机。

一、旱地激光平地机

旱地激光平地机由于能自动控制平整面,可使地面平整度误差在2厘米内,因此相对于一般平地机械,平地效果更好,作业效率更高,可进一步节约水资源,减少水土流失,增加土地产出率。现以杭州大江东某用户购置的JPD-3000型旱地激光平地机(如图1-1)为例进行介绍。

　1.结构原理

旱地激光平地机主要由激光发射器、激光接收器、激光控制器、液压系统和平地铲组成。如图1-2所示,其工作原理是激光发射器发出的旋转

图1-1　旱地激光平地机

光束在作业地块上方形成一个平面,此平面就是平地机作业时的基准面。激光接收器安装在靠近平地铲铲刃的伸缩杆上,当接收器检测到激光信号后,不停地向控制器发送信号。控制器接收到高度变化的

信号后,进行自动修正,修正后的信号控制液压控制阀,以改变液压油输向油缸的流向与流量,自动控制平地铲的高度,即可完成土地平整作业。

图1-2　旱地激光平地机工作原理图

（1）激光发射器。激光发射器用于发射激光,形成激光平面,发射范围为直径800米左右。激光发射器具有自动安平功能,若在工作中受震动或碰撞发生偏离,可自动停止发射,报警并重新自动安平。激光发射器可以安装在地块中央,也可以安装在地块角落。

（2）激光接收器。激光接收器用于接收激光信号、显示信号,并将信号传输给控制器。激光接收器安装在平地机具上,通过电缆与控制器连接,接收器接收信号的精度可以调节。

（3）激光控制器。激光控制器用于处理激光接收器传输的信号,控制液压系统工作,从而使平地铲自动追踪激光平面进行作业。

（4）平地铲。平地铲是激光平地机的关键作业部件,平地铲的高低由控制系统自动调整,平地铲系统如图1-3所示。

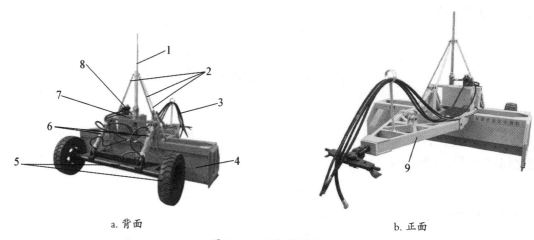

a. 背面　　　　　　　　　　　　　　　　　b. 正面

图1-3　平地铲系统

1.桅杆　2.三脚支架　3.液压油管　4.平地铲　5.轮胎与后桥
6.液压油缸　7.油箱　8.电磁组合阀块　9.牵引架

2. 操作使用

（1）初始化工作位置。将拖拉机驾驶到工作区域,关闭动力输出,打开控制器并使平地铲自然下降,将接收器调至合适位置。

（2）架设发射器和接收器。根据需平整的田地面积,确定激光发射器的位置,一般激光发射器放在场地中间位置,高于作业地块0.5～1米,发射直径控制在800米内。激光发射器位置确定后,将它安装在三脚架上并调平。接收器应安装在激光平地机刮土铲支撑伸缩杆的最高位置,处于拖拉机最高点上方。作业范围内无障碍物阻挡激光的标高。

（3）平地机工作。发动拖拉机,启动动力输出,打开控制器电源并按控制器的"自动"按键。驾驶拖拉机在工作区域内绕行,并查看平地铲刮土情况。若在整个工作过程中,平地铲因刮土太多比较吃力,则在控制器自动模式下将接收器的高度降低,使平地铲升高以提高工作效率;若在整个工作过程中,平地铲刮土太少或刮不到土,则在控制器自动模式下将接收器的高度调高,使平地铲下降以达到平整土地的目的。

3. 维护保养

(1)日常保养。

①做好日常的清洗与润滑工作。

②经常检查各电缆接头和油管的连接是否可靠。

③经常清洗液压工作站的阀件。

④激光发射器和接收器可全天作业,虽然具有防水、防尘功能,但在使用中如遇雨雪天气,一般不要让其工作。

(2)停放。

①停放前,要将整套系统清洗干净,整套系统应放在干燥、遮阴的地方,避免风吹、日晒、雨淋。

②液压工作站中的油路油管存放时不要挤压、扭曲。

③控制仪器要放入箱内妥善保存。

二、水田激光平地机

精细平整的水田可以保证农田水层深浅一致,节省农业用水;可以提高农药、化肥的利用率,减少除草剂的使用量,从而减少生产成本和对环境的污染;可以增加农作物产量,促进农业可持续发展。由于水田泥脚深浅不一,而且土壤黏度与旱地差异甚大,旱地激光平地机难以在水田中带水作业,需用水田激光平地机进行平整作业。现以华南农业大学研制的水田激光平地机为例进行介绍,该机可与乘坐式插秧机(如图1-4)和拖拉机(如图1-5)相连接。

图1-4 与乘坐式插秧机底盘配套的
水田激光平地机

图1-5 与轮式拖拉机配套的
水田激光平地机

1. 结构原理

由于水田的特殊性,水田激光平地机需联合应用高程控制技术与水平控制技术。高程控制技术采用旋转的激光束平面作为精细平整的基准平面,通过激光接收器和高程控制器自动调整平地铲高度。水平控制技术采用微机械加速度传感器和微机械陀螺仪,通过信息融合检测平地铲的动态水平倾角,采用水平控制器控制液压油缸运动使平地铲保持水平。通过高程控制系统和水平控制系统的联合控制,可使平地铲工作时始终处于与旋转的激光束基准面平行的水平面内工作,从而实现水田精细平整。

2. 操作使用

（1）田块旋耕作业后，保持2厘米左右的水位。若平整作业时水太深，则基准难找，并难以判断作业路线和作业效果；若平整作业时水太少或无水，则机具作业负荷大，不易平整田块。

（2）起点工作位置应选择在作业田块相对最高处，平地铲以这个基准点的位置为参考对水田进行高推低填。调整激光接收器在支撑伸缩杆上的高度，使发射器发出的光束与接收器相吻合，接收器绿灯亮，说明接收器与发射器发出的激光束在同一水平线上。此时，将控制器开关设置在自动位置上，启动发动机，开始平地作业。

（3）第一次平整时从田块相对高土位向低土位行走，把高处的土铲向低处，反复多次直到作业田块相对平整。然后，重新调整作业基准，选取好路线，由田块一边做"几"字形作业。作业时应保证平地铲一直处于某一水平面内，这样作业后水田平整度才能达到精细平整的要求。

（4）在作业时，若平整田面平整度差，平地铲前倾角度不应过大；若平整田面平整度好，则平地铲应有较大的前倾角度，平地作业效果将更好，原因是平地铲向前倾斜后，减少了牵引阻力，提高了平整效率。

第二节　耕整地机械

　　耕整地机械是对农田土壤进行机械处理使之适合农作物生长的机械。根据耕作的深度和用途可以把土壤耕作机械分为两大类：耕地机械和整地机械。耕地机械是对整个耕作层进行耕作的机具，常用的有铧式犁、圆盘犁、旋耕机、深松机、开沟机、耕整机、微耕机（如图1-6）、机耕船（如图1-7）等。整地机械是对耕作后的浅层表土再进行耕作的机具，常用的有钉齿耙、圆盘耙、镇压器、埋茬起浆机（如图1-8）、水田整平器（如图1-9）、灭茬机、筑埂机、起垄机等。本节主要介绍筑埂机、农田捡石机和履带自走式耕作机。

图1-6　微耕机

图1-7　机耕船

图1-8　埋茬起浆机

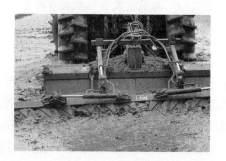

图1-9　水田整平器

一、筑埂机

筑埂机（如图1-10）主要适用于农田周围旧埂的修复作业与筑新埂。现以RBC700型单侧筑埂机为例进行介绍。

1.结构原理

筑埂机由机架、变速箱、万向节、齿轮箱、传动箱、链条箱、镇压圆盘、旋耕刀、滚轮和侧板等组成，筑埂机结构如图1-11所示。筑埂机通过悬挂架与拖拉机三点悬挂连接。由于筑埂机传动路线较长，所以拖拉机传出动力先通过变速箱变速，然后通过万向节传动至齿轮箱，再传动至传动箱，最后通过旋耕刀轴的链条箱传动至旋

图 1-10　筑埂机

耕刀，通过镇压圆盘的链条箱传动至镇压圆盘。拖拉机向前行驶，筑埂机前面的旋耕刀入土翻耕，将土壤推向机架右侧，使土壤进入后面的筑埂范围，将大量的土培成土埂，然后通过旋转的镇压圆盘、滚轮对土埂进行成形压实，通过来回作业，完成筑埂工作。

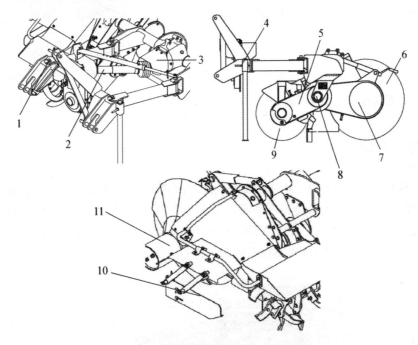

图 1-11　筑埂机结构示意图

1.变速箱　2.万向节传动轴　3.齿轮箱　4.机架　5.旋耕刀轴的链条箱　6.镇压圆盘

7.镇压圆盘的链条箱　8.传动箱　9.旋耕刀　10.侧板　11.滚轮

2.操作使用

（1）修复旧埂时需要考察土壤条件，手里捏一把土，如果泥土成形，则表示水分适中（含水率30%～40%）；如果泥土不成形，则表示水分过低；如果有水溢出，则表示水分过多。应在水分适中的时候筑埂。

（2）平地筑新埂时需要根据土壤条件，黏土土质需要先旋耕后筑埂，黏度不大的土壤可以直接筑埂，不需要使用旋耕机。

（3）配套拖拉机动力为36.8～69.8千瓦，动力输出轴的标准转数为540转/分。动力输出轴转速过快会造成镇压圆盘磨损加快。

（4）作业速度为1.0～1.5千米/时。如果作业速度太快，无法进行筑埂作业。

（5）拖拉机作业时，离田埂越近，埂顶的宽度会被切得越窄；反之，埂顶宽度越宽。埂顶宽度可控制为20～35厘米，应根据实际需要作业。

3. 维护保养

（1）班保养（每班开始工作前或结束后进行）。作业结束后要仔细清洁机器，并给万向节传动轴涂油。要检查各个部位的螺钉、螺母是否松动，插销有无脱落等。

（2）季保养（一个季节作业后，对机具开展保养）。要彻底对各部位进行清洁，特别是排料量控制器周围，要拆开后进行清洁。对各部位进行检查，如有损坏，应尽早修理并且更换零部件。

（3）保管。使用支撑架让农机具稳定下来，选择在无湿气、无灰尘的地点进行保管。

4. 示范应用

人工筑埂劳动强度大、效率低，而且均匀性和一致性比较差。筑埂机在浙江已经全面推广应用，如温州市平阳县一用户应用佐佐木爱克赛路RBC700型筑埂机（如图1-12），该机可以一次性完成覆土、成形、压实等作业工序。主要技术参数：配套的拖拉机动力为51.52千瓦，筑埂高度为25～35厘米。在水分适中（含水率30%～40%）的土壤中筑埂时，人工筑埂效率为0.04千米/时，机械单边筑埂效率可达1.1千米/时，是人工筑埂的13.75倍，省工、节本、增效作用十分明显，而且筑出的田埂埂实线直，抗水渗泡，效果较好。

图 1-12　筑埂机应用图

二、农田捡石机

农田中的砾石易造成机具损坏，制约机械化作业，因此推广应用农田捡石机很有必要。人工捡拾石砾，不但劳动强度大、效率低，而且捡石不彻底。杭州大江东某用户购置一台拓利维1JS200型农田捡石机（如图1-13），主要技术参数为配套动力不低于66千瓦，作业宽幅2米，石砾清除率不低于85%，最高作业速度4千米/时。现以1JS200型农田捡石机为例进行介绍。

图 1-13　农田捡石机

1. 结构原理

农田捡石机由机架、牵引架、掘土铲、拨土齿、滤土链耙、输送链耙、地轮、集料斗、卸料油缸等组成（如图1-14）。该机由拖拉机牵引，作业时农田捡石机在拖拉机的牵引驱动下，石砾和土壤一起被掘土铲铲起；随着机器前行，铲起的石砾和土壤被推送到滤土链耙上，在滤土链耙不断转动向后输送的过程中，实现第一次滤土，将绝大部分土壤滤除还田，同时石砾与少量的土被抛到输送链耙上，在输送链耙不断转动向后输送的过程中，实现第二次滤土，并将石砾抛送到集料斗中，装满后倾卸到运输车上，完成石

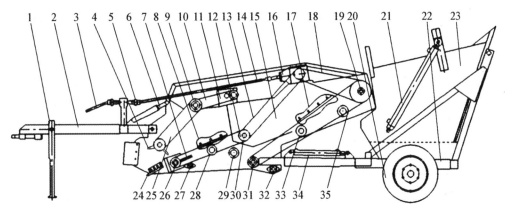

图 1-14　农田捡石机结构示意图

1. 支架　2. 牵引架　3. 前传动轴　4. 拨土齿　5. 安全离合器　6. 升降油缸　7. 滤土链耙调整机构
8. 滤土链耙　9. 拨土齿上传动轴　10. 拨土齿上传动链　11. 副传动箱　12. 下传动链　13. 滤土主传动箱　14. 后传动轴
15. 左右侧板　16. 主传动箱　17. 输送链耙　18. 输送链耙传动链条　19. 输送链耙主传动轴　20. 地轮　21. 卸料油缸
22. 机架焊合　23. 集料斗　24. 掘土铲　25. 拨土齿固定架　26. 滤土链耙被动轴　27、28、29、32、33、35. 托链轮
30. 滤土链耙主传动轴　31. 输送链耙被动轴　34. 机架伸缩油缸

砾的捡拾工作。

2. 操作使用

（1）链耙的调整。松开链耙主动轴轴承，转动调整丝杠，将传动链条调整到适当的紧度，锁紧调整丝杠。调整时，两侧的轴承座位同时调整，须保持链耙两侧紧度一致，否则易造成跳链。

（2）掘土铲入土深度的控制。用油缸控制掘土铲的入土深度，以铲刃入土15～20厘米为宜。在达到合适的作业深度后，调整限深装置并固定位置，以便使掘土铲每次都下降到同样位置，保持作业深度一致。

（3）拖拉机配套动力为66千瓦以上，作业过程中若发现超过限定范围的石块，应人工捡拾或避让。

3. 维护保养

（1）每个作业季节前检查各部轴承，加润滑油。

（2）每班次作业后，向传动链条滴注润滑油一次，并检查传动箱润滑油是否缺少。润滑油油量高度以达到齿轮中线为宜，若不足应及时添加。

（3）每班次应检查各连接螺栓有无松动，地轮气压是否正常，气压不得大于200千帕。

（4）检查滤土链耙、输送链耙、铲刀有无变形、损坏。

（5）作业季节结束后，要对各部位进行清洁、检查，如有损坏，应及时修理。

三、多用途履带自走式耕作机

多用途履带自走式耕作机属复式机具，可联合开展施肥、旋耕（开沟）、播种、平田等多项作业，适用于稻板田旱耕、双季稻水耕、中下等盐碱地浅层耕作、菜园与烟草地耕耙整地、新地与围垦地灭茬除草和牧草地再生耕作起垄等作业。如湖州思达1DZ-1型多用途履带自走式耕作机（如图1-15）已在绍兴诸暨、杭州余杭等地应用，主要技术参数为动力65千瓦，工作效率3亩/时以上，耕幅2.2米，播种行数12行、行

图 1-15　多用途履带自走式耕作机应用图

距17厘米、播种量10～12千克/亩,施肥量10～30千克/亩。现以1DZ-1型多用途履带自走式耕作机为例进行介绍。

1. 结构原理

多用途履带自走式耕作机(如图1-16)由发动机、底盘、刀轴总成、机罩拖板、播种装置、施肥装置、控制系统等部件组成。利用不同刀片旋转和履带前进的复合运动进行旋耕、起垄、开沟作业,同时可驱动施肥装置、播种装置进行施肥与播种作业。

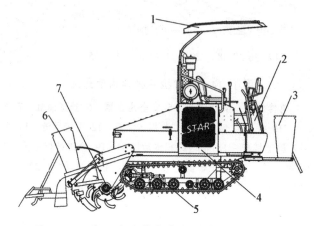

图1-16 多用途履带自走式耕作机结构示意图

1.凉棚 2.驾驶台 3.施肥装置 4.发动机 5.底盘 6.播种装置 7.刀轴总成

(1)液压悬挂系统。多用途履带自走式耕作机通过悬挂机构与底盘机架悬挂连接。底盘机架上装有液压油缸与传动箱,通过液压系统来实现旋耕机具的升降,在悬挂机构两端安装有可调节的限位装置,可手动调节耕深。

(2)传动系统。传动系统的主要功能是传递动力,并通过齿轮传动,将工作离合器输入速度降低到刀轴需要的速度,以适应旋耕作业的要求。同时,可将动力传递至施肥装置、播种装置进行施肥与播种作业。

(3)刀轴总成。刀轴总成(如图1-17)由刀轴焊合、左右弯刀等组成。每根刀轴上焊有双螺旋分布的刀座,左右刀片成对安装,所有刀片的刀口面必须与刀辊旋转方向一致。

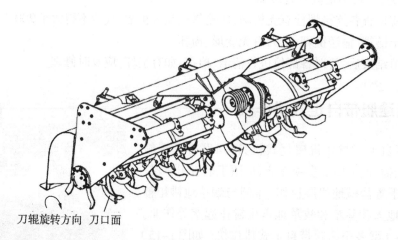

刀辊旋转方向 刀口面

图1-17 刀轴总成

（4）机罩拖板。机罩拖板由机罩和拖板组成。机罩的作用是挡住旋耕飞溅的土块,起安全防护作用,并促使土块进一步破碎。拖板的作用是促进碎土并平整地表。调整拖板离地高度,可获得不同的地表质量。一般情况下,土壤湿时放高些,便于清除刀轴上的积泥、缠草和装拆刀片。多用途履带自走式耕作机工作时,刀片最外缘与机罩的前端间隙不宜过大,若间隙过大,则泥土被抛到刀轴前方并被再次旋耕,加大发动机负荷;若间隙过小,易发生堵塞。

2. 操作使用

（1）旋耕作业方法。

① 确认是旋耕状态（即确认所安装的刀片为旋耕刀）。

② 启动后,将旋耕装置提升到最高位置,转移至作业初始位置。

③ 确认四周无人及没有其他障碍后,合上工作离合器,加大油门。

④ 将旋耕装置降到最低位置（可通过调节限位螺栓控制耕深）;确定副变速杆处于标准挡（工作挡）,推进主变速杆向前作业。

（2）开沟作业方法。

① 开沟时,刀轴两边各更换8～10把专用于开沟的刀片（开沟刀）,其余为旋耕刀,所有刀尖应指向齿轮箱体。

② 起垄开沟作业时,应保持机体直线前进,并尽量不使用左右转向操纵杆（若偏离直线方向,微动转向操纵杆纠正即可）。

③ 第一垄完成后,升起刀辊,掉头转向第二垄耕作。下降刀辊时,使起垄泥板一侧正好落在第一垄沟底,即可保持沟底清晰和垄距形状规则。如此往复作业。

3. 维护保养

（1）班保养。

① 清理机器的泥沙、缠草等杂物。

② 检查各紧固件是否松动,三角皮带是否断裂,以及传动皮带是否及时张紧;检查机器各焊接处是否有裂缝、脱焊;检查旋耕刀有无损坏。

③ 每天清理空气滤清器,清扫散热片、防尘网。

④ 检查柴油机机油状况,不足时按规定补充机油;检查水箱冷却水状况,不足时按规定补充冷却水;各润滑点按规定加润滑油。

⑤ 启动发动机,低速检查各部件转动情况是否正常,有无卡滞、异常声响等现象。

⑥ 松开工作离合器,检查各行走挡位及转向是否正常。

（2）季保养。

① 彻底清除泥沙、缠草,并清洗机器。

② 检查各机件是否磨损、变形、脱焊,必要时予以修复或更换,检查易磨损的薄板、钢件,修复后对生锈的外露件除锈后重新油漆。

③ 放松各传动皮带、输送带,或卸下后按指定地点存放。

④ 检查各轴承座中的轴承是否损坏,若有损坏,需先修复后再加注干净的黄油。更换变速箱机油、柴油机机油。放掉水箱内冷却水,以免冻坏机具。

⑤ 机器应放在通风、干燥的室内。露天停放时,要用毡布盖好,雨天及潮湿季节要勤检查。

⑥ 将底盘机架用木块垫起,放松履带张紧机构。

第三节　播种施肥机械

播种机械是以作物种子为播种对象的种植机械,机械播种主要有撒播、条播、穴播和精量播种等几种方式。本节主要介绍水稻精量穴直播机、油菜直播机、玉米播种机和马铃薯种植机,简要介绍施肥机械。在浙江省,小麦主要用背负式喷雾喷粉机喷撒播种,该机介绍详见本章第六节。

一、水稻精量穴直播机

水稻机械化直播省去了育秧、插秧等多道工序,具有省工、省时、节约能源等特点。但与移栽机械相比,直播水稻存在全苗难、草害严重、容易倒伏等问题,而且生长特性受气候影响大,需要良好的田间排灌条件。现以2BDXS-10CP型水稻精量穴直播机为例进行介绍。

1. 结构原理

如图1-18所示,水稻精量穴直播机由悬挂装置、种箱、排种器、滑板装置、浮板装置、平衡装置、机架等组成。作业时,滑板装置在水田表面整压出适合水稻生长的种床和播种小沟,排种器在动力驱动下,将种子按要求播到种床上,完成播种作业。

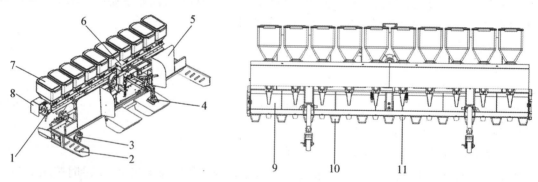

图1-18　水稻精量穴直播机结构示意图

1. 排种器　2. 侧挡泥板　3. 脚轮　4. 浮板装置　5. 后挡泥板　6. 平衡装置
7. 种箱　8. 罩壳　9. 滑板装置　10. 蓄水沟开沟器　11. 播种沟开沟器

（1）种箱。种箱用于装播种用的稻种,每个排种器对应一个种箱。种箱靠近驾驶员的一侧装有透明的有机玻璃,便于观察种箱里剩余稻种的情况。

（2）排种器。排种器是水稻精量穴直播机播种装置的核心工作部件,每行分别有一个独立的排种器。如图1-19所示,排种器由排种器外壳、排种轮、限种机构、毛刷轮清种机构、护种机构和排种管等组成,完成充种、清种、护种、排种和落种工作。根据稻种外部有凸棱、表面长有绒毛、外壳易破损、流动充种性差的特点,排种器采用了型孔的充种结构,降低种子外壳和胚芽的破损率。

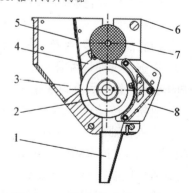

图1-19　排种器结构示意图

1. 排种管　2. 排种轮　3. 排种器外壳
4. 限种机构　5. 固定板　6. 毛刷轮座
7. 毛刷轮　8. 护种机构

（3）滑板装置。滑板装置用于平整田面、开沟、起垄，为直播提供较好的田面。滑板主要起平整田面的作用；蓄水沟开沟器主要起开沟和起垄的作用；播种沟开沟器可以开出一定宽度和深度的播种小沟；侧挡泥板可以降低壅泥对已播田的影响；后挡泥板主要是防止后轮上的泥土落到浮板上。

（4）浮板装置。浮板装置主要由联动浮板和连接架组成。联动浮板作为整个装置的传感器，通过连接架和钢索，与底盘的液压自动调节装置相配合，可随田面高低状态控制整个播种部分的工作高度，实现仿形作业。

（5）平衡装置。平衡装置主要为两侧的平衡弹簧，当地面不平整时，仍能使播种机与田面保持平行。

2. 操作使用

（1）田块准备。整地后田块要平整，田块表面高度差不超过3厘米。土壤要求下粗上细，土软而不糊。耕地播种前采用水旋耕，耕深10～15厘米。平田和沉实，田间留薄层水，用水田激光平地机、驱动耙或人工平整田块，并要求沉淀24小时左右。

（2）穴距调节。根据品种特性、基本苗要求、播种期和田间成苗率确定播种密度。根据已定的行距调整穴距。

（3）播种量调节。根据播种密度以及行距、穴距确定播种量。调节法兰盘，若向上调，播种量增大；若向下调，播种量减小。调节限种板（辅助调节），若向上调，播种量增大；若向下调，播种量减小。调节毛刷轮（辅助调节），若向上调，播种量增大；若向下调，播种量减小。

（4）滑板调节。根据田面情况调节开沟深度，较干时可增加开沟深度，较烂时应减小开沟深度。开沟深度由浮板装置调节：浮板向下调时，开沟深度变小；浮板向上调时，开沟深度变大。

（5）侧挡泥板调节。左、右侧挡泥板用于挡泥，作业时调节到紧贴田面即可。

3. 维护保养

（1）每天工作完毕后要清除机器上的泥土，放掉种箱内稻种，清理干净排种器。若稻种留在机器上，可导致排种器不能排种。

（2）经常检查螺栓有无松动，各部件连接是否可靠，按规定润滑运动部件。

（3）每个农业季节使用机器后，应检查全部零件，如有损坏或者严重磨损的，应进行修理、更换。

（4）机器停用后，应将机器擦干净，在非油漆表面涂油，以防锈蚀。对各运动部件进行润滑。将机器停放在干燥通风处。

4. 示范应用

浙江多地推广应用世达尔2BDXS-10CP型水稻精量穴直播机（如图1-20）。该机主要技术参数为播种行数10行，行距20厘米或25厘米，株距10～25厘米，作业效率为不少于4亩/时，具有如下技术特点：

（1）可较好地适应水稻种植技术要求，可同步进行开沟、起垄和播种，实现了节水栽培和减少倒伏；行距可选，穴距可调；播种量可在每穴2～6粒范围内调控。

（2）采用乘坐式插秧机底盘为动力，四轮驱动，通过性能好，可在较深的泥脚中作业。

图1-20　水稻精量穴直播机作业图

（3）排种器由插秧机底盘动力输出轴驱动，减少了采用地轮驱动带来的打滑及播种不均匀的现象。

（4）滑板形式可保证在播种前平整待播田面。

（5）可控制滑板随田面情况自动升降，实现仿形作业。

二、油菜直播机

油菜机械直播可省去育苗、移栽环节，可以提高劳动生产率，减轻劳动强度，缓解劳动力紧张矛盾，有利于实现油菜生产的节本增效和稳产高产。现以2BYJ-8型油菜直播机（如图1-21）为例进行介绍，该机主要与44.1千瓦以上轮式拖拉机配套作业，可一次性完成旋耕松土、挖沟起垄、垄形镇压平整、开沟施肥、播种、覆土等农田作业。其主要技术参数为播种行数8行，施肥行数4行，旋耕幅宽1.8米，作业效率4.5～5亩/时。

1. 结构原理

如图1-22所示，油菜直播机主要由挂接机构、机架、刀轴总成、松土铲、风机、肥箱、施肥开沟器、挡土板、镇压辊、排种器、种子箱、覆土组件等部分组成。拖拉机匀速前进过程中，

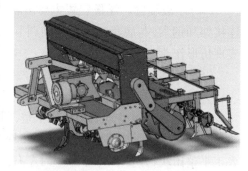

图1-21　2BYJ-8型油菜直播机

动力由后输出轴经万向节传动轴直接传入油菜直播机中间箱体，经齿轮带动左右刀轴做旋切运转，将土壤旋松，紧随其后的开沟机进行开沟起垄，镇压辊依靠自重与垄面摩擦转动，将松土拖平压实。同时，镇压辊两侧的链轮经链条分别带动排肥机构排肥和排种器内的转盘转动，排肥机构排下的化肥经输肥管流入施肥开沟器内进行开口施肥。在变速箱侧面安装有一个风机，风机的进气口通过气管与后置的排种器连接；箱体一轴处安装的皮带轮连接风机，并带动风机高速旋转产生负压，利用负压将小籽粒种子吸附在排种器的转盘上，当转盘转入卸压室后小籽粒种子脱落掉入沟内完成播种，紧随其后的复土器将种子掩埋抚平，完成全部作业工序。

图1-22　油菜直播机

1.挂接机构　2.变速箱　3.肥箱　4.过桥梁　5.种子箱　6.覆土组件　7.播种开沟器　8.镇压辊　9.挡土板　10.施肥开沟器　11.松土铲　12.刀轴总成　13.机架　14.风机

（1）排种器。如图1-23所示，气吸式排种器是利用真空吸力来排种的。当排种圆盘回转时，在真空室负压作用下，种子被吸附在吸孔上，随圆盘一起转动。种子转到圆盘下方位置时，附有种子的吸孔处于真空室之外，吸力消失，种子靠重力或推种器下落到种沟内。

（2）排肥器。如图1-24所示，排肥器工作时，肥料靠自重充满排肥盒及槽轮凹槽，槽轮凹槽将肥料带出，实现排肥。

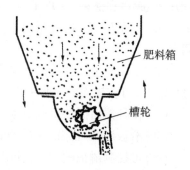

图1-23　气吸式排种器　　图1-24　外槽轮式排肥器结构示意图

2. 操作使用

（1）施肥开沟器的安装及调整。将"U"形卡安装在后梁，按顺序分别安装施肥开沟器、固定板等零部件，待安装位置确定后紧固螺母即可。施肥深度的调整主要靠改变施肥开沟器的上下位置来实现。如图1-25所示，即拧松连接施肥开沟器与机架的螺栓，根据所需深度要求，上下移动施肥开沟器的位置，调整好后紧固螺栓。

（2）镇压辊的安装及调整。如图1-26所示，把镇压辊放置到机架后下方，用过桥链轮总成上的销轴将镇压辊两侧侧板连接到机架两侧侧梁并用螺母锁紧，之后依次安装链条和链条防护罩。调整张紧轮位置，可保证链条松紧适当。调节套是用螺栓固定在两侧调节架上，选择使用两侧调节架孔安装调节套，可限制镇压辊的高低，而镇压辊的高低可以改变旋耕深度或播种深度。

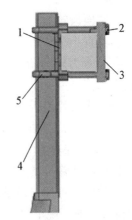

图1-25　施肥开沟器的安装

1. 后梁　2. 螺母　3. 固定板
4. 施肥开沟器　5. "U"形卡

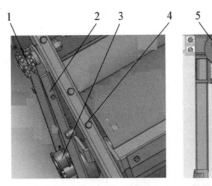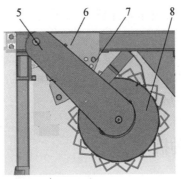

图1-26　镇压辊的安装及调整

1. 过桥链轮总成　2. 侧板　3. 张紧轮　4. 侧梁　5. 链条防护罩　6. 调节套　7. 螺栓　8. 镇压辊

（3）排种器的安装及调整。排种器的安装及调整如图1-27所示，将"U"形卡安装在过桥梁上，按顺序分别安装开沟器、固定压板等零部件。播种深度主要靠调整开沟器的上下位置来实现，即拧松连接开沟器与过桥梁的螺栓，根据所需深度要求，上下移动开沟器的位置，调整好后紧固螺栓即可。

3. 维护保养

（1）班保养。

①检查并拧紧各连接螺钉、螺母，检查放油螺栓有无松动。

②检查各部位插销、开口销有无缺损，必要时添补或更换新件。

③检查齿轮箱齿轮油油面，缺油时应添加到检查孔刚刚能流出为止，再拧紧油位检查螺塞。

④十字节、刀轴轴承座处的黄油杯注黄油3～5下。

⑤检查刀片是否缺损和紧固螺栓有无松动，必要时应补齐、拧紧。

⑥检查有无漏油现象，必要时更换油封、纸垫。

（2）一号保养（工作一个作业季节后进行）。

①全部执行班保养的规定项目。

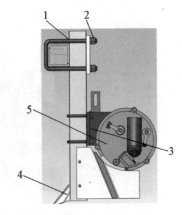

图1-27　小籽粒排种器的安装及调整

1. "U"形卡　2. 螺母　3. 固定压板
4. 播种开沟器　5. 排种器总成

② 更换齿轮油。

③ 检查十字节磨损情况,拆开清洗并涂抹黄油后装好。如十字节过度磨损,应及时更换。

④ 检查刀轴两端轴承磨损情况和是否因油封失效而进了泥水,拆开清洗并加足黄油,必要时更换新油封。

⑤ 检查刀片是否过度磨损,必要时更换。

⑥ 检查齿轮各轴承间隙以及锥齿轮啮合间隙,必要时调整。

（3）二号保养。

① 彻底清除机具上的油污。

② 放出齿轮油,进行拆卸检查。特别注意检查齿轮轴承的磨损情况,安装时零件需清洁,安装好后加注新齿轮油至规定油面。

③ 拆洗刀轴轴承及轴承座,更换油封,安装时要注足黄油。

④ 拆洗万向节总成,清洗十字节滚针,如磨坏应更换。

⑤ 刀片磨损严重或有裂痕,则必须更换。

⑥ 检查刀轴上的刀座是否开裂,六角孔是否损坏,刀座与刀轴管焊缝是否开裂,必要时铲去已损坏的刀座并焊上新刀座。

⑦ 修理机罩及拖板,使其恢复原状,如无法修复应更换新件。不工作长期存放时,万向节应拆下放置室内,垫高该机使刀尖离地,刀片上应涂废机油防锈,外露花键轴亦需涂油防锈,非工作表面剥落的油漆应按原色补齐以防锈蚀。

三、玉米播种机

玉米播种机适合播种玉米,同时也可播大豆等种子。浙江有些地方因田块小,可用播种器播种(如图1-28)。现以2BYSF-3型勺轮式玉米精量播种机(如图1-29)为例进行介绍,该机与拖拉机配套作业,主要用于单粒精播玉米,可条施颗粒状化肥,一次完成开沟施肥、开种沟、播种、覆土、镇压等工序。

图 1-28　播种器播种大豆

图 1-29　玉米精量播种机

1. 结构原理

（1）整机结构。如图1-30所示,玉米播种机主要由机架、防缠施肥开沟器(如图1-31)、播种总成(如图1-32)、传动机构、肥箱五大部分组成。防缠施肥开沟器通过 “U” 形卡和方板安装于机架前梁,播种总成安装于机架后梁,传动轴将各播种总成与变速箱连成一体,变速箱拉板安装在机架与变速箱之间,做周向定位。

（2）排种器结构原理。勺轮式排种器主要由排种器体、导种轮、隔板、排种勺轮、排种器盖等组成,如图1-33所示。隔板安装在排种器体与排种器盖之间,彼此相对静止不动。玉米排种勺轮安装在导种轮上,圆环形隔板位于排种勺轮与导种轮之间,与它们各有0.5毫米左右间隙,使其相对转动时不发生卡阻。工作时种子经由排种器盖下面的进种口限量地进入排种器内下面的充种区,使勺轮充种,勺轮与导种轮顺时针转动时,使充种区内的勺轮型孔进一步充种;种勺转过充种区进入清种区,种勺充入的多余种子处于不稳定状态,在重力和离心力的作用下,多余的种子脱离种勺型孔,掉回充种区;当种勺转到排种器上面隔种板上的递种孔处时,种子在重力、离心力作用下,掉入与种勺对应的导种轮凹槽中,种勺完成向导种轮递种,种子进入护种区,继续转到排种器壳体下面的开口处时,种子落入开沟器开好的种沟中,完成排种,如图1-34所示。

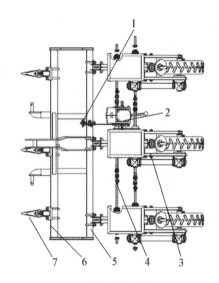

图 1-30　玉米播种机整机结构图

1. 变速箱拉板　2. 变速箱　3. 播种总成　4. 传动机构
5. 机架后梁　6. 机架前梁　7. 防缠施肥开沟器

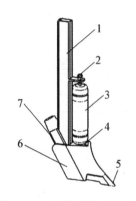

图 1-31　防缠施肥开沟器

1. 立柱　2. 上顶尖　3. 防缠辊　4. 下顶尖
5. 铧尖　6. 开沟铧　7. 施肥管

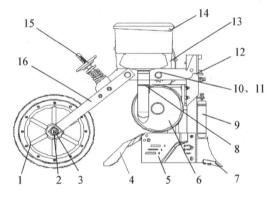

图 1-32　播种总成

1. 地轮　2. 地轮轴　3. 耐磨套　4. 覆土器　5. 开沟器　6. 排种器
7. 开沟尖　8. 输种管　9. 防缠辊　10. 轴承孔链轮　11. 连轴盘
12. 支架　13. 种子箱　14. 种箱盖　15. 限深机构　16. 拉杆

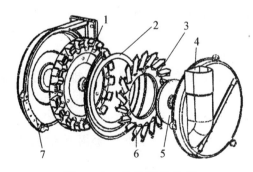

图 1-33　排种器结构图

1. 导种轮　2. 隔板　3. 排种勺轮　4. 排种器盖
5. 勺轮芯盘　6. 种勺　7. 排种器体

图 1-34　排种器工作过程示意图

2. 操作使用

（1）调整。

① 行距调整。可通过轴向移动各总成和施肥链轮、链条进行行距调整，同时调整施肥开沟器位置。

② 株距调整。调整变速箱传动比可以改变整台机器各行株距。操作时，下拉手杆，使指示杆置于空挡槽，然后左右操纵手杆观察指示杆位置变化，当指示杆到达所选挡位槽入口处时，松开手杆，指示杆自动进入挡位槽，株距调整完毕。

③ 施肥深度的调整。松开施肥开沟器座上的两个顶丝，上下移动犁柱调整深浅，上移则浅，下移则深。要求各施肥开沟器下尖连线与机架平行，施肥开沟器较播种开沟器深可达50毫米，以实现化肥深施。

④ 播种深度的调整。限深机构上装有刻度管，如图1-35所示。根据刻度管上的深浅标志调整深浅。如果各行深度要求不一致，可以松开所调总成前方立柱上的两个顶丝，上下移动播种开沟器，实现该行深度的调整。

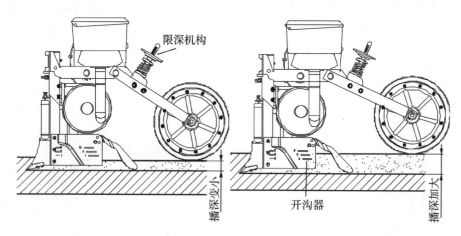

图 1-35　播种深度的调整方法与原理

（2）作业操作。

① 机具降落时要缓慢、平稳，以防开沟器堵塞。

② 检查排种器和排肥轮是否正常转动，前方有无秸茬堵塞，播深是否合适，有无"露籽"现象，有问题需及时排除。

③ 每班前或换地块作业前应检修，作业中途也应定期停机检修。可升起机具旋转地轮，观察排种是否正常；检查施肥、播种开沟器是否堵塞。若驱动轮外周黏土过多，应清理。

3. 维护保养

（1）班保养。

① 每班作业结束后，应清除机器上各部位的泥土，清尽排肥箱内的化肥，取下排种圆盘以清尽其内残留的种子。

② 经常检查各连接件之间的紧固情况，如有松动应及时拧紧。

③ 检查各转动部位是否灵活，如不正常，应及时调整和排除故障。耐磨套磨损严重的，应立即更换耐磨套。

（2）季保养与保管。

① 当年播种季节过后，应将各部件泥土和残余的种子、肥料彻底清理干净，置于干燥、避光处保管。

② 所有链条应从机具上取下，涂油后装塑料袋专门保管。

③将各个排种盘拆下清理干净,套好塑料袋重点保管。

④各润滑点应注满黄油,犁铧曲面及开沟器应涂油保管。

⑤损坏和磨损的零件要及时修复或更换,脱漆部位应重新涂漆。

四、马铃薯种植机

马铃薯作为第四大粮食作物,在浙江也有较大的种植面积,近年来,浙江已全面推广应用马铃薯种植机。现以2CM-2/4型双垄四行地膜覆盖马铃薯种植机(如图1-36)为例进行介绍,该机集施肥、开沟播种、地膜覆盖(选配)等功能于一体,配套拖拉机动力为73.5～88.2千瓦,工作幅度为2.1米,工作行数为2垄4行,垄上行距23厘米,株距为30厘米、35厘米、40厘米,作业效率为3～4.5亩/时。

图1-36　马铃薯种植机

1. 结构原理

如图1-37所示,马铃薯种植机由牵引悬挂装置、机架、施肥装置、行走地轮、种箱、排种装置、起垄装置、地膜覆盖装置等部件组成,起垄装置为圆盘起垄式。整机挂接在拖拉机的后端,作业时由拖拉机牵引前进,排种、施肥装置通过行走地轮驱动,完成排种、播杀虫药、施肥等作业。再由起垄器起垄,将垄刮平后喷除草剂,然后覆膜,压膜轮将地膜两边压住,最后盖膜铲将土压在地膜上。

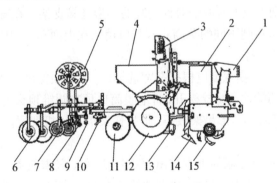

图1-37　马铃薯种植机结构示意图

1.悬挂架　2.肥箱　3.排种装置　4.种箱　5.滴灌带辊　6.覆土圆盘　7.压膜轮　8.压膜辊
9.挂膜架　10.刮土板　11.起垄圆盘　12.地轮　13.播种开沟器　14.送土铲　15.旋耕装置

2. 操作使用

(1)种块和肥料的使用。播种前,将马铃薯切块,每块至少带一个芽,具体根据当地农艺要求进行处理。肥料选择颗粒复合肥。加装种子和肥料之前要清除箱内杂物,防止堵塞。加装种子时,不要加满种箱,种面应距离种箱口约10厘米。为了保证下种准确率,播种时应在座椅上各坐一个人,确保一个种勺一块种。

肥料箱可加装复合肥约200千克,不宜过满,防止外撒。如果肥料板结成块,必须破碎后使用。肥量的调整是通过旋转肥料箱一侧的塑料手轮实现的,先将塑料手轮上带槽的螺母松开,顺时针旋转则施肥量增大；逆时针旋转则施肥量减少。用量调好后紧固带槽的螺母即可。

（2）株距的调整。机器设计的株距一般为20～33厘米。出厂时机器设置的株距为27厘米，是用链条将行走地轮（30齿）与上传动轴上的从动轮（三链轮组中的15齿）连接起来得到的。株距的调整可根据种箱侧面的数据表。在机器配件中，可能会带有36齿或43齿的链轮。将行走地轮轴上30齿轮分别更换为36齿、43齿链轮并与上部三链轮组中的13齿链轮挂接，可得到25厘米、20厘米的株距。种植密度由土壤肥力和品种而定，特殊株距可根据种植户的要求另行配置链轮。

（3）行距的调整。行距的调整范围是23～25厘米，主要通过调整两排种链条的相对距离来调整行距，两排种链要与机器的中心线对称。机器默认行距为25厘米。调整的步骤如下：将播种机左右立杆上的拉紧螺栓及固定轴承的螺栓松开，使两条排种链条处于松开状态；将固定上排种链轮的内六角螺栓松开；将固定种箱、开沟器、排种链盒等相关部件的螺栓松开；将行走地轮固定下排种链轮的轴套上的方头螺栓松开；将上下链轮、种箱、开沟器等部件左右移动调至适当位置并紧固各部件。注意上传动轴与地轮轴的平行。

（4）播种深度的调整。深度的调整通过调整播种开沟器上的开沟铲的位置高低来实现。先将开沟器套筒的紧固螺栓松开，旋转绿色手轮，顺时针旋转，开沟铲（或圆盘）位置下移，播种深度增大；逆时针旋转，开沟铲（或圆盘）位置上移，播种深度变小。调整好后紧固螺栓。播种深度应根据种植农艺要求进行调整。推荐播种深度为10～12厘米（若播种太深，导致出芽晚，生长期缩短，产量变低；若播种太浅，容易导致薯块发青）。

（5）垄距的调整。垄距是指垄沟到垄沟（或垄台到垄台）的距离，垄距范围是105～110厘米，默认垄距105厘米，垄距的大小应根据当地种植农艺要求调整。若想调小垄距，应将刀套的孔向中间移动。由于垄距改变会影响覆膜效果，故必须同时将机架后面带有压膜轮、盖膜铲的2个"L"形吊架向中间对称移动一定的距离（与起垄刀盘总成移动的距离相等）。反之，垄距调大。调整完毕后，注意紧固各部件。

（6）垄高的调整。在旋耕起垄装置的后面有一个刮土板装置，用来将垄的顶部刮平，以得到良好的垄形，并能在垄面上划沟。刮土板上有两个对称安装的小型弹簧支架。在安装弹簧的铁杆上有多个孔，插在不同位置对应的孔上，可得到不同的垄高。若开口销插在上面孔上，则垄高变小，反之则变大。若起垄的高度很大，可将该装置拆掉。

（7）地膜的覆盖及调整。地膜宽度应根据垄宽选择，一般地膜宽度为90～100厘米。地膜安装在挂膜支架上，先将挂膜支架两端的弯螺栓松开，将地膜筒口顶在圆锥顶头上，再将两头的螺栓紧固。将装有压膜轮、盖铲、弹簧横杆的"L"形吊架放下，将弹簧架板压入机架尾部方管上的槽内，黑色弹簧应压在方管的下面。

安装、调整完毕后，将薄膜从压膜筒下方拉出，并用土压实。随着机器的前进，两压膜轮将地膜压在垄的两边，盖膜铲将土盖在地膜边上。另外，机器两侧各有两个清沟铲，铲的高度可调，是用来清除拖拉机留下的轮辙，这样能更好地覆盖地膜。

3. 维护保养

（1）日常保养。在播种季节应适当储备一些易损零件，如传动链条、链节、螺栓配件等以备急用。每班作业前后均要对机具进行常规检查，加注润滑脂，及时清除机具上的杂草、泥土等，发现损坏部件应及时更换。机具提升、降落要平稳。机具转移工作场地时，必须将覆膜装置掀起，以防在途中损坏部件。

（2）季保养与停放。每季作业结束后，应将机具清理干净，并将各润滑部位按要求加注润滑油脂。检修、调整、排除各部故障，对易生锈的部件进行涂油防锈，停放在通风、干燥的室内，切忌放在露天任其日晒雨淋。

4.示范应用

杭州萧山近年来引进了多台马铃薯种植机（如图1-38），如杭州金牛农机服务专业合作社购置了一台青岛洪珠2CM-1/2马铃薯种植机，萧山吾天家庭农场购置了一台禹城亚泰2CM-2A马铃薯种植机，配套48千瓦拖拉机，作业幅宽（含沟）为1.6米，一次性起2垄，行距为20厘米，每垄交叉式播种2行，播种深度为8厘米左右，株距为33厘米，一次性完成了开沟、播种与覆土等作业环节。该机由3人操作，作业效率为每小时2.2亩左右（人均约为0.73亩），人工作业为每小时0.1亩，是人工作业的7倍左右，而且播种符合农艺要求，一次可完成多项作业。

图 1-38　马铃薯种植机

五、施肥机

肥料施于土壤中或植物上，能够改善植物的生长条件。肥料一般可分为化学肥料和有机肥料两大类，本节主要介绍化肥施肥机和有机肥施肥机。

（一）化肥施肥机

化学肥料一般加工成颗粒状、晶状或粉状，一般只含有一种或两三种营养元素，但含量高、肥效快，用量也少。现以2F-750型施肥机（如图1-39）为例进行介绍，其配套动力51.5～69.8千瓦，肥料容积750升，大粒撒肥宽度8～12米，小粒撒肥宽度6～8米，作业速度4～8千米/时。

1.结构原理

化肥施肥机由肥料箱、搅拌器、排料量调节控制杆、驱动部、排料筒、排料量控制器等组成（如图1-40）。拖拉机动力输出轴驱动偏心轴，使排料筒做快速往复运动，进入排料筒的肥料以接近正弦波的形式撒开。搅拌器和排肥孔保证向排料筒中均匀供肥。

图 1-39　化肥施肥机

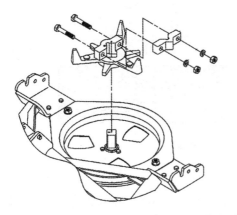
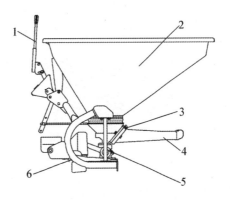

图 1-40　化肥施肥机结构示意图

1.排料量调节控制杆　2.肥料箱　3.排料量控制器　4.排料筒　5.驱动部　6.弯管架

2. 操作使用

（1）初次作业的撒肥方法。操作人员初次撒肥作业,应在无风的时候进行。将撒肥的量分成2次重复撒（如60千克/亩,分2次,每30千克重复撒）。有效撒肥宽度是大颗粒11米,小颗粒7米,如图1-41所示,有效撒肥宽度为第一次纵向,第二次横向,这样浪费较少。

（2）在无风或微风时的撒肥要领。第一次撒肥行走路线如图1-42所示,有效撒肥宽度可按照拖拉机的行车间隔进行,撒肥量根据排料量控制器的开关确定。

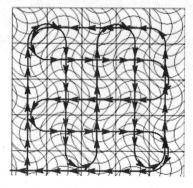

图1-41　初次作业的撒肥方法

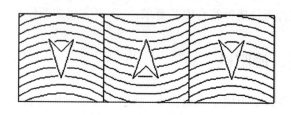

图1-42　第一次撒肥行走路线

第二次撒肥行走路线如图1-43所示,在有效撒肥宽度一半间隔的地方行驶拖拉机,这是重复撒肥的方法之一。在这种情况下,排料量控制器的刻度按照所需撒肥量的一半定位,化肥施肥机可往返工作。

图1-43　第二次撒肥行走路线

（3）有较大风情况下的撒肥方法。有较大风的时候,最好不要进行撒肥作业。如果确实要撒,如图1-44所示,尽可能迎着风作业,这样可以将撒肥时的浪费降到最低,也可以防止肥料飞溅到操作人员身上。

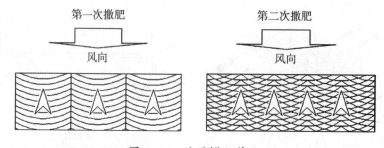

图1-44　迎风撒肥作业

3. 维护保养

（1）班保养。作业结束后要清洁各部位,给传动轴涂油。检查各个部位的螺栓、螺钉是否松动,插销等有无脱落。根据说明书中的要求加注机油或黄油。

（2）季保养。彻底清洁各部位,特别是排料量控制器周围,要将其拆开后进行清洁。对各部位进行检查,如果有损坏,应及早修理或更换。停放时,使用支撑架让农机具稳定下来,选择在无湿气、无灰尘的地点停放。

4. 示范应用

在粮油作物生产过程中进行田间机械化施肥,是一个全球性难题。萧山区等地引进动力散布机(如图1-45)施肥,可以减轻劳动强度,效率约为30亩/时。工作时,一人背着动力散布机,另一人拉着撒肥管。汽油机带动风机叶轮旋转,产生的高速气流将肥料吹向施肥管的另一端。随着两人同时移动,散布机里的肥料通过施肥管上的小孔,均匀地喷洒到田里。

图 1-45　动力散布机

(二)有机肥施肥机

有机肥料主要是由人畜粪尿、植物茎叶及各种有机废弃物堆积沤制而成,有的进一步把发酵晾干的有机肥加工制成颗粒状肥料。现以2FD-500型施肥机为例进行简要介绍,其配套动力33~51.5千瓦,料箱容积500升,粉状有机肥散布宽度4~5米,颗粒状有机肥散布宽度9~11米,作业速度2.5~4千米/时。

有机肥施肥机(如图1-46)由肥料箱、搅拌器、排料量调节装置、变速箱、叶轮、圆盘等组成。工作时,肥料箱中的肥料在搅拌器的作用下,快速流到撒肥圆盘上,拖拉机动力输出轴带动撒肥圆盘旋转,圆盘上装有3片叶片,利用离心力将有机肥撒出。

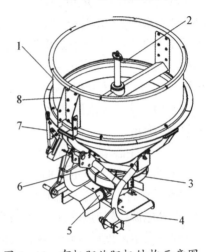

图 1-46　有机肥施肥机结构示意图

1.肥料箱加高部分　2.搅拌器　3.圆盘　4.弯管架
5.变速箱　6.叶轮　7.排料量调节装置　8.肥料箱

第四节　育苗机械设备

水稻规格化育秧是实现机械化插秧的关键,浙江省常用的方式为工厂化育秧。在工厂化育秧过程中,稻种要经过选种、消毒、浸种和催芽,故应配有种子消毒浸种槽、种子催芽器(如图1-47)。苗床土要经过碎土、消毒、干燥、筛土和混合肥料等步骤,因此要配有碎土机、筛土机和肥料混合机。向育秧盘内装土、播种和覆土,要配有上土机和秧盘播种成套设备。为了播种后种子的出芽和强化,要有育秧房、炼苗室等。本节主要介绍种子催芽器、秧盘播种成套设备,其他育苗机械在本书第七章中介绍。

图 1-47　种子催芽器

一、种子催芽器

以2ZF-400ZN种子催芽器为例进行介绍,其生产能力为400千克/批,最佳催芽温度32~34℃,催芽时间16～24小时。

1. 结构原理

如图1-48所示，种子催芽器由加热系统、温控系统、配电监控系统、热风循环系统、给水系统五大系统组成。

（1）加热系统：加热管、温度探头、排气阀。

（2）温控系统：雾化喷水装置、水箱、加热装置。

（3）配电监控系统：报警器、配电箱、温度设定和调节、湿度喷雾调节。

（4）热风循环系统：风机、通风管。

（5）给水系统：给水管路、加热池、循环水泵等。

种子催芽器的工作原理是根据农作物栽培技术的要求及农作物种子浸种、催芽阶段的生长特性，利用水作为导热介质，将水稻种子通过用水来升温、降温、控温、保温等过程，实现种子在该设备内一次性完成标准化的破胸、催芽等生长过程。

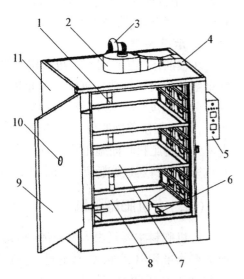

图1-48 种子催芽器结构示意图

1. 送风管 2. 循环风机 3. 鼓风机 4. 矩形风管 5. 电脑控制器 6. 风管出口 7. 筛网 8. 水池 9. 箱门 10. 视窗 11. 箱体

2. 操作使用

（1）打开催芽器箱门，检查催芽器水槽中有无异物，关闭排水阀。向水槽中注入一定量的清水（以水位线为标准），确认整个设备正常后，关闭催芽器箱门。

（2）合上电源，按加热键，第一阶段系统自动设定的温度是48℃，需要2～3小时。

（3）到达设定温度后，蜂鸣器响起，电脑屏幕提示"种子进仓"，将堆放好种子的筛网放入催芽器，进入第二阶段恒温。

（4）种子进入催芽器后，关闭催芽器门，按电脑板上的加湿键，催芽器开始自动催芽作业，进入第三阶段恒温。

（5）待催芽器自动工作15小时左右后，每隔2小时观察种子催芽状况，直至种子"破胸、露白"即可。

（6）打开催芽器门，将种芽拿出，放置在合适的地方晾干，当种子表面水分含量为30%时，可进行播种。

3. 维护保养

（1）设备运行及催芽期间，需随时检查设备运行情况。如发现电机运行不正常，需马上检修。

（2）要求用常规温度计按时进行检测，确认温度传感器工作是否正常，如发现异常，应立即维修或更换，以确保设备的正常运行。

（3）冬季维护：设备使用完以后应把水箱及管路里的存水排放干净，防止冻裂管路。

二、秧盘播种成套设备

秧盘播种成套设备又称为育秧播种流水线，现以YM-0834型全自动水稻育秧播种流水线（如图1-49）为例进行介绍。

1. 结构原理

水稻育秧播种流水线主要由铺土机构、洒水机构、播种机构、覆土机构和主机架等组成，可一次完成水稻秧盘铺土、洒水、播种、覆土与秧盘的自动叠盘，如配上上土运输机，还可自动上土。

（1）铺土、覆土机构。铺土、覆土机构（如图1-50）通过流量大小控制阀控制落土流量，可根据当地农艺要求自由选择流量。

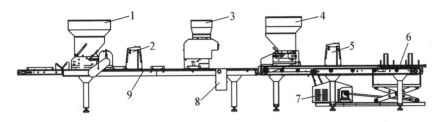

图 1-49　水稻育秧播种流水线结构示意图

1. 铺土机构　2. 洒水机构　3. 播种机构　4. 覆土机构　5. 洒水机构（选配）

6. 叠盘机构　7. 驱动装置　8. 电机　9. 机架

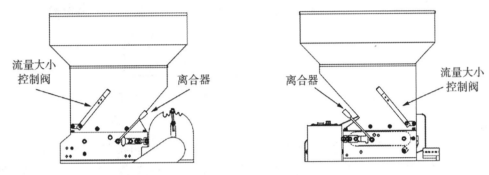

图 1-50　铺土及覆土流量大小控制阀

（2）上土运输机。上土运输机（如图 1-51）可以实现自动加料的功能。设备安装在与主机垂直方向，顶部对准主机覆土料斗和底土料斗上方，使营养土准确无误连续送入主机料斗内，完成自动输送营养土的功能。

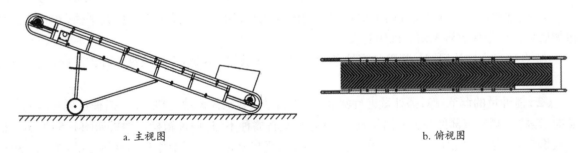

a. 主视图　　　　　　　　　　　　　　　b. 俯视图

图 1-51　上土运输机

（3）自动叠盘装置。如图 1-52 所示，自动叠盘装置可以实现秧盘叠加连续作业（最多5盘）。设备安装在主机后端，平行对接摆放即可。

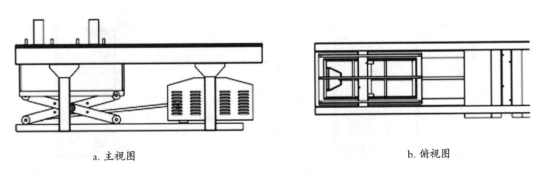

a. 主视图　　　　　　　　　　　　　　　b. 俯视图

图 1-52　自动叠盘装置

2. 操作使用

全自动水稻育秧播种流水线的操作流程如图1-53所示。

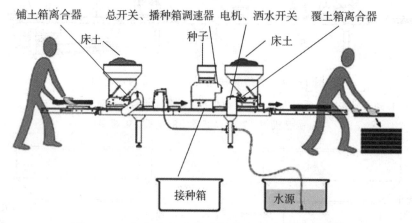

图 1-53 全自动水稻育秧播种流水线操作示意图

（1）操作前的准备。

① 种子的处理。先除去种子的芒、枝梗，清理种子表面的污物，再按照常规育苗的方法进行筛选、消毒、浸种至"破胸、露白"。由于种子表面的污物及种子的芒、枝梗对播种性能都有影响，因此要特别注意将其清除干净。

播种时要将稻种晾干，稻种晾干到不粘手的程度。若播种时稻种水分没有除去，将影响播种的稳定性与质量。

② 育秧床土的准备。用于育秧的床土要进行筛选，床土不能带有沙石、金属等杂物。床土含水率不超过20%，颗粒最大直径不可超过5毫米，使用前可进行拌肥，肥料的使用量可按当地农艺要求而定。

③ 机具的位置。机具操作时应放置在平坦的场地上，用水平仪测试以确保其平衡，也可通过调节机架底部的四个橡胶脚来调节机架的水平。

④ 育秧盘。应使用统一标准的育秧盘，秧盘要求无破损、不变形，如秧盘的种类不同，要根据育秧盘高度的不同区分放置。

（2）播种量的调节。对播种量进行调节，主要通过旋转滚筒调速电机控制，播种量可自由调节。调整时，需将两侧对应部件调至相同位置，否则导致左右播种不匀，播种箱操作面板如图1-54所示。播种量根据熟制、品种、秧龄、种子千粒重、发芽率和秧盘规格确定。浙江双季稻播种量标准：宽行（30厘米行距）秧盘常规稻一般100～120克/盘，连作杂交晚稻播种量50～60克/盘。单季稻播种量标准：宽行（30厘米行距）秧盘常规稻80～100克/盘，杂交稻60～85克/盘。窄行（25厘米行距）秧盘每盘播

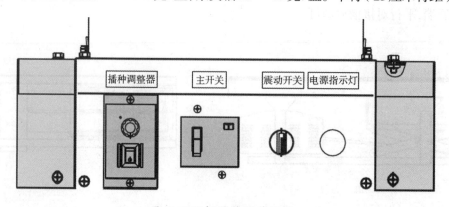

图 1-54 播种箱操作面板

种量比宽行（30厘米行距）秧盘每盘播种量减少17%。

　　所有准备工作完成后，接通电源，打开机头总电源开关，再打开电机箱面板上的电机开关、洒水开关。流水线运转后，这时就可开始输送秧盘。

　　秧盘输送后，分别打开铺土箱离合器、播种箱调速器开关、覆土箱离合器，整个流水线就可以开始全自动育苗播种流水线作业。

　　操作过程中，注意及时补充料斗内的床土、种子及保持水源供应。另外，行播时需安装行播器，并打开行播器震动开关。

3. 维护保养

（1）对断路保护器应定期检查，以确保断路器工作可靠。

（2）停止播种作业后，转动排种滚筒将种箱内剩余的稻谷排出，并清理干净。

（3）机器长时间不工作，需清理干净，待完全干燥后，再给轴承部位其他旋转部件加注润滑油。

（4）应避免阳光直射，在阴凉处停放。

（5）停放时，应将皮带保持松弛状态，避免皮带过度拉伸损坏。

第五节　栽植机械

　　农作物在育成秧苗后，将其移植到田间的机械称作栽植机械或移栽机械。本节主要介绍水稻栽植机械，油菜栽植机械可参考蔬菜栽植机械。水稻栽植是一项季节性强、劳动强度大、投放劳动力多的种植环节。水稻栽植机械化是水稻生产全程机械化的难点和重点，目前机械化插秧是水稻栽植的主要机械化作业方法，实现水稻栽植机械化可改善工作条件、减轻劳动强度、提高作业效率，从而稳定水稻生产面积。

一、高速插秧机

　　水稻插秧机通常按操作方式和插秧速度进行分类。按操作方式可分为步行式插秧机（如图1-55）和乘坐式插秧机（如图1-56）。按插秧速度可分为普通插秧机和高速插秧机。步行式插秧机为普通插秧机，乘坐式插秧机可分为普通插秧机和高速插秧机。

图1-55　步行式插秧机

图1-56　乘坐式插秧机

在浙江推广的插秧机主要有步行式插秧机和高速插秧机两种。步行式插秧机由于采用人在田间行走的操作方式，操作人员的劳动强度大、作业效率低，在浙江省的使用量正逐渐减少。高速插秧机由于工作效率高、操作轻便、作业质量好，目前已经在浙江广泛应用。

高速插秧机采用无级变速，作业的行走速度超过1米/秒，使用乘坐式的操作方式，驾驶舒适性较好。目前，各类高速插秧机的基本结构是一样的，但是在作业的行数、行距上有所不同。高速插秧机常见的插秧行数有6行和8行，8行高速插秧机的动力一般采用柴油机。高速插秧机根据行距的不同，可分为30厘米和25厘米两种行距，30厘米行距的插秧机适宜插植密度较稀的水稻品种，25厘米行距的插秧机适宜插植密度较密的水稻品种。现以VP6型高速插秧机为例进行介绍。

1. 高速插秧机的特点

（1）回转式插秧臂具有高速的特点（转一圈插两次）。

（2）采用自动水平调节的横向液压仿形装置。

（3）用传感器监控加秧时间。插秧离合器在"插秧"位置和"不插秧"位置分别有指示灯提示，需要供秧时，会发出报警声响。

（4）采用四轮驱动，出入田块和过埂过沟时，比较方便。

（5）采用灵敏度很高的6段液压感应器，液压仿形机构可根据田块的软硬程度自动调节纵向插植深度。

（6）插秧深度和株距可方便调节。

（7）方向盘液压系统助力，操作轻快、方便。

2. 结构原理

高速插秧机（如图1-57）由底盘部分和插植部分构成。底盘是插秧机的驱动部分，由发动机、传动系统、行走系统、操作系统等组成；插植部分主要由送秧机构、栽植机构等组成。高速插秧机工作时，发动机将动力传向驱动轮的同时，一部分动力经万向节传送到传动箱，通过传动箱又分别将动力传递到送秧机构和栽植机构，在两大机构的相互配合下，栽植机构的秧针插入秧块抓取秧苗，并将其取出下移，当移到设定的插秧深度时，栽植机构中的推秧杆将秧苗从秧针上推出，完成一个插秧过程。同时，通过中间浮板传感器、水平传感器、控制器和液压系统，自动控制插植部分与地面的相对高度，实现横向与纵向插秧深度的一致性。

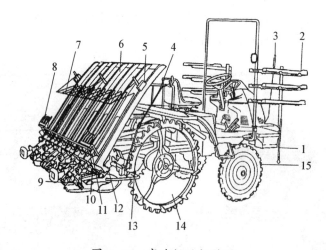

图1-57 高速插秧机简图

1.侧标杆 2.预备载秧台 3.中央标杆 4.划行器 5.转向灯 6.载秧台 7.苗床压杆 8.阻苗器 9.浮板 10.秧针 11.压苗杆 12.秧门导轨 13.折叠式侧保险杆兼支架 14.后轮 15.前轮

（1）发动机。发动机有汽油发动机和柴油发动机两种，汽油发动机重量轻、运行比较平稳，在泥脚深、行走阻力大的地方采用柴油发动机。

（2）传动系统。传动系统将发动机动力传递到各工作部件，传向驱动地轮并由万向节传送到传动箱，传动箱又分别将动力传递到送秧机构和栽植机构。高速插秧机多采用静液压无级变速传动装置，也有采用液压机械无级变速传动装置。

① 静液压无级变速传动装置。静液压无级变速传动装置（hydraulic stepless transmission，简称HST），是由液压泵、液压马达、阀体及其辅助和操纵系统组合成一体的一种液压组合件。HST全部液压元件组装在一个兼作油箱、油路、支撑和液压调节操纵机构体的箱体中，可以直接串接在整机传动系统中，承担变速箱的部分或全部调速功能，因此也被称作液压变速箱。在农业机械上一般应用为集成式的液压元件，由专业液压厂家整体提供。HST操作简单，容易实现与发动机的匹配，而且系统本身有很强的制动能力，但是液压传动的总效率较低，因此限制了其应用范围，一般只应用于要求操作简便并对油耗不敏感的小型机械上。目前的久保田、井关等高速插秧机都采用该变速装置。

② 液压机械无级变速传动装置。液压机械无级变速传动装置（hydraulic mechanical transmission，简称HMT），可应用于大功率传动场合，大约30%通过液压传动，70%通过机械传动，兼顾了液压系统良好的控制性能和机械传动的高效率，可实现无级变速控制，如洋马高速插秧机应用了HMT。HMT使用变量泵、变量马达与行星差速器组合，将发动机的输出功率通过液压和机械两路，按不同的比例进行分流，最终通过行星差速器汇合输出。通过控制变量泵的排量来控制差速器的行星架转速和旋向，实现前进、停车和后退。这种传动方式可以获得机械挡、直接挡、机械—液压并联传动、纯液压传动等几种工作模式，其总效率介于液压传动和机械传动之间，但HMT结构复杂，制造成本高。

（3）送秧机构。送秧机构包括横向送秧机构和纵向送秧机构，其作用是从横向和纵向两个方向将秧箱中的秧苗不断地、均匀地向秧门输送，供秧爪取秧。

（4）栽植机构。栽植机构（或称移栽机构）在插秧机上又称分插机构，是插秧机的主要工作部件，在供秧机构（秧箱和送秧机构）的配合下，完成取秧、分秧和插秧的动作，其工作性能对插秧质量有十分重要的影响。分插机构主要分为曲柄摇杆式分插机构和非圆齿轮行星系分插机构，高速插秧机采用非圆齿轮行星系分插机构（由栽植臂和回转箱组成）。

如图1-58所示为非圆齿轮行星系分插机构，其工作原理是通过模拟人手的动作来进行取秧、运秧和插秧，其秧针尖点的运动轨迹对插秧性能影响最大。该分插机构采用行星齿轮系传动，回转箱的两端对称布置一对栽植臂，分插机构转一圈，栽植臂可以在一个运动周期内完成两次取秧、推秧和植苗动作，工作效率比传统的曲柄摇杆式分插机构提高一倍。

3. 操作使用

（1）插秧前的调整。高速插秧机的调整主要是插植部分的调整，如对插秧株数、深度及取秧量等的调整。

① 插秧株数通过切换株距调节手柄来调节。株距越窄，则插秧株数越多；反之，插秧株数越少。

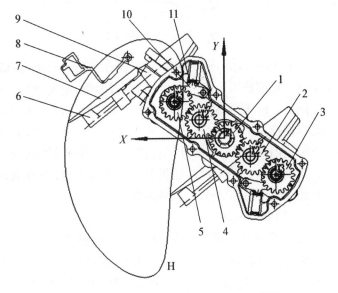

图1-58 非圆齿轮行星系分插机构简图

1.太阳轮　2、4.中间轮　3、5.行星轮　6.推秧杆　7.秧针
8.秧门　9.栽植臂（秧爪）　10.间隙摆臂　11.弹簧

②插植深度调节手柄（如图1-59）用于调节插植深度,往"深植"方向调,插植深度变深;往"浅植"方向调,插植深度变浅。

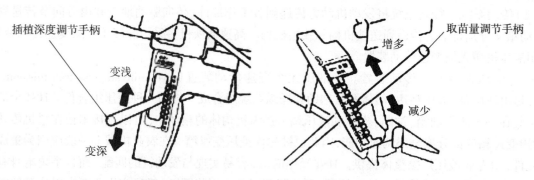

图1-59　插植深度调节手柄　　　　　　图1-60　取苗量调节手柄

③取苗量调节手柄（如图1-60）用于调节单穴纵向取苗量,往"多"方向调,单穴株数增多;往"少"方向调,单穴株数减少。

④平衡调节器（如图1-61）用于田埂边作业时机身倾斜的情况下使插植部保持水平,消除左右插植深度的偏差。

⑤横向切换手柄（如图1-62）用于调节横向送秧量。如18次、20次、26次的横向送秧量分别为16毫米、14毫米和11毫米。（横向送秧量＝苗床宽度÷横向传送次数）

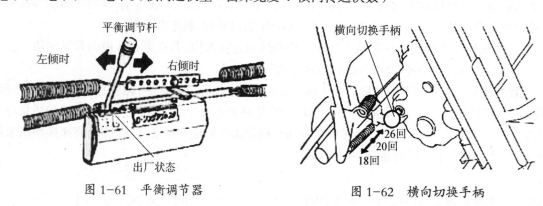

图1-61　平衡调节器　　　　　　图1-62　横向切换手柄

⑥载秧台部分。作业时划行器在水田表面画线,以保持适宜的行距,收拢则在插植部上升时同时完成。阻苗器用于停止供给一行苗时使用,使用时先把苗床移向上方,把阻苗器置于固定位置后便可停止供苗。苗床压杆用于压住苗床,防止苗床破碎。使用时,根据苗的状态及苗床厚度,用苗床锁定杆与蝶形螺栓上下滑动苗床压杆进行调节。压苗杆用于防止苗歪倒,使秧爪便于取苗,以免伤秧而导致插植姿势凌乱。折叠式侧保险杆将侧保险杆折叠后即成为支架,在保管时可起到保护插植部的作用,插秧时将其打开。

（2）插秧方法。

①田埂边的插植方法。插植方法根据水田的大小及形状而定,因此开始作业前,应考虑好何种顺序作业。一般情况下,要考虑田边多留一点,便于转弯;在作业接近田埂时,要观察、考虑剩下的行数。如图1-63所示,在第二回合就要减少作业行数,以便田埂边最后能全部插满。

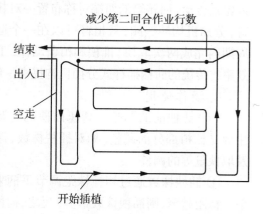

图1-63　需要凑行数时的作业示意图

② 作业转向的方法。

第一种方法：先后退再转弯。在前轮即将碰及田埂前，松开变速踏板，踩下刹车踏板。把主变速手柄置于"后退"位置，插植部自动升起，慢慢踩下变速踏板，笔直后退至能转弯的位置。把主变速手柄置于"前进"位置，踩下变速踏板的同时转动方向盘，避免插秧机碰到田埂。用侧标杆对准相邻行，将机身调直，把插植手柄置于"下"位置，降下插植部。插植开始时，用插植手柄放下划行器，此时处于插植"合"位置，踩下变速踏板后，插植部即转动，继续作业，如图1-64所示。

第二种方法：不后退转弯。预计距田埂还有2个回合作业距离时，减速并升起插植部。踩下变速踏板，同时转动方向盘转弯。对准相邻行，调直机身，降下插植部，继续作业。

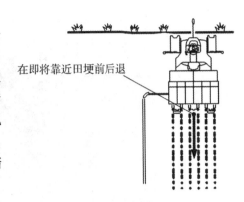

在即将靠近田埂前后退

图1-64 后退转弯法

4. 维护保养

（1）班保养。检查发动机机油油尺，若发现缺油立即添加，清洗插秧机各部泥污，并向栽植臂注润滑油。

（2）作业100亩后保养。完成班保养全部内容后，检查链轮箱、移箱器的油面，必要时向箱内加注机油；检查各部是否漏油，并紧固螺栓；检查秧针与推秧器间隙，必要时校正或更换分离针；检查栽植臂内是否渗入泥水，如发现进泥，应清洗并更换推秧器油封。

（3）季保养与存放。按发动机说明书有关保存的要求保养发动机，拆下秧箱，彻底清洗插秧机各部；停机1～2天后，检查各部有无进水，放出沉淀油，在各部润滑部位充分加注润滑油；紧固各部螺栓并在螺栓上涂油防锈，为防止栽植臂推秧弹簧疲劳，栽植臂应处于推出状态；定位分离手柄放在分离位置，插秧机放置在室内通风干燥处。

5. 水稻侧深施肥技术与示范应用

近年来，浙江省多地推广应用带侧深施肥装置的插秧机，如图1-65所示，在水稻插秧的同时将肥料施于秧苗侧位的土壤中。其主要优点是可促进水稻前期生长，肥料利用率高，施肥量可减少，省工、省力、省成本，也可减轻对河流的污染。

图1-65 带侧深施肥装置的插秧机

二、钵苗摆栽机

水稻钵苗机械化摆栽技术是通过培育钵苗，利用摆栽机按钵取秧、摆栽，完成水稻钵苗移栽作业的技术。其特点是秧苗根系带土多，伤秧和伤根率低，栽后秧苗返青快，发根和分蘖早，能充分利用低位节分蘖，有效分蘖多，从而有利于实现高产；同时按钵苗定量取秧，有利于高产群体的形成，实现机插作业高产高效。浙江省近年来对钵苗摆栽机（如图1-66）进行了试验。

图 1-66 钵苗摆栽机

第六节 植物保护机械

　　植物保护机械简称植保机械,是指在农业生产中,采用化学、物理、生物等手段,预防和控制病、虫、草害和其他有害生物等对农作物危害所用的机械和设备。由于农药的剂型和作物种类多种多样,以及喷洒的方式与方法不同,决定了植保机械也是多种多样的。

　　按喷施农药的剂型和用途分类,分为喷雾机、弥雾机、喷粉机、喷烟(烟雾)机、撒粒机等。

　　按配套动力进行分类,分为人力式、畜力式和动力式。动力式植保机械是以内燃机、电动机或拖拉机动力输出轴为动力,利用喷洒部件将药液洒到农作物上的植保机具,如机动喷雾机、遥控飞行喷雾机(如图1-67)、农用航空器(如图1-68)等。

图 1-67 遥控飞行喷雾机

图 1-68 农用航空器

按操作、携带、运载方式分类,人力植保机械可分为手持式、手摇式、肩挂式、背负式、胸挂式、踏板式等;小型动力植保机械可分为担架式(如图1-69)、背负式、手提式、手推车式等;大型动力植保机械可分为牵引式、悬挂式、自走式等。

图 1-69 担架式机动喷雾机

按施液量多少分类,可分为常量喷雾、低量喷雾、微量(超低量)喷雾。微量喷雾的雾滴直径一般为15 ～ 75微米。

按雾化方式分类,可分为液力喷雾机、气力喷雾机、离心喷雾机、热力喷雾机、静电喷雾机等。液力喷雾机是指利用液压能将药液雾化和喷施的喷雾机械,喷雾机喷出的雾滴直径一般为100 ～ 300微米。气力喷雾机起初常利用风机产生的高速气流进行雾化,雾滴直径为75 ～ 100微米,称为弥雾机;近年来又出现了通过高压气泵(往复式或回转式空气压缩机)产生压缩空气进行雾化,利用药液出口处极高速度的气流,形成与烟雾尺寸相当的雾滴,称为常温烟雾机。离心喷雾机是利用高速旋转的转盘或转笼,靠离心力把药液雾化成雾滴的喷雾机,如手持式电动离心喷雾机,由于喷量小,雾滴细,可以用在要求施液量少的作业。热力喷雾机是利用高速热气流对药液进行超细雾化的喷雾机械,动力一般为脉冲式喷气发动机。静电喷雾机是利用静电技术,在喷头与喷洒作物局部区域建立起静电场,药液经喷头雾化后形成群体荷电雾滴,在静电场作用下,细小的雾滴被强力吸附到作物正面、反面和隐蔽部位,沉积效率高,散布均匀,飘移散失量少。

本节对常用植保机械作一介绍,其中遥控飞行喷雾机以及适合于设施大棚内的植保机械在其他章节中介绍。

一、背负式喷雾喷粉机

背负式喷雾喷粉机与人力、畜力机械相比,工作效率明显提高,劳动强度大幅降低。现以3WF-700型背负式喷雾喷粉机为例进行介绍。

1. 结构原理

如图1-70所示，背负式喷雾喷粉机由药箱、风机、喷雾喷粉组件、油箱、机架、汽油机、启动器等组成，可以进行弥雾和喷粉作业。

（1）弥雾工作原理。如图1-71（a）所示，汽油机带动风机叶轮旋转产生高速气流，在风机出口处形成一定压力，其中大部分高速气流经风机出口流入喷管，少量气流经风机一侧的出口，流经药箱上的通孔，进入进气管，使药箱内形成一定的压力，药液在风压的作用下，经输液管调量阀进入喷嘴，从喷嘴周围流出的药液被喷管内的高速气流冲击形成极细的雾粒，被吹到很远的地方。

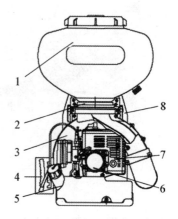

图1-70　背负式喷雾喷粉机

1. 药箱　2. 闸门体　3. 风机　4. 喷雾喷粉组件
5. 油箱　6. 启动器　7. 汽油机　8. 机架

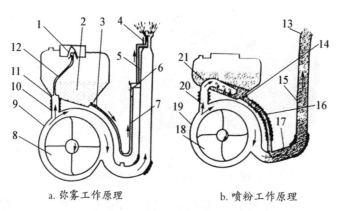

a. 弥雾工作原理　　　　b. 喷粉工作原理

图1-71　喷雾喷粉工作原理

1. 滤网　2. 药液　3. 出水塞接头　4. 喷头　5. 喷管　6. 开关　7. 输液管　8. 风机叶轮
9. 风机外壳　10. 进风门　11. 进气塞　12. 软管　13. 喷口　14. 粉门　15. 喷管　16. 喷粉管
17. 弯管　18. 风机叶轮　19. 风机外壳　20. 进气门　21. 吹粉管

（2）喷粉工作原理。汽油机带动风机叶轮旋转从而产生高速气流。其中大部分气流经风机出口流入喷管，少量的气流经风机上部的出口，流经药箱孔进入吹粉管，使药箱里的粉剂松散，并被气流吹向出粉门。喷管内的高速气流使喷粉管出口处产生局部真空，因此药粉被吸入喷管，在喷管内强大气流的冲击下，从喷口喷出，吹向远方。

2. 不同作业状态下组装

（1）喷雾状态下的组装。

① 喷雾喷管的组装。喷雾喷管由弯头、软管、喷管、喷头、药液开关等组成，按如图1-72所示进行组装。

② 药箱装配。卸去药箱下盖，换上接管装上密封圈，接管与排液胶管相连，旋紧压盖（如图1-73）。

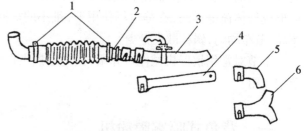

图1-72　喷雾喷管的组装

1. 卡环组装　2. 接头体　3. 喷管一
4. 喷管二　5. 颗粒喷头　6. "Y"形喷头组合

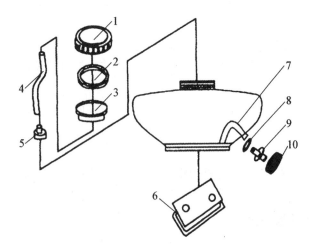

图 1-73 药箱组装

1. 药箱盖 2. 药箱盖密封圈 3. 滤网 4. 进气管 5. 进气塞
6. 喷雾盖板 7. 输液短管 8. 密封圈 9. 接管 10. 接管压盖

（2）喷粉状态下的组装。拆去喷雾时的药箱滤网、密封圈、出水塞、出水塞压盖、"O"形圈、进气塞、小卡环、进气管，在药箱内部装上吹粉管，外面装上喷粉管。

3. 操作使用

（1）喷雾作业操作。

① 喷雾作业前的准备。加药液前，先加入清水试喷一次，检查各处有无渗漏。加药时应先关闭输液开关，加液不可过急、过满，以防外溢。药液必须干净，以免堵塞喷嘴。

② 喷雾作业。启动机器后背起机器，调整操纵手柄，使汽油机稳定在额定转速，打开输液开关，用手摆动喷管即可进行喷雾作业。在一段长时间的高速运转后，应使机器低速运转一段时间，以使机器内的热量可以随着冷空气驱散，这样有助于延长机器的使用寿命。

（2）喷粉作业操作。

① 喷粉时，将粉门开关置于全闭位置，然后再加药粉，以免开机后有药剂喷出。

② 加入的药粉应干燥，无结块，无杂物。

③ 因粉剂存放时间长易吸收水分，形成结块，下次使用时排出困难，并容易失效，因此加入的粉剂最好当天用完，不要长时间放在药箱里。

④ 加入药粉后，药箱口螺纹处的残留药粉要清扫干净，再旋紧箱盖，以防漏粉。

⑤ 启动发动机后背起机器，调整油门操作手柄使汽油机达到额定转速，调整粉门操纵杆即可进行喷粉作业。

4. 维护保养

（1）日常保养。

① 经常清理机器的油污和灰尘，尤其是在喷粉作业后更应勤擦（用清水清洗药箱，汽油机橡胶件只能用布擦，不能用水冲）。

② 喷雾作业后应清洗药箱内的残液，并将各部件擦洗干净。

③ 喷粉后，应将粉门处及药箱内外清扫干净，尤其是喷撒颗粒肥料后一定要清扫干净。

④ 用汽油清洗化油器。过脏的空气滤清器会使汽油机功率降低，增加燃油消耗量以及使机器启动困难。化油器海绵用汽油清洗，将海绵体吹干后再装，及时更换已经损坏的空气滤清器。

（2）长期存放。

① 将油箱、化油器内的燃油全部放掉，并清洗干净。

② 将粉门及药箱内外表面清洗干净，特别是粉门部位，如有残留的农药，就会引起粉门工作不良，漏粉严重。

③ 将机器外表面擦洗干净，特别是缸体散热片等金属表面涂上防锈油。

④ 卸下火花塞，向气缸内注入15～20克二冲程汽油机专用机油，用手轻拉启动器，将活塞转到上止点位置，装上火花塞。

⑤ 将喷管、塑料管等清洗干净，整机用塑料薄膜盖好，放在通风干燥的地方。

二、手推式机动喷雾机

担架式机动喷雾机具有工作压力高、喷雾幅宽、工作效率高、劳动强度低等特点，手推式机动喷雾机在担架式机动喷雾机的基础上增加了手推移动功能。现以3WZ-160T型手推式机动喷雾机（如图1-74）为例进行介绍。

1. 结构原理

如图1-74所示，手推式机动喷雾机由汽油机、液泵、药箱、过滤网、吸水管、压力指示器、调压手轮、锁紧螺母、出水管、卷管架、喷枪（喷嘴、枪管、调整手柄等）、机

图1-74　手推式机动喷雾机

1.液泵　2.汽油机　3.药箱　4.机架　5.轮子

架、轮子等组成。工作原理（如图1-75）是利用汽油机产生的动力，带动液泵工作，由液泵吸取、压缩药液，产生高压药液，再通过耐高压液体输送管，将高压药液送入喷枪，药液从喷嘴喷出，完成喷药工作。

2. 操作使用

（1）压力调整（如图1-76）。发动机启动后，即可调整喷雾机工作压力。调整前需先打开出水开关及喷枪开关约三分之一的位置，然后旋

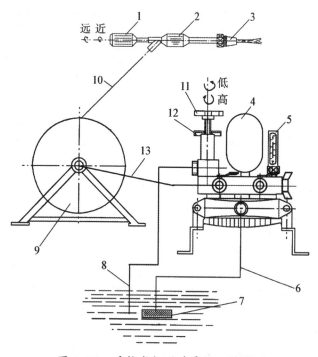

图1-75　手推式机动喷雾机工作原理

1.调整手柄　2.喷枪　3.喷嘴　4.空气室　5.压力指示器

6.吸水管　7.过滤网　8.回水管　9.绞线架　10.出水管

11.调压手轮　12.锁紧螺母　13.连接管

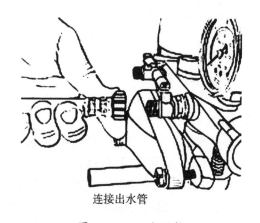

连接出水管

图1-76　压力调整

转调压手轮,调整到额定工作压力,调整好以后应锁紧螺母。

（2）喷枪射程的调整。调整喷枪的调整手柄至适当位置,即可以喷洒作业。喷药时打开喷枪开关后,严禁停留在一处喷洒,以防农作物受药害。喷洒过程中,左右摇动喷杆,以增强喷幅。操作者一定要在风向上方。

（3）喷雾完毕。将调压螺栓转松,开机用清水清除喷雾机内部残留的药液。作业完毕后,将清水吸进泵内,清洗机器内部与药液接触的零部件,把管内的积水排出,然后把熄火开关置于"OFF"位置。

3. 维护保养

（1）液泵要定期检查油位,油面应保持在油镜三分之二的位置。

（2）液泵要定期更换润滑油,喷雾机在使用之初10小时与50小时的时候应更换机油,以后每使用70小时应更换一次。如有其他液体进入曲轴箱应及时换油。换油方法:旋开放油螺栓排出脏机油,待脏机油排净后将放油螺栓锁紧,打开加油盖,注入N15号清洁机油。

（3）黄油杯应随时注满黄油。每使用2小时应将黄油杯旋转2～3圈。

（4）汽油机每工作50小时,清除火花塞积炭,将间隙调整到0.75毫米。定期清除空气滤清器内的污物。

（5）定期检查三角皮带的松紧程度并加以调整。

（6）长期停放要放松三角皮带,并将整机置于干燥通风处。

4. 示范应用

手扶履带自走式机动喷雾机（如图1-77）将手推式机动喷雾机的手推功能进一步改进为自走功能,集喷雾、自走于一体。该机采用履带底盘设计,具有良好的行走性能和大负载能力,爬坡角度可达25°,射程可达8米以上,车体宽度不超过1米,可以轻松通过狭窄路段。

图 1-77　3WZ61 型手扶履带自走式机动喷雾机

三、自走式喷杆喷雾机

喷杆式喷雾机（如图1-78）是一种将喷头装在横向喷杆或竖立喷杆上的机动喷雾机,如自走式喷杆喷雾机、悬挂式喷杆喷雾机等。该类喷雾机的作业效率高,喷洒质量好,喷液量分布均匀,适合大面积喷洒各种农药、肥料和植物生长调节剂等液态制剂。现以3WSH-500型自走式喷杆喷雾机为例进行介绍。

自走式喷杆喷雾机

悬挂式喷杆喷雾机

图 1-78　喷杆式喷雾机

1. 结构原理

如图1-79所示,自走式喷杆喷雾机由发动机、变速箱、液泵、药箱、喷杆、升降架、车轮等组成。自走式喷杆喷雾机工作时,发动机动力通过传输,带动液泵转动,液泵从药箱吸取药液,以一定的压力经分配阀输送给搅拌装置和各路喷杆上的喷头,药液通过喷头形成雾状后喷出。调压阀用于控制喷杆喷头的工作压力,当压力高时药液通过旁通管路返回药箱。

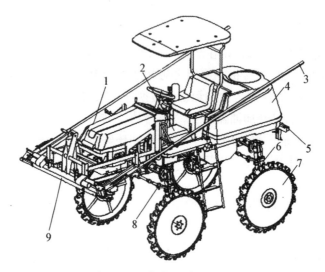

图1-79　自走式喷杆喷雾机

1.发动机　2.变速箱　3.喷杆　4.药箱　5.液泵　6.后桥　7.车轮　8.前桥　9.升降架

（1）行走系统。发动机通过皮带带动变速箱工作,变速箱将动力传递到前、后车桥,实现四轮驱动,通过行走轮行走,如图1-80所示。

（2）液压转向系统。发动机带动齿轮泵工作,将液压油从液压油箱经滤网吸入齿轮泵,齿轮泵将液压油经转向器、电磁阀输送到转向油缸,实现二轮或四轮转向。同时,调节前轮和后轮方向一致,还可进行侧方向的移动,如图1-81所示。

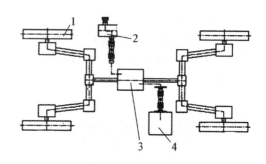

图1-80　行走系统

1.行走轮　2.分动箱　3.变速箱　4.发动机

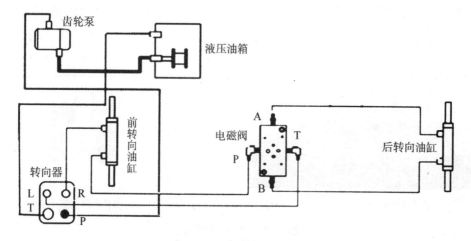

图1-81　液压转向系统

（3）喷洒系统。如图1-82所示，发动机通过万向传动轴带动分动箱，分动箱输出动力通过万向传动轴带动液泵工作。先向药箱内加入15升左右水作为引水，液泵工作时将水经过滤器吸入液泵内，转变为高压水，经分配阀调压（1.5～2兆帕），一部分水通过连接管进入射流泵，射流泵工作将水源处的水吸入药箱，完成加水过程。同时，将搅拌球阀打开，对另一部分水进行液力搅拌。田间作业时，液泵工作，将药液从药箱经过滤器吸入液泵内，经分配阀调压（0.4～0.6兆帕），一部分药液经球阀进入中间喷杆和左、右侧喷杆输液管，由喷头雾化后喷出，剩余部分回流到药箱。

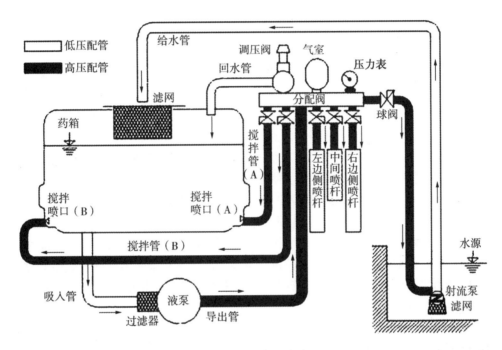

图 1-82　喷洒系统

2. 操作使用

（1）药箱加水。

① 先往药箱中注入15升左右的水。在没有水的状态下运转会对液泵造成损伤，除放水作业以外决不可以空运转。

② 将泵高压管上的快接（快速接头）与分配阀上的快接连上，并打开此处球阀，如图1-83所示。

③ 打开药箱盖，将泵的吸入管放入滤网辅助板口处。

④ 将射流泵的过滤器完全放入水中，如水中有沙子、杂草等异物时，应将射流泵增加二次过滤，防止异物混入。分配阀的喷洒球阀应关闭。

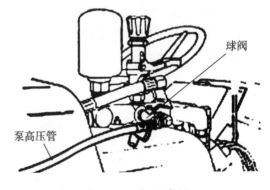

图 1-83　打开球阀

⑤ 将发动机启动，分动箱高速运转，将压力调至1.5～2兆帕，调压阀手把向下，并且将泵的球阀打开。

⑥ 向药箱内供水200升后注入药液（药液应先在小桶中混合），从药箱入口滤网注入，再将分配阀上的搅拌用球阀打开。加水结束，分动箱置于中立，关闭球阀，抬起卸压手柄，拆掉吸入管。

⑦ 从加水区往作业场所移动时，为防止药液沉淀，应边行走边搅拌。

（2）喷洒作业。

① 喷洒作业时应戴着防毒面具及配有保护装置，防止药液与皮肤直接接触。

② 将喷杆水平伸展，喷杆以喷头距地面50厘米为宜。分动箱处于低速。

③ 根据喷洒量对照表，确定其行走速度，并按下卸压手柄，调整调压手把至所需压力（0.4～0.6兆帕）。调压后，将锁紧手柄旋紧，使之固定。

④ 喷洒。压力调节结束后，喷洒球阀打开，喷洒作业开始。

⑤ 作业中发动机的油门可根据需要调整。作业中机器回转时，采用四轮转向，以使农作物的损伤达到最小。

3. 维护保养

每天作业完后，清洗机器外表污物，检查喷雾机的各个部件，将松动的部件紧固，及时更换损坏的部件，泄漏的管路部位及时维修。

停止作业后，将药箱下面的排水阀调到排水位置后打开，以便箱内药液全部排出，注意残留药液的处理。药液排出后往药箱内注入50升干净的水进行喷雾，并将喷管、调压阀、喷嘴等清洗干净。为了保证排水作业，调压阀的各球阀及泵阀敞开，应在低速的位置空回转1分钟。管路系统残留的药液应充分清洗干净，确认各滤网是否有损伤，防止下一次使用时出现不便。

按照说明书上的要求，向需要润滑的部位注入润滑油。更换液压油和液压油过滤器。

当防治季节工作完毕，机具停放时，清洗喷雾机的各个部分，确保各阀门和管路都没有农药残留，将药箱和水箱中的残留物彻底排放。检查喷雾机的各个部件，紧固松动部位，更换损坏部件。喷雾机晾干后，应拭除生锈部分，并对碰损和划伤的部位进行补漆。将喷雾机金属零部件表面涂上薄薄的一层防锈油。喷杆及喷头以安全的状态竖立放置，管线及喷头部位要防止灰尘等异物的进入，管线要防止阳光照射，妥善保管。

四、遥控自走式喷杆喷雾机

遥控自走式喷杆喷雾机结合了自走式喷杆喷雾机喷液量大、喷雾质量好的特点，同时又结合了遥控飞行喷雾机作业效率高、遥控操作的特点，很受农民欢迎。现以3WYP-120型遥控自走式喷杆喷雾机（如图1-84）为例进行介绍。该机空载质量200千克，轮距1.8米，作业幅宽10.9米（可定制5～15米），最低离地高度1.27米，作业伤苗率小，工作效率为60亩/时左右。

图1-84　遥控自走式喷杆喷雾机作业图

1. 结构原理

遥控自走式喷杆喷雾机适用于稻田、麦田以及大面积的蔬菜、花卉种植区等的病虫害防治。如图 1-85 所示，遥控自走式喷杆喷雾机由驱动电机、转向电机、喷雾机构、药箱、控制系统、前轮、后轮、车架等组成。遥控自走式喷杆喷雾机由遥控器操作，行走系统由电机驱动，喷洒系统与自走式喷杆喷雾机类似。

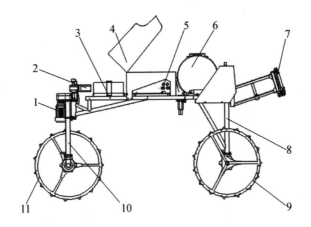

图 1-85　遥控自走式喷杆喷雾机结构示意图

1. 驱动电机　2. 转向电机　3. 车架　4. 机壳　5. 控制箱　6. 药箱（撒肥箱）
7. 喷雾机构　8. 后桥　9. 后轮　10. 前桥　11. 前轮

2. 操作使用

（1）农药喷洒。若喷洒乳剂农药，要先在搅拌器中加入清水，再加入农药原液至规定的浓度，拌匀、过滤后加入药箱中使用；若喷洒可溶性粉剂农药，应先将药粉调成糊状，然后加清水搅拌、过滤，再加入药箱中使用。

（2）电机。作业中如发现电机冒烟或有焦味，要立即切断电机电源并检修，确定维修好后，方可再进行喷洒作业。载重物爬坡时，若发现电机有动力不足现象并发热、发烫，要用慢速挡行驶，以免发动机因过量负荷而缩短寿命。

（3）变速。变速完全通过遥控器来控制，通过缓推油门摇杆至合适速度后停止推动，并保持在当前位置。停于坡道时，应刹车，以免发生溜车下滑现象。但不可切断电源，因为电磁刹车必须通电，且保持遥控器与机器的信号连接。

（4）更换喷头。如图 1-86 所示，更换喷头时，先把喷头安装帽顺时针旋转拧下，把坏的喷头取出，再按照取出时的安装方向，把新的喷头放入喷头安装帽内，最后再把喷头安装帽逆时针旋转拧上即可。若需要更换喷体，因喷体是开合式的，需先把螺钉打开，再把喷体从喷杆上取下。

3. 维护保养

药液桶及进出药液管路滤网每班次需要拆下清洗，以免影响过滤功能。滤网应用清水清洗干净。检查各部位螺栓、螺母是否有松动现象，如发现松动，应立刻拧紧。各部分的电路接头要定期检查，防止脱落、老化、短路等。

防治季节结束后，要将机器中的污物、杂草、药液清洗干净；松动部件要紧固，应在活动部件及非熟料接头处涂抹防锈油。停放空间应保持干燥，避免与肥料、化学药液或其他酸碱、高湿物品停放于同一空间。

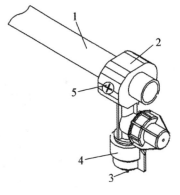

图 1-86　更换喷头

1. 喷杆　2. 喷体　3. 喷头
4. 喷头安装帽　5. 螺钉

五、电动喷雾器

电动喷雾器（如图1-87）由贮液桶、滤网、连接头、抽吸器、连接管、喷管、喷头依次连接连通构成。抽吸器是一个小型电动泵，由电池供电，用开关控制。电池盒装于贮液桶底部，贮液桶可制成带有沉下的装电池的凹槽，便于安装电池。电动喷雾器的优点是取消了抽吸式吸筒，消除了农药外滤伤害操作者的缺点；同时，与手动喷雾器（如图1-88）相比，电动泵压力比手动吸筒压力大，增大了喷洒的距离和范围。

图 1-87 电动喷雾器　　图 1-88 手动喷雾器

电动喷雾器操作使用时，应注意以下问题：

（1）施药时间。根据电动喷雾器药液浓度高、雾粒细匀等特点，对作物施药的时间以早晨为最佳，以早晨植物表面的露水未干为施药的终止时间。因为药液喷在干燥的植物表面易蒸发，不利于吸收；而喷在被露水全部浸湿的叶片表面时，高浓度、细而稠密的农药在露珠中扩散，在植物的表面形成一层药膜。这层药膜的浓度要比雾粒的浓度略低，但比常规喷雾器的药液浓度要高得多，对害虫有极大的杀伤性。

（2）施药方法。施药时风不能太大，因雾粒细匀，风过大会将雾粒吹跑或吹散，使之不能均匀覆盖，故喷药时以1～2级风为宜。施药时切忌时快时慢，要顺风匀速行走。

（3）存放。施完一次农药后，一定要彻底清洗药瓶，切勿使残留药液在瓶内过夜，并将整机存放在干燥通风处，切勿暴晒或置于炉火旁。

六、太阳能杀虫灯

太阳能杀虫灯（如图1-89）是一种利用太阳能光伏发电系统作为电源的杀虫灯，是绿色环保型产品。太阳能杀虫灯借鉴黑光灯的原理，利用害虫趋光波的特性，将频振波用于诱杀害虫成虫。该器械将光的波长范围拓宽至320～400纳米，增加了诱杀害虫的种类。它利用光近距离、波远距离引诱害虫成虫扑灯，灯外配以频振高压电网等方式杀死害虫，达到控制虫害的目的。

图 1-89 太阳能杀虫灯

太阳能杀虫灯由太阳能电池板、控制器、蓄电池组、黑光灯、灯壳和灯杆等组成。在控制器的控制下,白天太阳能电池板向蓄电池组充电,晚上蓄电池组提供电力给杀虫灯负载。控制器在任何情况下(阳光充足或长期阴雨天)都能确保蓄电池组不因过充或过放而损坏,同时具备光控、时控、声控、温度补偿及防雷、反极性保护等功能。

太阳能杀虫灯使用时,应注意以下问题:安装时,要按太阳能杀虫灯使用说明书的要求进行安装,并调整好开启和关闭时间。接通电瓶电源后,千万不能用手触摸高压电网丝。若出现故障,一定要先切断电瓶电源再进行检查和维修。每天要清理一次接虫袋和高压电网丝上的污垢及黏结的害虫。清理时一定要关闭电源,用刷子顺电网丝从上往下刷;如污垢和黏结的害虫太多、太厚,可将吊灯装置拆下再清理。若不按时清理,污垢和黏结的害虫会使高压电网丝短路,发生灯管损坏和其他事故。若不用太阳能杀虫灯时,可将其拆下,清理干净后放入包装箱内妥善保管,以备来年再用。

第七节　收获机械

收获作业是粮油作物生产中最重要的环节,也是劳动用工和强度最大的作业环节,且具有很强的季节性,收获作业进度的快慢和质量的好坏,直接影响农作物的产量和质量。浙江省主要粮油作物为水稻、小麦、马铃薯和油菜,水稻、小麦收获实现了机械化,马铃薯和油菜收获机械也已广泛推广应用。本节主要介绍谷物、油菜和马铃薯、番薯收获机械。

一、谷物收获机械

谷物收获机械的作业对象以水稻和麦类为主,按其收获方式可分为联合收获机械和分段收获机械两大类。

(一)联合收获机械

联合收获机械具有切割、输送、脱粒、清选、装粮等功能,从收割到谷粒归仓一次完成。联合收获机械按农作物喂入脱粒部时的方式将其分为全喂入联合收割机和半喂入联合收割机。把割后的农作物茎秆、籽粒全部喂入脱粒部的称为全喂入联合收割机。把只有穗部进入脱粒部而茎秆随夹持输送装置留在机器外的称为半喂入联合收割机。全喂入联合收割机按动力配置,可分为牵引式、悬挂式和自走式等。自走式联合收割机按行走部件分为轮式和履带式两种。轮式自走式联合收割机主要在北方地区使用,而在浙江等南方稻区以履带自走式联合收割机为主。

(二)分段收获机械

分段收获机械只完成收割,而后由其他机械完成脱粒、清选等。如在一些山地、丘陵地区,先用小型收割机(如图1-90)收割稻麦,再用小型脱粒机(如图1-91)脱粒。

图 1-90　小型收割机

图 1-91　小型脱粒机

二、履带自走式全喂入联合收割机

履带自走式全喂入联合收割机（如图1-92）相对于半喂入联合收割机而言，具有结构简单，便于维修，操作便捷，价格较低，可以兼收小麦和油菜等特点。但也存在含杂率及破损率高、油耗相对较高、稻茬留地较高等缺点。此外，因将秸秆揉碎，而使秸秆的用途大为减少。现以4LZ-5.0Z履带自走式全喂入联合收割机为例进行介绍。

图 1-92　履带自走式全喂入联合收割机作业图

1. 结构原理

如图1-93、图1-94所示，履带自走式全喂入联合收割机由割台、输送装置、脱粒装置、清选装置、集粮出粮与排杂装置、发动机、底盘、操纵控制装置等组成。工作时，由割台两侧的分禾器将未割与待割的

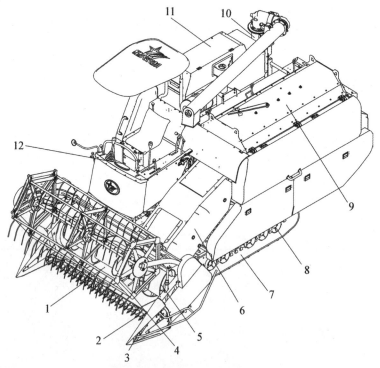

图 1-93　履带自走式全喂入联合收割机结构示意图

1.割台　2.切割器　3.分禾器　4.拨禾轮　5.螺旋输送器　6.输送槽　7.履带
8.支重轮　9.脱粒滚筒顶盖　10.三号放粮搅龙　11.集粮箱　12.操作系统

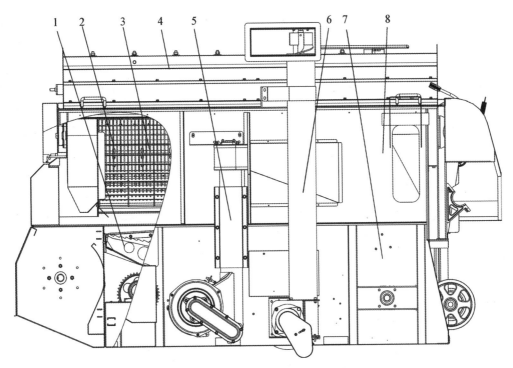

图 1-94 脱粒系统示意图

1.往复振动筛 2.脱粒滚筒 3.凹板筛 4.脱粒滚筒顶盖 5.二号升运搅龙 6.一号升运搅龙 7.风机 8.集粮箱

作物分开。待割作物在拨禾轮的扶持下，经割台往复切割器切断，含籽粒部分由割台螺旋输送器、助运板推至割台左端，再由伸缩拨齿往后拨，最后由输送槽内的链耙抓取并送至脱粒滚筒。送至脱粒滚筒的作物在脱粒滚筒、凹板筛、脱粒滚筒顶盖的作用下做轴向螺旋运动，在这个过程中籽粒脱落、茎叶变形，已脱籽粒和部分颖杂及短茎秆在离心力作用下通过凹板分离后落下，在风机及往复振动筛的配合下，轻杂物被吹出机后，籽粒落入一号水平搅龙（螺旋输送机），断茎秆及穿过筛网的短茎秆落入二号水平搅龙，落入一号水平搅龙的谷粒再由一号升运搅龙送至集粮箱，落入二号水平搅龙的物料经脱筒复脱后，再由二号升运搅龙送至往复振动筛再清选，没有穿过凹板的茎叶则从右侧的排出口向后排出机体。谷物最后通过三号放粮搅龙、卸粮管卸入装粮车辆。

联合收割机工作部件的组合技术已经成熟，现对割台、输送装置、脱粒装置、清选装置等部分及其调整进行介绍。

（1）割台。割台主要由拨禾轮、分禾器、切割器、螺旋输送器和调整机构等组成，主要功用是切割谷物，并将其输送至中间输送装置的喂入口。其中切割器（如图1-95）的基本零件有动刀片、定刀片、护刃器、压刃器、摩擦片、刀杆及护刃器梁等。切割器间隙指动刀片与定刀片的间隙，前端为0～0.5毫米，后端为0.5～1.3毫米。当切割器前端间隙大于1毫米时，有可能割不断农作物或大大增加切割阻力，故须重新调节。调节时只要将压刃器下的摩擦片翻身或在摩擦片下垫一薄片即可。

① 拨禾轮。拨禾轮的调节如图1-96所示，对于直立的农作物，拨禾杆转至最低位置时，应恰好对着割台切割器切下农作物的三分之二高度处，过高易打击农作物穗

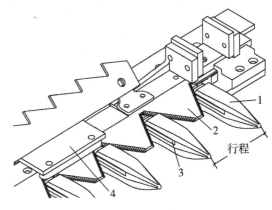

图 1-95 切割器的结构

1.护刃器 2.动刀片 3.定刀片 4.压刃器

部,过低易在拨禾板上挂有茎秆。对于倒伏作物及自然高度低于60厘米的作物,应将拨禾轮调到最低,即弹齿刚从割台切割器上方擦过(基本碰到地)。调节时,拉或推拨禾轮升降手柄至拨禾轮所需位置后松手,液压阀自动保压锁定。

移动拨禾轮两侧的偏心调节固定座与悬臂梁上的连接孔位置,便可调节拨禾轮的前后位置。拨禾轮位置过前,作物扶持作用增强,但铺放作用减弱;拨禾轮位置过后,铺放作用增强,但扶倒伏作用减弱。一般情况下,拨禾轮应调在中间孔位置,当收割高杆或倒伏作物时应向前调;当收割低于60厘米的农作物时应向后调。

割直立或轻微倒伏的作物时,弹齿一般垂直向下。对于厚密的作物,可将弹齿略向前倾斜;收割稀疏及倒伏作物时,弹齿略向后倾斜,以增强扶起作物的作用。调节时,松开偏心调节盘与偏心盘固定座上的连接螺母,便可把弹齿调节到合适的倾斜角。调整后,拧紧螺母。拨禾轮调节时应注意弹齿不得碰切割器及割台螺旋输送器。

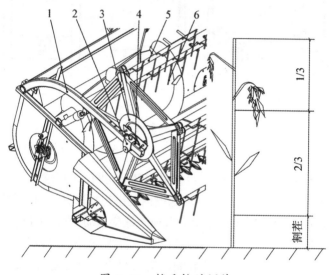

图 1-96　拨禾轮的调节

1. 悬臂梁　2. 偏心调节固定座　3. 偏心调节盘　4. 连接孔　5. 拨禾杆　6. 弹齿

② 螺旋输送器。螺旋输送器的调节如图 1-97 所示。螺旋输送器缩杆转至输送槽喂入口一侧时,应缩至最短状态,转至割台底板一侧时应与底板有大于5毫米的间隙。需要调整时,先将螺旋输送器右侧偏心轴调节块上的锁紧螺栓松动,扳转偏心轴调节块达到规定要求。

③ 双割刀装置。为进一步提高收割效率,解决全喂入联合收割机收割高杆高产水稻时留茬过高的问题,普遍采用了双割刀装置。双割刀适宜收割水稻而不宜收割麦类,主要原因是麦田杂草太多且又有麦沟,容易卡刀而影响收割机的正常作业。双割刀一般适宜收割秸秆超过95厘米、产量达500千克以上的直立水稻,而不适宜收获倒伏作物。使用双割刀时,通过改变调节螺栓在调节孔的位置,使下割刀离地距离为10～20厘米,同

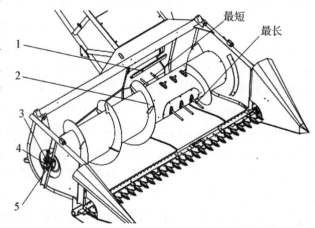

图 1-97　割台螺旋输送器的调节

1. 中间输送皮带　2. 螺旋输送器　3. 锁紧螺栓
4. 偏心轴调节块　5. 限位螺栓

时相应调整上割刀与地面的距离为40～45厘米。

（2）输送装置。输送装置主要由皮带轮、链耙、输送槽、皮带紧度调整装置等组成，功能是把割台送来的谷物连续、均匀地送到脱粒机喂入口。输送槽内的链耙使用一段时间以后，当链耙过长或长短不一致时需调整。调整时先将锁紧螺母松开，按需要调整螺杆的前后位置，调整后拧紧锁紧螺母。

（3）脱粒装置。脱粒装置主要由脱粒滚筒、凹板筛、导流板、滚筒盖板等组成，功能是将谷物脱粒与谷草分离。脱粒滚筒上对称安装6根按螺旋线排列的齿杆。为防止挂草，指齿呈后倾角10°安装。如图1-98所示，为调节指齿与凹板筛的间隙，滚筒幅盘上设计有左、右两组孔，出厂时装内孔，当指齿严重磨损或需要减少间隙时装外孔。

（4）清选装置。清选装置采用的是筛选—气流组合式，主要由排杂排尘风机、清选筛和吸尘风机组成。清选筛利用筛孔的形状、大小，把谷粒从各种不同尺寸的混合物中分离出来。排杂排尘风机产生强烈的清选气流，从脱出物中吹走碎茎秆、杂余和灰尘，而吸尘风机以一种负压的方式吸走轻细的杂余和灰尘。当筛面损失过大、搅龙负荷过重或粮箱内杂余太多时，需要调节振动筛的筛片开量（如图1-99）。筛片陡（即开量大），损失少但杂余多，振动筛下的搅龙负荷大、磨损快；筛片平（即开量小），损失多但杂余少，振动筛下的搅龙负荷小、磨损慢。实际收获时，当发现清选损失过大时，需要调大筛片开量，可先打开后导流罩，松开锁紧螺栓，扳动筛片调节块，使锁紧螺栓的正上方对准一齿（C处）；反之，当发现粮袋内杂余太多时，需要调小筛片开量，可扳动筛片调节块，使锁紧螺栓的正上方对准三齿（A处）。

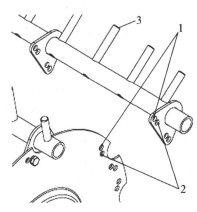

图 1-98　指齿与凹板筛的间隙调节

1.外孔　2.内孔　3.指齿

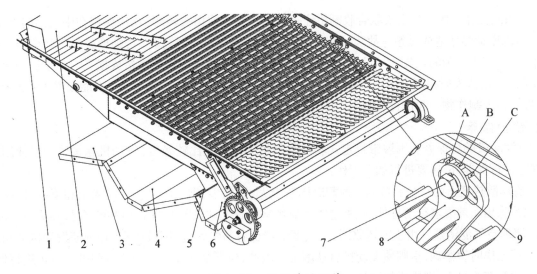

图 1-99　振动筛的调节

1.振动筛前橡皮　2.帆布　3.前底板　4.一号滑谷板　5.隔离板　6.二号滑谷板　7.锁紧螺栓　8.筛片调节块　9.压板

2. 操作使用

（1）割道准备。如图1-100（a）所示，履带自走式联合收割机应从田块的右角进地，为了减少损失，可先由人工在田块右角割出2米×4米的空地。如果田埂低于10厘米，可不割空地而直接进地工作。联合收割机进地后，沿田块右边割至地头，然后后退10～15米斜割两三次，以便转90°。接着用上述斜割两三次的方法,再转90°,然后沿田块另一边割至地头,用同样方法开出另一端的横向割道。

（2）作业路线。根据履带自走式联合收割机的结构特点及操作习惯,适合逆时针旋转作业,在特定的条件下也可以顺时针旋转作业。作业路线一般有以下两种:

① 四边收割法。对于方形或宽度较宽的田块,开出割道后,可采用四边收割法。一行收割到头,提升割台,当履带中部与未割作物平行时,向左转60°。一旦履带尾部超过未割作物,便一边倒车,一边向左再转30°,从而使机具转过90°,割台刚好对正割区,推手柄向前,放下割台,继续收割,直到一圈一圈将作物收割完,如图1-100（b）。若田块很大,可先用四边收割法收3～4圈后再从中间插入,将田块分为两至三块长方形田块,然后用两边收割法进行收割。

② 两边收割法。该方法对于长度较长而宽度不大的田块比较适用。先采用四边收割法收3圈,即将横割道割出约5米宽,再沿长方向割到田头后不倒退,直接左转弯绕到割区另一边进行收割。用这种方法不用倒车,收割时能提高效率[如图1-100（c）]。

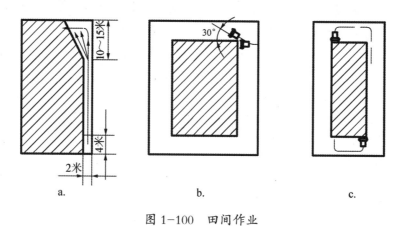

图 1-100 田间作业

（3）田间操作。履带自走式联合收割机无论在工作状态或田头转弯,均应保持在中大油门下工作,否则易出现振动筛堵塞或撒粮等故障。在收割作业时机器尽量直线行驶,否则橡胶履带将会压到一部分未割作物,产生人为的损失。尽量避免边割边转弯,以免产生压禾现象而造成损失。至于田角余下的一些作物,可以待大面积割完后再收割,或由人工割下后沿未割作物边薄薄地（不能成堆）撒在未割作物上,最后与未割作物一起进行收割。

3. 维护保养

（1）发动机的班保养。因履带自走式联合收割机工作环境比较恶劣,发动机除按柴油机使用说明书的规定进行保养外,还要进行如下工作:

① 清理散热器上的灰尘和草屑。收割时因灰尘大、草屑多,散热器上会塞满灰尘和草屑,影响水箱散热,因此除出车前要进行清理外,收割途中还应经常检查发动机罩上的草屑堵塞情况,确保空气流通。

② 清理空气滤清器。由于上述原因,空气滤清器也容易失效,滤网被堵塞,轻则使发动机的动力下降,大负荷工作时冒黑烟;重则使发动机启动困难。因此,应严格按发动机使用说明书的规定进行保养。如风向影响,灰尘过大,则应增加清理次数。

③ 检查发动机进、出水管是否完好,有无漏水;检查发动机进气管是否有裂缝,灰尘能否进入。

④ 检查电瓶是否有电,电瓶桩上的橡胶套是否完好。

（2）联合收割机的班保养。

① 机器必须保持良好的技术状况,各部件按要求调整好。

② 检查左右转向、制动等手柄功能是否完好,严禁机器带病工作。

③ 检查联合收割机的润滑系统,按要求及时注油。

④检查螺钉、螺母及其他紧固件是否有松动现象。

⑤检查各焊接件是否有脱焊、裂缝现象,校正、修复变形或损坏的零件。

⑥检查各操作部位是否灵活可靠。

⑦作业前试运转检查有无异常现象,特别是割台传动与振动筛部件。

（3）季保养与停放。经过一个季节的工作后,对整机要进行一次大的维修保养。这样,不但可延长机器的使用寿命,而且能为下一季节的使用做好准备。

①将杂物、泥沙及残留在搅龙内的谷物彻底清洗干净。

②按润滑要求向各转动部位、轴承和齿轮箱加注新的润滑油。

③对收割机进行全面检查,对磨损或损坏的零部件进行一次全面的修复或更换。重点检查切割器、输送耙齿、脱粒滚筒等部件。

④检查各安全标识是否完好、清晰,缺少或不清晰的应立即补上或更换。

⑤油漆已经磨掉或生锈的外露件,要除锈后重新油漆。

⑥切割器、链条要涂上防锈油脂。

⑦放松各传送胶带,放松输送链,长时间停机还应放松履带。

⑧各离合器处于分离状态。

⑨停放地点要干燥,通风良好。不能露天停放。

⑩若长时间停机不用,应保养蓄电池。用干贮法贮存的蓄电池在启用时,应按启用新电池的方法处理。若用湿贮存法,则贮存时间一般不宜超过6个月。

4. 示范应用

对于小田块及钢架大棚内的谷物作物,可用履带自走手扶式全喂入联合收割机进行收割。现以鑫源小型手扶式联合收割机（如图1-101）为例进行介绍。小型手扶式联合收割机工作时,扶禾拨指从低到高将水稻扶正,稻穗由上割刀割断后通过喂入滚筒送入脱粒仓进行脱粒、筛选、分离,脱落的粮食籽粒通过筛网落到搅龙上,接着粮食通过搅龙输送到粮食出物器,由出物器内的刮板提升到粮箱（袋）内。作物上部分（谷物）被上割台割掉后,剩下的作物下部分（茎秆）被下割台割掉后通过排草钉排向两边。

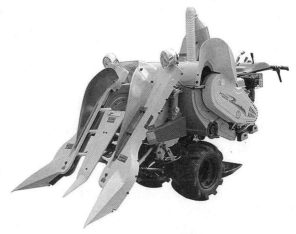

图 1-101　小型手扶式联合收割机

三、履带自走式半喂入联合收割机

履带自走式半喂入联合收割机如图1-102所示。履带自走式半喂入联合收割机相对于全喂入联合收割机而言,有以下优点:滚筒功率小、节能;谷物损失率低,并且保持茎秆完整,为茎秆的后续处理创造条件。

但履带自走式半喂入联合收割机必须有谷物夹持输送装置,而且换向及交接装置结构复杂、工

图 1-102　履带自走式半喂入联合收割机作业图

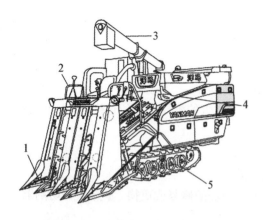

图 1-103　履带自走式半喂入联合
收割机结构示意图

1.割台　2.操纵控制装置　3.出粮装置
4.输送装置　5.底盘

艺要求高、价格昂贵,使用成本相对较高。现以4LBZJ-140D（AG600）型履带自走式半喂入联合收割机为例进行介绍。

1. 结构原理

如图1-103所示,履带自走式半喂入联合收割机由割台、输送装置、脱粒装置、清选装置、集粮出粮与排杂装置、发动机、底盘、操纵控制装置等组成。作业时,扶禾器拨指插入作物中,将作物扶起后由切割器进行切割,割下的作物由输送装置夹持送至脱粒滚筒,转由喂入链夹持,作物的穗头部分被喂入滚筒脱粒,直到脱离滚筒出口。最后谷物通过放粮搅龙、卸粮管卸入装粮车辆,茎秆则随排草链条到达机器后侧,直接平铺在地面上,或经切草装置切碎后还田。

（1）割台。履带自走式半喂入联合收割机的割台（如图1-104）一般为立式割台,主要由分禾器、扶禾器、切割器、茎穗输送部等部件组成。这种割台扶禾、梳整能力较强,能收获倒伏及零乱的作物。工作时,扶禾器拨指从作物根部插入作物丛中,由下至上理齐作物或扶起倒伏的作物,并在拨禾星轮的配合下使茎秆在扶持状态下切割,然后由割台输送装置输送。割台输送装置主要由上、下两条输送链组成,作用是将切割装置切割下来的作物送至中间输送装置。

（2）输送装置。履带自走式半喂入联合收割机采用夹持输送的方式,输送过程较为复杂。作物切割后由喂入轮、爪形皮带分别将其传递给左、右茎端链条,茎端链条与茎端压杆夹持住作物的茎部,穗端链条上的扶禾器拨指扶住穗部,将作物过渡到纵输送链条并调整喂入深浅,再由辅助输送链条均匀地送到脱粒部喂入口,由喂入链与压草板夹持住茎秆进行脱粒。履带自走式半喂入联合收割机一般配置喂入深浅调节装置,可以根据茎秆长度的不同进行手动或自动调节,保证作物以最适合的深度进入脱粒清选部。

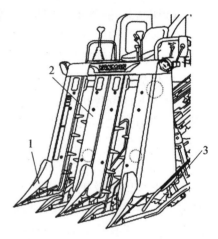

图 1-104　割台结构示意图

1.分禾器　2.扶禾器　3.切割器

（3）脱粒与清选装置。如图1-105所示,脱粒装置主要由脱粒滚筒、凹板筛、导流板等组成。脱粒滚筒为弓齿式脱粒滚筒,以梳刷脱粒为主,兼具打击和揉搓的功能。清选装置采用的是筛选—气流组合式,可参考全喂入联合收割机。

2. 操作使用

履带自走式半喂入联合收割机调整与操作参考全喂入联合收割机,在收获倒伏作物时,要根据作物的倒伏程度适当减缓行走速度,缓慢收割。同时,要根据作物的倒伏方向选择收割方向,采用顺割或左倒伏收割（作物穗头倒向收割方向的左侧）,不能逆向收割或右倒伏收割。

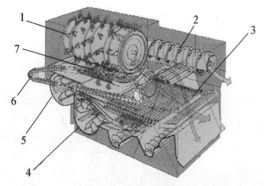

图 1-105　脱粒与清选装置结构示意图

1.主滚筒　2.副滚筒　3.振动筛　4.主风扇
5.前风扇　6.喂入链　7.凹板筛

四、油菜联合收割机

油菜联合收割机（如图1-106）基本上是对全喂入谷物联合收割机的机型稍加改进和局部调整，然后用于油菜的联合收获作业的。如4LZY-4.0ZJ型油菜联合收割机主要技术参数为发动机标准额定功率73.5千瓦，割台宽度2.2米，作业效率4.5～7.5亩/时，可多方位卸粮。

图 1-106　油菜联合收割机

油菜联合收割机的改进与调整要求：加装立式切割装置，一般在割台的左侧前部增设立式割刀（纵割刀）（如图1-107），以切断缠绞的油菜枝条，避免强行分禾时造成炸荚损失；将凹板的间隙调到最小，当作物成熟较好时或在高温天气下，可降低转速并调大凹板间隙，在脱净的原则下减少籽粒破碎；拨禾轮转速要调到最低，以减少对油菜的撞击次数，前后位置要尽可能调到后面，并根据油菜的长势和倒伏情况，合理调整高低位置；清选上筛、尾筛开度适当调大，使部分未脱净的青荚进入杂余升运器进行再次脱粒，下筛的开度应调小或换用孔筛；茎秆潮湿时应调大风量，干燥时应适当调小风量，风向应调至清选筛的中前方，有利于提高清洁度。

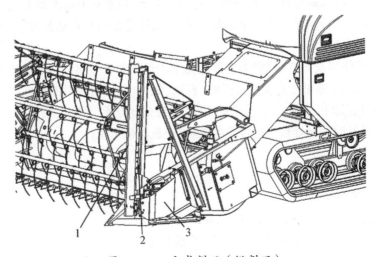

图 1-107　立式割刀（纵割刀）

1. 割刀保护板　2. 纵割刀　3. 侧盖板

五、马铃薯收获机

由于浙江田块偏小，大型机械操作不方便，所以马铃薯联合收获机很少使用，一般以机械挖掘、人工捡拾为主。为此，以4U-180型马铃薯收获机为例进行介绍。

1. 结构原理

如图1-108所示，马铃薯收获机由悬挂装置、挖掘装置、防缠绕装置、输送装置、限深装置、传动装置、机架等组成。

作业时，收获机在拖拉机驱动下，马铃薯与土一起被挖掘铲铲起；随着机具前行，铲起的马铃薯和土被推送到输送装置上，输送装置在运行中因不断转动而有序抖动；输送装置上的马铃薯随输送链向上运动，其上的泥块由于输送链的抖动而被不断地清除；马铃薯输送至输送链高端后铺放在已收区地面上，以便晾晒与捡拾。

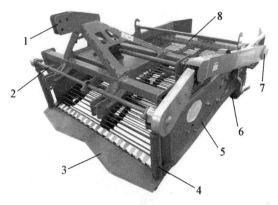

图1-108 马铃薯收获机结构图

1. 悬挂装置 2. 前横轴 3. 挖掘装置
4. 防缠绕装置 5. 机架 6. 限深装置
7. 动力过载保护装置 8. 输送装置

2. 操作使用

（1）将马铃薯收获机悬挂在拖拉机上，同时用万向节把拖拉机的动力输出与收获机的动力输入轴连接。用手转动万向节，检查有无卡、碰现象。如有，应及时排除。

（2）为防止传动轴损坏，马铃薯收获机工作时传动轴夹角不得大于15°，故一般田间作业只要提升至挖掘刀尖离地即可，如遇沟埂或路上运输需升得更高时，要切断动力输出。为防止意外，在田间作业时要求做最高提升位置的限制，即将位调节手轮上的螺栓拧紧限位。

（3）下地前，调节好限深轮的高度，使挖掘铲的挖掘深度在20厘米左右。

（4）在挖掘时，限深轮应走在待收的马铃薯秧的外侧，确保挖掘铲能把马铃薯挖起，不能有挖偏现象，否则会有较多的马铃薯损失。

（5）在坚实度较大的土地上作业时应选用最低的耕作速度。作业时，要随时检查作业质量，根据作物生长情况和作业质量随时调整行走速度与升运链的提升速度，以确保最佳的收获质量和作业效率。

（6）停机时，踏下拖拉机离合器踏板，操作动力输出手柄，切断动力输出即可。

（7）在作业中，如突然听到异常响声应立即停机检查，通常是收获机遇到树墩、电线杆等，需处理后再作业。

（8）过载离合器的使用及调整。过载离合器主要用于保护薯土分离链条式输送带及相关传动部件。若机器处于正常工作状态（地里含有少量的树根、石块、铁块）时，离合器出现打滑，这说明离合器上的弹簧变松，可将塑料外壳卸下，将螺母适当拧紧，但也不要完全拧死，否则失去保护作用。若机器过载时，离合器打滑，应停车并及时清理导致机器过载的杂物，使机器恢复工作。

3. 维护保养

（1）班保养。

① 检查放油螺塞是否松动。

② 检查各部位的插销、开口销有无缺损，必要时更换。

③ 检查螺栓是否松动或变形，必要时应补齐、拧紧及更换。

（2）季保养与保管。

① 彻底清除马铃薯收获机上的油、泥土及灰尘。

　　② 放出齿轮油进行拆卸检查,特别注意检查各轴承的磨损情况,安装前零件需清洁,安装后加注新齿轮油。

　　③ 拆洗轴、轴承,更换油封,安装时注足黄油。

　　④ 拆洗万向节总成,清洗十字轴滚针,如损坏应更换。

　　⑤ 拆下传动链条检查,磨损严重或有裂痕者必须更换。

　　⑥ 检查传动链条是否裂开,六角孔是否损坏,有裂开的应修复。

　　⑦ 马铃薯收获机长期停放时,应垫高马铃薯收获机使挖掘仓离地,旋耕刀上涂机油防锈,外露齿轮也需涂油防锈。非工作表面剥落的油漆应按原色补齐以防锈蚀。马铃薯收获机应停放室内或加盖于室外。

　　4. 示范应用

　　马铃薯收获机在浙江省已全面推广应用,如台州温岭一农户应用洪珠4U-180型马铃薯收获机,主要技术参数为配套功率66.2～73.5千瓦,作业幅宽1.8米,挖掘深度15～25厘米,作业效率5亩/时。通过对比试验,拖拉机带动机器作业将马铃薯挖掘到地面以上,然后人工捡拾,作业效率为0.5亩/时左右,如图1-109所示,而人工挖掘、捡拾作业效率只有0.1亩/时左右,机械作业效率是人工作业的5倍左右。

图1-109　马铃薯收获机作业图

六、甘薯收获机

　　4S-80型甘薯收获机(如图1-110)是浙江省农业机械研究院结合丘陵、山地特殊土质条件与小田块的特点而研制的小型甘薯收获机械,能够满足丘陵、山地及中小型田块环境和甘薯收获农艺的要求,在杭州市桐庐县试验受到农户好评。该机采用全悬挂式结构与四轮拖拉机挂接,主要技术参数为配套功率22～36.75千瓦四轮拖拉机,收获深度25～35厘米,收获宽度0.8米,收获效率2亩/时等。

　　如图1-111所示,4S-80型甘薯收获机由三点悬挂结构、机架、动力传动系统、挖掘铲、输送链条、振

图1-110　甘薯收获机

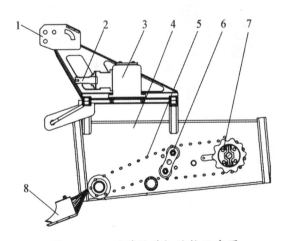

图1-111　甘薯收获机结构示意图

1.三点悬挂结构　2.动力输入轴　3.减速箱　4.机架

5.输送链条　6.振动分离机构　7.输送链轮　8.挖掘铲

动分离机构等组成。工作时,4S-80型甘薯收获机与四轮拖拉机挂接,拖拉机动力通过动力输入轴、减速箱、链条传递至输送链轮,输送链轮带动输送链条运转,通过挖掘铲将甘薯连同土壤一起挖出,进入输送链条后,再通过振动分离机构使甘薯与土壤分离,最后甘薯通过输送链条后掉落至收获机后的地面上。

第八节　粮油烘干机

国外干燥机械的研究起步于20世纪40年代,60年代基本实现了粮食烘干机械化,70年代实现了粮食烘干自动化,90年代以后,烘干机向绿色、智能方向发展。

从20世纪70年代开始,我国科研部门研究开发适合我国的烘干机型,它们大多适用于农场、粮管所、粮食加工厂等。同时,干燥热源的研究也取得进展,相继研制成功了热煤气发生炉、稻壳煤气发生炉、固体燃料煤气发生炉、液化气炉和太阳能干燥装置等。90年代后,随着农业的发展,各科研单位和生产厂家均投入了大量的人力和物力,开发了多种形式的谷物干燥机,粮库、国有农垦系统的粮食生产基地逐步装备起成套的粮食烘干机械。进入21世纪,随着购机补贴等扶农政策的实施,农业合作社、种粮大户等逐步购置、配备了中小型烘干机。

如今粮食烘干机虽然种类繁多,但基本原理都是利用干燥介质的热能使粮食中的水分蒸发,从而达到干燥降水的目的。主要分两大系列:一是高温连续式烘干机(如图1-112),基本用于北方地区,主要来处理高水分玉米;二是低温循环式烘干机(干燥机),重点应用于稻谷产区,浙江省主要应用低温循环式烘干机。若使用并联提升装置(如图1-113),可将多台低温循环式烘干机并联起来,统一装粮与卸粮,提高工作效率。

图1-112　高温连续式烘干机

图1-113　低温循环式烘干机与提升装置

低温循环式烘干机中的低温,是指用低于粮食允许受热温度的烘干介质来烘干粮食。所谓循环式,是指粮食在烘干机中不停地经过烘干部进行循环烘干。按其热传递方式,可分为三类:第一类是采用对流烘干,通过燃油炉或热风炉等直接加热空气,利用风机将热空气穿过谷层的方法烘干粮食。第二类采用远红外线辐射烘干,安装一个远红外线发生器,粮食吸收红外辐射能后促进水分汽化,汽化的水分由排湿风机排出。第三类采用传导烘干,蒸汽与粮食不直接接触,通过热交换装置将热量以传导方式传递给粮食,粮食受热后促使其内部水分转移,水分从表面汽化从而达到干燥的目的。本节重点介绍通过燃油炉、生物质燃料热风炉和热泵加热空气的低温循环式烘干机。

一、燃油炉型谷物烘干机

燃油炉型谷物烘干机在浙江稻区比较普遍,现以5HS100系列循环式谷物烘干机为例进行介绍。

1. 结构原理

如图1-114所示,燃油炉型谷物烘干机由装料斗、提升机、上搅龙、粮箱、离心风机、下搅龙、燃烧室等组成。烘干粮食时,粮食经装料斗通过提升机、上搅龙输送至粮箱。这时,水分测试仪自动工作,测出粮食初始水分。粮箱装满后,燃油炉开始工作,经热交换后的热风通过鼓风机送风至干燥部。粮食从粮箱下落到干燥部,被热风加热,蒸发水分,继续下落到底部,通过下搅龙送到提升机,从而开始又一轮循环干燥。如此周而复始的工作,粮食干燥至设定水分值后,干燥自动停止,粮食从排粮管排出(如图1-115)。

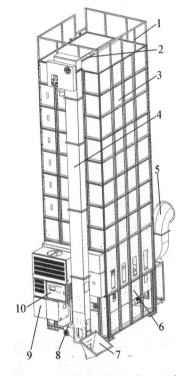

图 1-114　燃油炉型谷物烘干机

1.护栏　2.上搅龙　3.粮箱　4.提升机
5.离心风机　6.排粮层　7.装料斗
8.下搅龙　9.燃烧室　10.操作面板

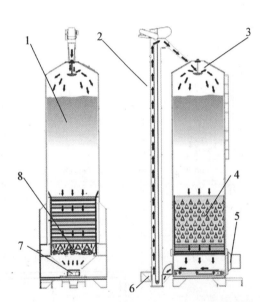

图 1-115　燃油炉型谷物烘干机结构原理图

1.粮箱　2.提升机　3.抛撒盘　4.干燥部　5.离心风机
6.装料斗　7.下搅龙　8.排粮滚筒

2. 烘干工艺

燃油炉型谷物烘干机主要适用于水稻的烘干作业,并兼顾大麦、小麦、玉米、高粱的烘干。水稻的烘干不同于其他谷物的烘干,因为稻谷是一种热敏性较强的籽粒,烘干速度过快、温度过高、受热时间过长等均会造成稻谷爆腰。所谓爆腰,就是稻谷在烘干后,其籽粒表面产生裂纹,裂纹的多少将直接影响稻谷碾米时产生碎米的多少,也就影响经济价值。我国国家标准规定稻谷烘干后爆腰率增值不大于3%。为了解决稻谷烘干后爆腰率增加较多的问题,一是采用较低的热风温度;二是有效控制稻谷的烘干速率,降水率一般应控制在每小时1.5%以下。

在烘干稻谷、小麦、大麦等谷物种子时,为了不降低其发芽率和生命力,保证其品质,应采用种子烘干工艺。种子烘干操作工艺有以下具体要求:

(1)为了保证入机种子粮的成熟饱满程度,种子的含水率应在收割前的自然状态下降至20%以下。

(2)收获的高水分种子粮应该立即装机循环通风或干燥处理,否则种子粮会升温发热,影响其品质。

(3)烘干作业时所采用的热风温度要低于烘干商品粮的热风温度,热风温度应低于43℃,谷物自身温度应低于38℃。

(4)种子烘干后进行循环通风冷却作业,使出机种子粮粮温不高于环境温度3～5℃,以利于存放保管。

(5)每批种子在烘干作业完成后,要排净并仔细清扫干净,严防混种。

3. 操作使用

操作面板如图1-116所示,可按以下步骤操作:

(1)干燥前准备。向燃油箱加满燃油,接通电源,并设定干燥最终水分指标。

(2)装粮。按"进粮"按钮,提斗式输送器开始工作,水分测试仪自动测试初始水分。把谷物加入

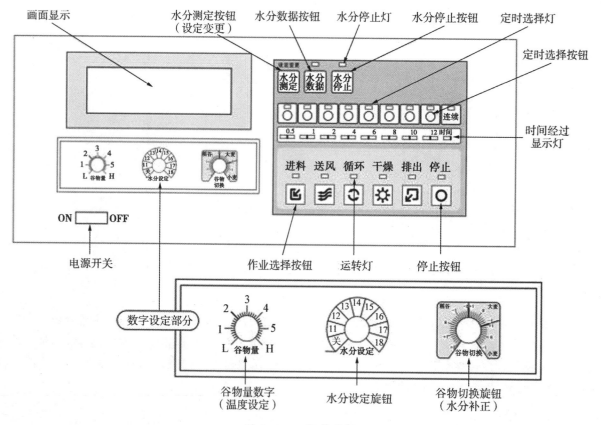

图1-116 操作面板

装料斗,谷物通过提升机输送到粮箱。粮箱装满后自动报警,停止进粮。

(3)干燥。按"点火"按钮,鼓风机、燃油炉开始工作,谷物从粮箱落下,干燥开始。水分测试仪自动测试水分。当水分达到设定要求后,鼓风机仍延续工作,待温度冷却后停止运行,干燥结束。

(4)排粮。按"排粮"按钮,谷物自动排出。

(5)清扫。同一品种的谷物干燥作业结束后,按要求清扫机器各部位,清除机内残留谷物。

4．维护保养

（1）干燥作业前，要仔细检查是否有堵塞、损坏以及卡滞等情况，包括检查内循环设备的干燥塔、喂入装置、提升装置、排粮装置、传动装置、燃油炉和送风系统、电气控制系统等，检查时最好将送风系统的机壳、叶片和轴承拆开仔细清洗干净，保证粮食烘干机的每个环节都能良好运转。

（2）干燥作业结束后，除了对主机的一些维护工作外，与粮食烘干机配套的提升机和输送机每班还需要加注一次润滑油，热风机每工作100小时加注一次，电动机每工作1000小时应更换一次黄油。

（3）机器一般都要定期进行维护保养，但提升机轴承、轴承座和提升斗的螺栓易松动，要经常检查。如有松动，应该立即停机紧固，输送机的轴承和胶带连接扣，也要经常检查更换。

（4）对于在室外露天进行生产作业的烘干机，要求用户必须采取一定的防御恶劣天气的保护措施，最好每年进行一次全面的维护保养和除锈喷漆保护，以防止老化过快。

（5）一季结束后若需要长期停机，就必须将烘干机内部的杂物彻底清扫，同时要放松提升机的张紧机构，清理风机风叶内的黏附物，燃油炉和除尘器应清理内部积灰，调速电机的调速表应归零待机。

（6）经过长时间停放的粮食烘干机，在准备开机进行生产前要对主要传动部件进行检查维护，三角皮带、轴承或输送皮带等如有老化或损伤要及时更换。

二、热泵型谷物烘干机

热泵型谷物烘干机适用的环境温度范围是−5～40℃，适用于浙江、江苏、上海、河南、山东、安徽、江西等冬季不是特别冷的省（市）。现以5HXRG-100型热泵型谷物烘干机（如图1-117）为例进行介绍。

1．结构原理

热泵型谷物烘干机（如图1-118）主要由热泵热风机组、干燥塔、集尘房三大部分组成。热泵热风机组主要由制冷剂、压缩机、冷凝器、蒸发器、四通阀、节流装置、过滤器、气液分离器、风机等构成。干燥塔主要由提升机、顶部螺旋送料器、储粮段、烘干段、排粮段、底部螺旋送料器、抽风机、排尘风机等构成。集尘房主要由集尘房体、袋式过滤器、过滤网安装底板构成。

图1-117　热泵型谷物烘干机

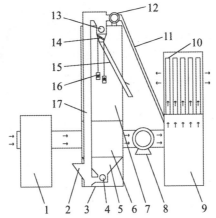

图1-118　热泵型谷物烘干机结构原理图

1.热泵热风机组　2.进粮口　3.干燥塔　4.底部螺旋送料器　5.排粮段　6.烘干段
7.储粮段　8.抽风机　9.集尘房　10.袋式过滤器　11.排尘管　12.排尘风机
13.顶部螺旋送料器　14.排粮阀门　15.出粮管　16.出粮阀门开关　17.提升机

（1）整机工作原理。通过提升机将粮食输送到干燥塔顶部,由顶部螺旋送料器将粮食送到烘干塔内,经过储粮段、烘干段、排粮段,再由底部螺旋送料器送至提升机,粮食在烘干塔内做循环往复移动,粮食送至提升机顶部时由排尘风机将粮食中的灰尘、秕谷、稻草等杂质经由排尘管送至集尘房内。热泵热风机组将空气由低温加热到高温后送到干燥塔内,经过干燥塔的烘干段与粮食进行热交换,去除粮食中的水分。抽风机将含有较多灰尘和杂质的废气送至集尘房内,经过袋式过滤器的过滤后,再将干净、清洁的空气排至周围环境中。整个烘干过程,自动测控热风温度、粮食水分和温度等参数,粮食到达设定水分后,自动停机。排粮时,打开排粮阀门,粮食经排粮管排出。

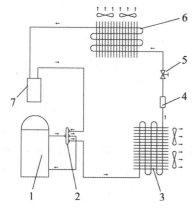

（2）热泵热风机组工作原理。热泵热风机组由压缩机、冷凝器、四通阀、过滤器、节流装置、蒸发器、气液分离器等组成,这些部件制冷管路彼此是相通的,内部充注着制冷剂。单个系统的制热原理如图1-119所示。工作时,首先低压的气态制冷剂被吸入压缩机,被压缩为高温高压的气态制冷剂;而后气态制冷剂流向冷凝器,把经过冷凝器的空气加热到需要的温度后逐渐冷凝成高压液态;接着通过节流装置（降压降温）变成低温低压的气液混合物（温度比周围空气温度低）,气液混合的制冷剂进入蒸发器,通过蒸发器从空气中吸收热量而不断汽化（周围空气温度变低）变成低压气体,再重新进入压缩机,如此循环反复。

图1-119　热泵热风机组工作原理图

1.压缩机　2.四通阀　3.冷凝器
4.过滤器　5.节流装置　6.蒸发器
7.气液分离器

从此过程中可以看出,热泵热风机组运行时,同样遵循能量守恒定律,只是把蒸发器侧空气中的能量转移到冷凝器侧空气中,把热量从低温物体向高温物体转移。假设从低温热源（室外空气,其温度均高于制冷剂蒸发的温度）中取得 Q_0 千卡/时的热量,消耗了机械功 A 千卡/时,而向高温热源供应了 Q_1 千卡/时的热量,这些热量之间的关系符合热力学第一定律,即 $Q_1=Q_0+A$。如果不用热泵装置,而用机械功所转变成的热量,则所得的热量为 A 千卡/时,但用热泵装置后,高温热源多获得的热量为 Q_0（$Q_0=Q_1-A$）,这就是它节能的原因。

2. 使用与维护保养

热泵型谷物烘干机使用、维护保养参照普通低温循环式烘干机,在使用与维护保养中,特别要注意以下几个方面:

（1）每周检查各种电源线、电动机连接线、控制线等是否有接触不良、绝缘线破损的情况,并查明是否有缺相或漏电的危险。

（2）烘干时,要每天检查热泵热风机组的进风过滤网和翅片换热器是否有脏堵现象,必要时要清洗干净。

（3）要每周对热风管路、排尘管路、烘干道内的谷、芒、屑、稻草等杂物进行清理。

3. 示范应用

热泵型谷物烘干机在浙江多地应用（如图1-120）,如萧山党湾关荣农机专业合作社应用宁波天海5HXRG-100型热泵型谷物烘干机后,取得了绿色环保、安全节能、降低烘干成本的效果。据试验,对10吨早稻（含水量为34.5%）进行烘干,烘干后为8.9吨（含水量为12.5%）,共用电840千瓦时,费用613元,总成本802元,平均烘干成本约为0.08元/千克;与用燃油炉相比,可节约成

图1-120　热泵型谷物烘干机应用图

本60%以上。当然,热泵型谷物烘干机对供电、除尘、场地面积要求较高,当温度偏低时,烘干时间会延长。

三、热风炉型谷物烘干机

如图1-121所示,低温循环式烘干机也可配生物质燃料热风炉,生物质燃料热风炉将空气由低温加热到高温后送到干燥塔内对粮食进行烘干。近年来,生物质燃料热风炉型谷物烘干机在浙江多地应用,与燃油炉相比,节约成本可达60%以上;在废气排放方面,基本达到环保要求。但在安全生产方面,需要对热风炉及时清灰、注重保养、加强检查,切实预防火灾发生。

1. 结构原理

如图1-122所示为5L-10型生物质燃料热风炉,由进料斗、燃烧室、鼓风机、换热列管、出风管、烟气回收列管、清灰口、烟囱、电控箱等组成。燃料由上料机装入进料斗,由自动控制系统控制进料量,再通过送料搅龙将燃料均匀地送至燃烧室。助燃空气在鼓风机的

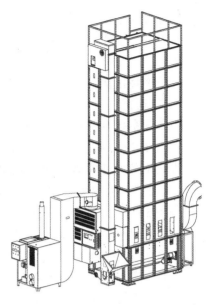

图1-121 低温循环式烘干机与生物质燃料热风炉连接示意图

压送下,穿过环形炉壁,使燃料充分燃烧,送料搅龙配有进风孔,不断地输入新鲜的空气,可使搅龙不会被高温损坏,而且除炉膛底部有空气助燃外,炉膛上部也配备了进风口,可促进燃料充分燃烧。物料燃烧后产生的高温烟气进入换热列管内,与换热列管外的空气进行间接换热,将空气加热到一定的温度;高温烟气经过换热列管后又经过烟气回收列管,与管外的热空气进行二次换热,这样就可以得到更多热量,并减少换热管道堵塞,最后从烟囱排出。同时,通过装在烘干机内的热风机负压吸风,将热风吸入烘干机,按设定温度对谷物进行烘干。

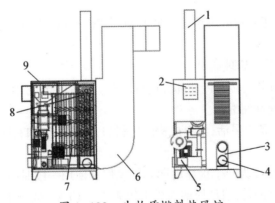

图1-122 生物质燃料热风炉

1.烟囱 2.电控箱 3.燃烧室 4.清灰口 5.鼓风机 6.出风管 7.换热列管 8.烟气回收列管 9.进料斗

2. 操作使用

(1)启动。

① 先将热风炉的进料斗装满燃料,打开进料斗闸门,经过搅龙送入大约2千克燃料,将其摊平,再放入易燃物品如纸壳等,打开鼓风机,通过点火器自动点火,点火时必须关闭炉门。

② 待热风炉燃烧室、换热器慢速升温,控制在15～20分钟完成预热过程,预热过程要缓慢进行,严禁用油脂快速点火升温。

③ 待燃烧正常后,调整燃料进给量、配风量,设定热风温度(120～150℃),观察引烟风机和鼓风

机减速调温是否可靠有效,把炉温设定在自动控制状态,观察出炉热风温度是否稳定。

④ 观察烘干机热风调节装置的工作情况,调整冷风门动作幅度,保证烘干机所需的热风温度稳定可靠。

⑤ 燃烧正常后打开引烟风机。

(2)运行。

① 观察高温风道风温指示,当热风温度接近出炉设定温度时,温控仪开始工作,鼓风机暂停为减速运转,维持炉内火势。此时热风温度可能会短时高于设定温度,当热风温度回落到接近设定温度时,鼓风机开启,恢复正常运转,使热风温度基本稳定。

② 要观察燃烧室内物料燃烧层的厚度及燃烧状态,调整给料装置的给料量,尽量达到多给少量,保持炉内燃烧状态的稳定。观测排烟温度的变化,有助于对炉内燃烧状态的控制。

③ 在供热作业时,要时刻注意各运转部件的运转情况,经常观测、检查电机温升情况,表温一般不超过80℃。风机轴承定期(约工作140小时)加注耐高温润滑油。

④ 干燥水稻、小麦等谷物时,出炉热风温度波动范围要控制在5℃之内。

⑤ 在进行干燥作业时,要确保粮层最低处高于通风段上部1米以上,否则会出现热风泄漏现象。在多台烘干机并联作业时,因一台烘干机漏风,产生大量热风损失,可导致干燥能力明显下降,同时也影响其他烘干机正常工作,甚至会使表层谷物或杂质过干而着火,所以作业时要确保除尘风机正常作业。

⑥ 待干燥的谷物在进入烘干机前,必须进行清理,除去大部分粉尘和颖壳,尤其是要除去直径15毫米以上的重杂和长度超过50毫米的秸秆、杂草等大杂,否则极易造成通风段的堵塞及漏风现象。

(3)停机。

① 在干燥作业结束前半小时,应先停止向热风炉推送燃料,关闭鼓风机并打开炉门,使炉膛内开始降温。当炉膛温度已明显下降,出炉热风温度低于30℃时,关闭烘干机上的热风机。

② 关闭总电源,清扫场地,在热风炉周围2米以内不得有易燃物存在。

3. 维护保养

热风炉型谷物烘干机的维护保养参照普通低温循环式烘干机,要特别注意以下几个方面:

(1)班保养。

① 若有零部件损坏,应及时修理或更换。

② 每个班次使用前要对各旋转及传动部件进行润滑。特别注意对引烟风机的检查,轴承要使用耐100℃以上高温的二硫化钼锂基润滑油。

③ 检查机器各转动部位是否灵活,给料机构的进料口是否畅通,如有问题,应及时修复。

(2)季保养。

每一个烘干作业期完成后,为一个检修周期。热风炉在使用一段时间后,换热效率有所下降,原因是换热器内积灰太多,要及时清理,清理周期为烘干作业7 ~ 10天(或烘干粮食作业3 ~ 5仓)。

四、油菜籽烘干机

油菜籽为细小的球形颗粒,含有大量的脂肪(40%)和蛋白质(27%),平均直径只有1.27 ~ 2.05毫米,孔隙细小,容易吸湿,当含水率降至12%以下,才能安全贮藏。油菜籽在烘干过程中,如果籽粒温度过低,则降水缓慢;如果温度过高,又会造成油脂溢出,不利于干燥,还可能发生火灾。因此,在烘干过程中,应严格控制热风温度以及油菜籽在滚筒中的停留时间。经过滚筒烘干的油菜籽温度比较高,应对其立即进行冷却,保证冷却后的油菜籽温度较环境温度不高于5℃,在冷却的过程中还会发生湿热交换,进一步快速降低油菜籽的含水率。

谷物烘干机经适当改装,也可对油菜籽进行烘干。现以5HS100系列循环式谷物烘干机为例,介绍其改装与使用方法:

(1)排粮叶片转速可调。可根据油菜籽水分的高低来调节叶片下料的快慢,以准确地控制油菜籽的降水速率,保证油菜籽不会因为温度过高而影响出油率。

(2)增加油菜籽专用筛网。根据油菜籽的种类不同,增加油菜籽专用筛网,可使细小的油菜籽不会漏,通用性更强。

(3)风量大小可调。对风机增加了变频装置,可根据油菜籽水分的高低来调节风机风量的大小,能更好地控制烘干的品质。

(4)循环烘干采用无搅龙传输。底部采用皮带输送,顶部采用玻璃流管,可使油菜籽破碎率降低并且无残留,大大地提高了烘干机的使用寿命。

五、常见除尘方式

谷物烘干既要考虑烘干的效果,又要考虑后续的粉尘处理问题。谷物表面携带的粉尘一般有两种,一种是粒径大于10微米的粉尘,另一种是粒径为0.25～10微米的粉尘,这两种粉尘对大气环境和人体都有危害。粒径大于10微米的粉尘遇到阻力后因重力作用易于沉降和分离,粒径为0.25～10微米的粉尘分离比较困难,是谷物烘干除尘的主要对象。根据谷物粉尘的特性,常见的除尘方式有自然沉降法、旋风除尘器及布袋除尘法等。

1. 自然沉降法

自然沉降法也叫惯性除尘法,是使含尘气流与挡板相撞,或使气流急剧地改变方向,借助其中粉尘粒子的惯性力分离并捕集粒子。这种除尘方式结构简单,阻力较小,除尘效率较低,一般用于一级除尘。目前,在除尘环境要求不高、使用低温循环谷物干燥机的地区用自然沉降法比较多。谷物原粮经过烘干后,与其分离出来的杂质(包括麦芒、秸秆等大杂)和粉尘通过风机排到除杂间,大杂在碰到挡板后会自由落体,粉尘则继续飘浮直至碰到阻碍其运动的挡板。为了避免压力损失,不影响烘干效果,一般采用多段挡板方式,挡板的段数越多,除尘效果越好。挡板段数 $N \geq 2$,且为偶数。挡板的距离以第1段尤为重要,一般为1.5～3.0倍的风机风管直径,距离越大,压力损失越小。挡板设置如图1-123所示。

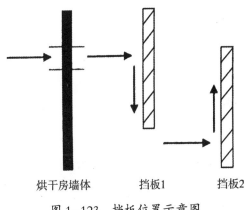

烘干房墙体　　挡板1　　挡板2

图1-123　挡板位置示意图

2. 旋风除尘器

旋风除尘器(如图1-124)又叫离心除尘器,是利用旋转气流的离心力将灰尘从空气中分离出来的干式净化除尘设备。旋风除尘器发明至今已有百余年历史,随着研究的不断深入,制作技术已经很成熟,各部分的尺寸有一定的比例关系。除尘器主要由进口、筒体、锥体和排风口组成,通过大量试验研究取得了一些实用阻力计算公式。由于它结构简单、安全防火、制作和运行成本低,对10微米以上的粉尘的净化效率高于90%,得到普遍推广,多年来在除尘系统中广泛运用。含尘气流由切向进口进入除尘器后,沿筒体和锥体内壁自上而下做高速旋转运动,向下旋转的气流称为外涡旋。外涡旋到达锥体底部后,转而向上,沿轴心向上旋转,向上旋转的气流叫内涡旋,最后经排风管排出。气流做旋转运动时,尘粒在离心力的推动下,向气流形成的旋转体外缘移动,当到达内壁边缘时,粉尘颗粒会与内壁接触释放能量,并在重力的作用下沿壁面滑落到底部的出杂口。缺点是离心力、捕集效果与粉尘颗粒的密度相关,粉尘颗粒密度越小,则越难分离。对于粉尘颗粒密度小的空气,旋风除尘器除尘效率变低,以至于达不到除尘标准。如果灰斗气密性不好,漏入空气,会把已经落入灰斗的粉尘重新带走,降低除尘效率。这种方法在烘干房内的成套设备一级除尘中广泛应用,净化空气直接吹入集尘房进行二级净化。

3.布袋除尘法

布袋除尘法是含尘气体通过布袋滤去其中尘粒的除尘方法,包括脉冲除尘和手(电)动简易布袋除尘等形式。自19世纪中叶开始用于工业生产,特别是20世纪50年代合成纤维布袋材料的出现,脉冲清灰及布袋自动捡漏等新技

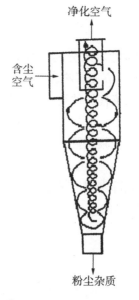

净化空气

含尘空气

粉尘杂质

图1-124 旋风除尘器

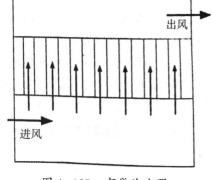

出风

进风

图1-125 布袋除尘器

术的应用,使布袋除尘得到了进一步的发展。其优点是除尘效率高。对于微米或纳米量级的尘粒,除尘效率一般可在99%以上;处理气体量范围大,应用适应性强,结构简单,使用灵活,运行成本可靠。缺点是不宜处理黏结性和吸湿性强的含尘气体。一般采用下进气方式(如图1-125),谷物杂质通过送风机吹入除尘间,大质量杂质通过自由落体运动直接落入底部漏斗,经过过滤的干净空气通过百叶窗吹到室外。经过一个烘干季的反复使用,停机后需进行清理,等待下一个烘干季继续使用。布袋除尘选择时主要根据布袋的材料选择布袋的阻力系数 K,根据厂房的要求和要求除尘的风机总风量 Q 来计算总过滤面积 S,进而计算出布袋的长度 L 和数量 N。选择时最重要的是不影响烘干机的使用效果,提高除尘效率。目前布袋除尘中脉冲式布袋除尘因价格高昂,因此用户选择比较少;手(电)动布袋除尘性价比相对较高,是谷物烘干机首选的除尘方式,对环境要求比较高的地区应推荐使用。

第九节　秸秆收集处理机械设备

秸秆即农作物的茎秆,在农业生产过程中收获小麦、玉米、稻谷等农作物以后,残留的不能食用的根、茎、叶等废弃物统称为秸秆。农作物光合作用的产物有一半以上存在于秸秆中。秸秆是一种具有多用途的可再生生物资源,目前主要的用途为制作饲料、燃料、肥料、基料和原材料。本节主要介绍秸秆收集处理机械设备。

一、搂草机

搂草机(如图1-126)的主要用途为对已收割的秸秆进行摊晒、翻晒和集草作业,是秸秆收获的

图1-126　搂草机作业图

配套机械。现以9LXD-2.5型旋转式搂草机为例进行介绍。

1.结构原理

如图1-127所示,旋转式搂草机由悬挂架、回转体、搂草臂、搂草弹齿、下风挡、车轮等组成。工作时,拖拉机一边牵引机器前进,一边驱动回转体做逆时针旋转。当搂草弹齿运动到机器右侧和前面时,搂草弹齿垂直并接近地面,进行搂草;当搂草弹齿运动到机器左侧时,搂草弹齿抬起,同时后倾呈水平状态,将搂集的秸秆置于草茬上,形成与机器前进方向平行的草条。为使形成的草条整齐,在形成草条的一侧设有下风挡,挡屏通过支杆固定在机架上。

旋转式搂草机的优点是结构简单,质量轻,可高速作业。集成的草条松散透气,便于与捡拾机具配套作业。

图1-127　旋转式搂草机结构示意图

1.悬挂架　2.锁紧杆　3.调节手柄　4.回转体
5.搂草弹齿　6.支撑臂　7.车轮　8.搂草臂
9.支撑杆　10.下风挡

2.维护保养

(1)作业后,机械应清洗干净;回转部、可动部要及时润滑;弹齿若有磨损、折损,需更换;螺钉、螺母、销若有松动,应拧紧;传动轴、罩、链条若有破损,要及时修复。

(2)作业季节结束后,各部分应清理干净;破损处及时修补;搂草弹齿、回转支点、销等磨损严重的应及时更换。

二、压捆机

秸秆成捆收获减少了体积,便于运输、贮存和饲喂,使其商品化成为可能。按草捆形式可分为方捆机(如图1-128)和圆捆机(如图1-129)。方捆机所打草捆密度大,体积小,搬运方便,便于机械化装卸,对各种长短的秸秆适应性强;圆捆机作业效率低,但结构简单,使用调整方便,且草捆可长期露天存放。按作业方式可分为固定式压捆机和捡拾压捆机。捡拾压捆机又分为牵引式和自走式(如图1-130)。

图1-128　方捆机

图1-129　圆捆机

图1-130　履带自走式方捆压捆机

（一）方捆捡拾压捆机

方捆捡拾压捆机将收割晾晒后的秸秆捡拾后打成方草捆，可进行连续作业，能捡拾稻草、麦秸秆、牧草等。如图1-131所示，方捆捡拾压捆机主要由捡拾器、输送喂入器、压捆室、密度调节器、打捆机构、曲柄连杆机构、传动机构和牵引装置等组成。工作时，从拖拉机动力输出轴将动力传至压捆机，机器沿草条前进，由捡拾器弹齿将割茬上的秸秆捡拾起来，并连续地输送到输送喂入器内，输送喂入器把秸秆喂入压捆室，被往复运动的活塞压缩成形。当草捆达到预定长度时，打捆机构开始工作，将压缩成形的秸秆打成捆，捆好的草捆被后面陆续打成捆的草捆推向压捆室出口，经放捆板落在地面上或经抛扔机构抛入拖车车厢内。

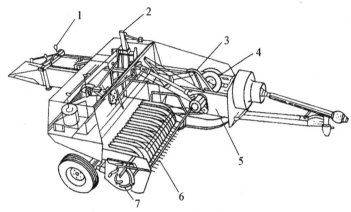

图1-131　方捆捡拾压捆机结构示意图

1.密度调节器　2.输送喂入器　3.曲柄连杆机构　4.传动机构　5.压捆室　6.捡拾器　7.捡拾器控制机构

（二）圆捆捡拾压捆机

圆捆捡拾压捆机主要用于干草打捆，也可与包膜机配套用于青贮料打捆。该机广泛用于干草、青牧草、麦秸秆、稻草和玉米秸秆的收集和捆扎，以便运输、贮存和加工。圆捆捡拾压捆机由于采用间歇作业，打捆时停止捡拾，生产效率相对低。如图1-132所示，圆捆捡拾压捆机主要由捡拾器、输送喂入室、卷压室、打捆机构、卸草后门、传动系统、液压操纵机构等组成。拖拉机牵引压捆机作业时，捡拾器将秸秆捡拾起来并送入卷压室，进入卷压室的秸秆连续转动，逐渐由小变大成为紧密的圆捆。同时，捆草密度指示杆自动升起，当草捆达到预定密度时，左右扎绳臂自动下落，并打开微动开关，蜂鸣器发出信号，驾驶员操纵拖拉机停止前进。此时，拖拉机动力输出轴继续转动，启动扎线机构，扎绳开始从中间向两边缠绕，扎绳臂上升，达到预定圈数，自动割断绳索，扎绳结束。驾驶员打开电磁换向阀，使油缸的活塞杆推动卸草后门，抛出草捆。放捆后，电磁换向阀复位，关闭卸

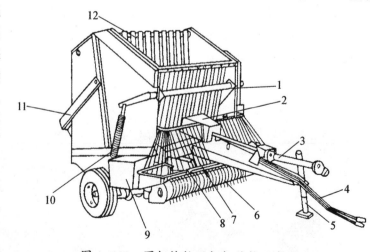

图1-132　圆捆捡拾压捆机结构示意图

1.摇臂　2.传动系统　3.传动轴　4.液压系统油管
5.支架　6.捡拾器　7.打捆机构　8.割绳机构　9.绳箱
10.张紧弹簧　11.卸草后门　12.卷压室

草后门,完成一个工作流程。

(三)自走式方捆压捆机

自走式方捆压捆机又称为自走式方捆打捆机。现以9YFL-1.9型履带自走式方捆打捆机为例进行介绍。

1. 结构原理

履带自走式方捆打捆机由捡拾输送部、压缩打捆部、驾驶行走部三大部分组成,如图1-133所示。捡拾输送部位于机具的最前方,由捡拾台、搅龙、输送槽和提速滚筒等组合而成。压缩打捆部在机具的后半部偏左,由拨草叉、压缩活塞、捆绳箱、自动打结器、草捆长度控制器、草捆密度调节器、打捆针、草捆导向板等组成。驾驶行走部为机具的下半部,由机架、发动机、变速箱、操作台、行走轮系和履带等组成。另外还有液压系统、电气系统、操纵系统等。

在田间作业时,将机器行驶至铺放好的草条前,调整草捆长度控制器和草捆密度调节器,使压出的草捆满足所需要的长度和密度。合上工作离合器,机器开始运转、前进,捡拾器开始将地面的草条捡拾起来并向后方抛送,经搅龙的叶片聚拢后由伸缩耙齿继续向后输送至输送槽内的链耙式输送器,草料最后经提速滚筒提速后被强力抛送至喂入口,运转中的拨草叉将草料喂入压缩室中,正在往复运动的压缩活塞将不断喂入的草料一次次压缩,当压缩室中的草料密度和长度达到预先设定的要求时,打捆针开始工作,将捆绳箱中的捆绳送到自动打结器中,自动打结器将捆绳进行打结,在后续喂入的草料的推动下,打好绳结的草捆从草捆导向板上落至地面。整个过程是在机器行进中完成的,草条被不断的捡拾、输送、喂入、压缩、打捆,实现连续作业。

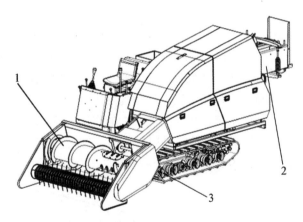

图 1-133 履带自走式方捆打捆机简图

1.捡拾输送部 2.压缩打捆部 3.驾驶行走部

2. 维护保养

(1)班保养。按说明书要求做好发动机保养工作。检查左右转向、制动等手柄功能是否完好,严禁带病工作。检查打捆机的润滑系统,按要求及时注油。检查螺钉、螺母及其他紧固件是否有松动现象。检查各焊接件是否有脱焊、裂缝现象,校正、修复变形或损坏的零件,检查各操作部位是否灵活可靠。

(2)季保养。将杂物、泥沙以及残留在搅龙内的秸秆等彻底清理干净。按润滑要求向各转动部位、轴承和齿轮箱加注新的润滑油。对整机进行全面检查,对损坏或磨损的零部件进行一次全面的修复或更换。检查各安全标识是否完好、清晰,缺少或不清晰的应立即补上或更换。油漆已经磨掉或生锈的外露件,要除锈后重新油漆,链条要涂上防锈油。放松各传送胶带,放松输送链。长时间停机还应放松履带,各离合器处于分离状态。存放地点要干燥,通风良好,不能露天存放。

（四）方捆捡拾装载机

方捆捡拾装载机（如图1-134）与运输车辆配套使用，实现方草捆捡拾与装运，已在浙江温岭等地推广应用。方捆捡拾装载机主要由牵引架、升运架、传动机构及平台等组成，牵引架铰链挂接在拖车或卡车侧面。升运架是直立式的，其上安装了带有爪刺的链传动机构。工作时牵引架喇叭口对准要集拢的草捆，然后升运链条的爪刺钩住草捆升运到平台上，由人工在车厢内堆垛。

图1-134　方捆捡拾装载机

三、秸秆粉碎机

粉碎是利用机械的方法克服秸秆内部的凝聚力而将其分裂的一种工艺，常用的粉碎机有锤片式粉碎机、齿爪式粉碎机和对辊粉碎机。现以锤片式粉碎机为例进行介绍。

1. 结构原理

如图1-135所示，锤片式粉碎机一般由供料装置、机体、转子、齿板、筛片、排料装置以及控制系统等组成。锤架板和锤片组成的转子由轴承支撑在机体内，上机体内安装有齿板，下机体内安装有筛片，包围整个转子，构成粉碎室。锤片用销子销连在锤架的四周，锤片之间安有装隔套，使锤片彼此错开，按一定规律均匀地沿轴向分布。

锤片式粉碎机工作时，原料从喂料斗进入粉碎室，受到高速回转锤片的打击而破裂，以较高的速度飞向齿板，与齿板撞击后进一步破碎，如此反复打击，使物料粉碎成小碎粒。在打击、撞击的同时还受到锤片端部与筛面的摩擦、搓擦作用而进一步粉碎。在此期间，较细颗粒从筛片的筛孔漏出，留在筛面上的较大颗粒再次被粉碎，直到从筛片的筛孔漏出。从筛孔漏出的物料细粒由风机吸出并送入集料筒，带物料细粒的气流在集料筒内高速旋转，物料细粒受离心力的作用被抛向筒的四周，速度降低而逐渐沉积到筒底，通过排料口流入袋内；气流则从顶部的排风管排出，并通过回料管使气流中极小的物料粉尘回流入粉碎室，也可以在排风管上接集尘布袋，收集物料粉尘。

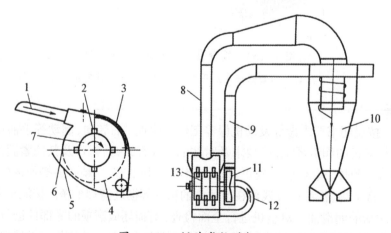

图1-135　锤片式粉碎机

1. 喂料斗　2. 锤片　3. 齿板　4. 筛片　5. 下机体　6. 上机体　7. 转子
8. 回料管　9. 出料管　10. 集料筒　11. 风机　12. 吸料管　13. 锤架板

2. 选型与应用

（1）正确选择粉碎机。粉碎以谷物原料为主的应选用锤片式粉碎机；以秸秆等生物质原料为主的选用辊式粉碎机与锤片式粉碎机组成二次粉碎工艺流程；油饼比例大的厂家应选配专用辊式碎饼机等。

（2）使用。使用中要注意粉碎机的负荷，因粉碎机对供料量很敏感，要经常注意粉碎机的负荷电流，及时调节喂入量，最好采用调频自动供料量。

（3）维护保养。锤片磨损后应及时更换，否则磨损不均可引起粉碎机转子不平衡，产生大的震动；筛片也易磨损，应及时更换。

四、制粒机

将松散的秸秆、树枝和木屑等农林废弃物挤压成固体燃料，其能源密度相当于中等烟煤，可明显改善燃烧特性。加热固体成形法是目前普遍采用的生物质固体成形方法。其工艺过程一般为原料粉碎—干燥混合—挤压成形—冷却包装等环节。加热固体成形法所采用的成形机主要有螺旋挤压式成形机、活塞式成形机和压模辊式颗粒成形机等几种。目前，应用最广泛的压模辊式颗粒成形机有环模制粒机和平模制粒机等。

（一）环模制粒机

现以ZLH-550A型环模制粒机为例进行介绍，其功率为55千瓦，生产效率为0.8～1吨/时。

1. 结构原理

环模制粒机主要结构如图1-136所示，主要由喂料器、制粒主机、传动系统及润滑系统等组成。含水量不大于15%的配合粉料，从料斗进入供料搅龙，通过调节供料搅龙轴的转速，获得合适的物料流量，最后进入压制室进行制粒。

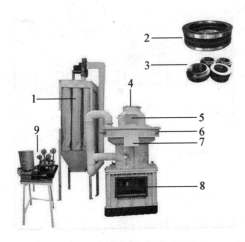

图1-136　环模制粒机结构图

1. 布袋除尘器　2. 进料口　3. 压轮　4. 模具
5. 查料口　6. 制粒观察室　7. 出料口
8. 重载减速机　9. 自动润滑油泵

图1-137　供料搅龙结构图

1. 发动机　2. 减速器　3. 卸料口　4. 螺旋叶片
5. 中间轴承　6. 机槽　7. 进料口

（1）供料搅龙。供料搅龙结构如图1-137所示，它由搅龙筒体、搅龙轴和带座轴承等组成。搅龙叶片采用满面式，螺距采用变螺距，搅龙起到送料作用，转速可调，即供料量可调，以达到主电机额定电流和产量。搅龙轴可从搅龙筒体右端抽出，以便清理和检修。

（2）压制室。压制室的结构和工作原理如图1-138所示，它的主要工作部件由环模、两个压辊、喂料刮刀、切刀以及模辊间隙调节螺钉等组成。环模由电机带动回转，物料进入压制室，由于环模旋转将物料带入模辊之间，这两个旋转件对物料产生强烈的挤压，然后被压入压模孔内，成形的颗粒外挤，挤出模孔后呈圆柱形，最后被切刀切断成为颗粒。

2. 维护保养

（1）日常维护。保持机器外表清洁，提前检查压制室内各螺栓、螺钉和刮刀有无松动迹象。班前检查切刀与环模支撑座之间的距离，保证不小于3毫米。开机前应先检查环模与压辊之间的配合间隙，并合理调整，保证两辊间隙一致。随时检查有无漏油现象，必要时更换油封。每工作8小时，向每只压辊轴承加油脂约50克。检查齿轮轴侧面的油位计，如油位低于观察孔时应及时补充润滑油。

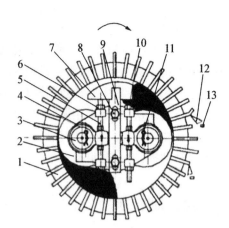

图1-138 压制室工作原理图

1.环模 2.压辊 3.压辊轴 4.调隙轮
5.调节螺钉 6.止退螺母 7.喂料刮刀
8.刮刀螺钉 9.刮刀座 10.原料压制区
11.挡销 12.切刀 13.成品颗粒

（2）定期检查与保养。每周检查一次各部位连接件松动情况。主传动箱和减速器在开始工作200小时后应更换新油，以后连续工作约半年换油一次。每周检查一次环模传动键和环模衬圈的磨损情况，以便及时更换。

（二）平模制粒机

平模制粒机主要由料斗、螺旋供料器、搅拌调质器、分料器、压辊、切刀、出料盘、电机及传动装置等组成。工作时，由螺旋供料器将物料输送到搅拌调质器搅拌均匀，随后喂入压制室，经分料器均匀分配至模、辊之间，如图1-139所示。原料进入压制室后，在压辊的作用下被粉碎，同时进入压模成形孔被压成圆柱形或棱柱形，从压模的下边挤出，切刀将压模成形孔中挤出的压缩条按需要的尺寸切割成粒，颗粒被切断并排出机体外。

平模压制的颗粒强度、均匀度不如环模制粒机制出的颗粒，但这种制粒机结构简单，成本较低，易于制造。

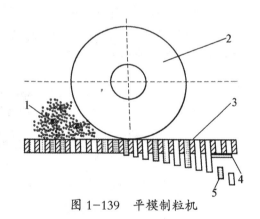

图1-139 平模制粒机

1.原料 2.压辊 3.平模 4.切刀 5.成形颗粒

五、秸秆粉碎还田机

秸秆粉碎还田机的功用是将已摘穗后直立或铺放在田间的秸秆进行粉碎，并均匀撒在地表。经翻耕将碎秸秆掩埋，作为肥料回施到地里。现以4J-200型秸秆粉碎还田机为例进行介绍。

1. 结构原理

如图1-140所示，秸秆粉碎还田机由机壳、限深滚筒、锤爪或刀片、粉碎滚筒、粉碎轴皮带轮、三角皮带、主动带轮、变速箱、挂接机构等组成。工作时，拖拉机输出传递的动力经万向节传动轴传递给变速箱，变速后驱动二轴及主动带轮同步转动，经三角皮带带动粉碎轴皮带轮及粉碎滚筒同步转动，安装在粉碎滚筒上的锤爪或刀片在滚筒高速旋转产生的离心力作用下张开，高速旋转的锤爪或刀片将秸秆捡起，喂入机壳与滚筒构成的粉碎室内，此时秸秆被第一排定齿阻挡切割，大部分被切碎。未被切碎的秸秆在折线形的机壳内，由于气流方向改变，多次受到锤爪或刀片的撞击而被粉碎。当秸秆进入锤爪或刀片与后排定刀片的重合处时,再次受到剪切和撕拉,被粉碎的秸秆随气流抛撒在地面上。紧随其后的限深滚筒将秸秆连同留下的根茬压实在地面,完成秸秆粉碎还田的全部过程。

2. 维护保养

(1)班保养。检查各紧固件,尤其是锤爪或刀片销轴的牢固情况。更换锤爪时,要整套更换,否则会导致机具运转时强烈震动。粉碎刀片磨钝后可同组调换,使锐刃向前,磨损严重时应整套更换。检查各部润滑油情况,不足时应立即添补。检查传动三角皮带的磨损及松紧情况,如三角皮带较松,可调整张紧螺栓,磨损严重时应成套更换。

(2)季保养。将整机内外的泥土、油污、秸秆清除干净。将皮带拆下单独存放。更换变速箱齿轮油,更换时将废油放净,用柴油或清洗剂将箱内清洗干净。将机具放入通风透光的库房内,用木板垫起,涂好防锈油,以免锈蚀。

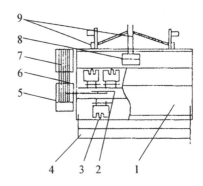

图 1-140 秸秆粉碎还田机

1. 机壳　2. 粉碎滚筒　3. 锤爪或刀片
4. 限深滚筒　5. 粉碎轴皮带轮
6. 三角带　7. 主动带轮　8. 变速箱
9. 挂接机构

六、有机物料生产成套设备

利用生化腐熟技术制造有机物料的方法:在粉碎后的农业废弃物中加入微生物菌种和化学制剂,采用现代化设备控制温度、湿度、数量、质量和时间,经机械翻抛、高温杀菌、恒温发酵、常温熟化等过程,将农业废弃物转换成有机物料。如ZL3000型生物制料机是用微生物菌剂对农业生产中产生的废弃物,如农作物秸秆、牲畜粪便、蔬菜瓜果残体,制造饲料、肥料、基料与无害化处理利用的成套设备。它包括秸秆预处理粉碎系统、上料系统、循环热能系统、供氧系统、发酵系统、全液压系统、电控自动化系统、卸料系统。工艺流程如图1-141所示。

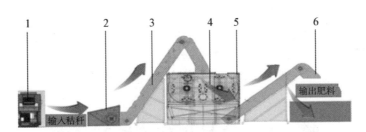

输入秸秆　输出肥料

图 1-141 生物制料机模型图

1. 粉碎系统　2. 进料系统　3. 上料系统　4. 循环热能系统　5. 电控自动化系统　6. 卸料系统

(1)收集蔬菜残体、农作物秸秆等农业废弃物。

(2)将收集的蔬菜残体、秸秆等农业有机废弃物进行粉碎。

(3)高温杀灭病虫害,将粉碎的残体投入发酵罐,以80℃以上的高温杀菌60分钟。

(4)按照配方加入菌种,调节物料的湿度、碳氮比、温度以适应微生物的生长。

(5)发酵降解制料,降温至65℃,加入高温发酵菌群和辅料,发酵4～5小时。

(6)肥料和基料出罐后,在常温状态下自然堆放后熟5～7天,完成整个制料过程。饲料出罐后在厌氧状态下装袋(装箱)堆放5～15天。

如应用加百列有机垃圾处理设备(如图1-142),有机垃圾发酵菌可以快速繁殖并产生多种酶,可对有机废弃物进行快速分解,从而使大部分的有机垃圾转变为热能、二氧化碳、水、少量的氨气以及小分子有机物等。有机废弃物经过该设备的发酵处理后,实现明显的减量化,处理后的物料主要为固态残留物,可以作为生产有机肥料的原料进行循环使用。该设备已在浙江省象山县、浦江县等地推广应用。

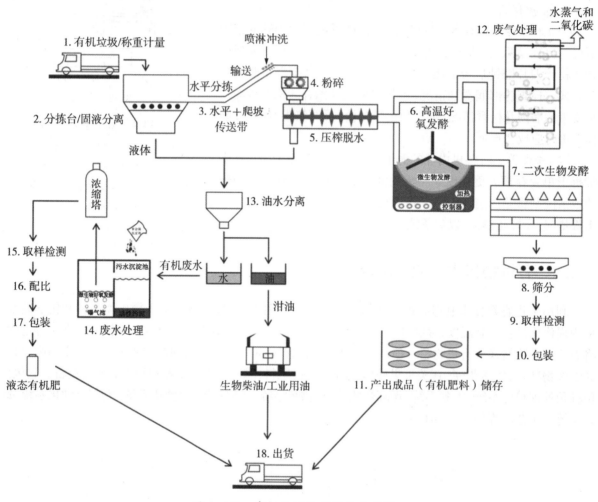

图 1-142　有机垃圾处理设备流程图

第十节　拖拉机新型控制技术

拖拉机是一种用来悬挂、牵引、驱动配套机具的自走式动力机械,与农机具配套后,可进行耕、耙、播、收、运输等相关行走作业,也可作为固定作业动力。按结构类型可分为轮式拖拉机(如图1-143)、履带式拖拉机(如图1-144)、手扶拖拉机和船式拖拉机等。

近年来,随着变速箱技术、液压技术、电控技术的发展,拖拉机换挡、平衡与转向控制技术不断提升,拖拉机不断向智能、高效、舒适的方向发展。

图 1-143 轮式拖拉机

图 1-144 履带式拖拉机

一、动力换挡技术

动力换挡又称带负载换挡,是指在拖拉机机组工作过程中不中断动力传递进行换挡。换挡时不分离主离合器,只需操纵变速箱中的两个离合器,使要换入的挡位先逐渐结合,再随之分开要换出的挡位即可。两个离合器的动力传递和分离由液压系统驱动,受电子控制单元(TCU)控制。如图 1-145 所示为动力换挡拖拉机。变速箱内全部挡位都能实现负载换挡时称为全负载换挡,全负载换挡通过几组摩擦离合器、行星齿轮机构和制动器的各种组合而实现,结构复杂,制造成本很高。目前,广泛采用的是部分负载换挡变速箱,该变速箱由不带负载换挡的主变速箱和带负载换挡的附加变速箱构成。

图 1-146 是一个动力换挡操作原理图。空挡:离合器 X 和 Y 均分离;低挡(齿轮 $Z1$、$Z3$ 传递动力):离合器 X 接合,离合器 Y 分离;高挡(齿轮 $Z2$、$Z4$ 传递动力):离合器 Y 接合,离合器 X 分离。通过电液控制离合器的分离、接合即可实现不切断动力状况下的换挡操作。

图 1-145 动力换挡拖拉机

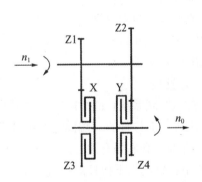

图 1-146 动力换挡操作原理图

动力换挡与啮合套、同步器换挡不同,动力换挡应用了电液技术、湿式离合器、行星齿轮副等先进传动技术,通过控制器局域网总线(controller area net, CAN)与拖拉机各负载部件建立整机信号反馈机制,从而使拖拉机的操纵和使用水平突破了传统机械力的制约,上升到与当今前沿科技成果全面接轨的新高度。

动力换挡拖拉机已在桐乡、临海、鄞州等地应用。如杭州萧山秋琴农业发展有限公司应用动力换挡拖拉机(如图 1-147)后,简化了操作程序,减轻了劳动强度,提高了作业质量和效率,使拖拉机作业更为轻松与高效。

图1-147 动力换挡拖拉机作业图

二、水平自动控制系统

目前,拖拉机悬挂系统基本上采用三点悬挂机构,当悬挂机构处于某一高度时,悬挂的农具相对拖拉机的位置是固定不动的。拖拉机走在不平整的地面工作时,机体会发生倾斜,带动农具倾斜,使得农具不能保持水平状态。

水平自动控制系统是用于拖拉机悬挂机组对农机具进行水平自动调整的一种系统,主要用于拖拉机旋耕机组、撒肥机组、蔬菜整地机组等需要自动控制水平的机械。如当水田旋耕机组的拖拉机走在不平的犁底层时,在水平自动控制系统的作用下,可以保持后面悬挂的旋耕机具不随拖拉机的摆动而摆动,使旋耕机具的横向位置始终保持在水平状态,从而保证整地平整。控制效果如图1-148所示。现以JG-TPH01型水平自动控制系统为例进行介绍。

图1-148 控制效果图

1.结构原理

水平自动控制系统(如图1-149)主要由水平控制器、水平传感器、角位移传感器、水平阀块组、水平油缸等构成。上拉杆的一端固定在拖拉机的后部,左提升臂和右提升臂的一端分别与提升臂轴固定连接,左提升油缸和右提升油缸的一端分别与拖拉机后部铰接,另一端分别与左提升臂和右提升臂的一端铰接,左下拉杆与右下拉杆的一端分别与拖拉机的后部铰接。左提升杆的一端与左提升臂铰接,另一端与左下拉杆铰接;右提升杆用水平油缸代替,一端与右提升臂铰接,另一端与右下拉杆铰接。左下拉杆、右下拉杆和上拉杆的另一端均挂接农机具。水平油缸活塞杆位置拉线球头位置与油缸活塞杆固定铰接,水平油缸活塞杆位置拉线固定架与油缸的缸筒外壁固定连接,活塞杆位置拉线的另一端与摆杆的一端铰接,摆杆的另一端与角位移传感器上的角度转轴固定连接,弹簧的一端与摆杆铰接,另一端与角位移传感器安装盒铰接。水平传感器固定在拖拉机上,当水平传感器检测到拖拉机倾斜时,将反馈相应信号给水平控制器,控制器经过计算,输出通电信号到水平阀块组的电磁阀,电磁阀控制水平油缸往相应方向运动,待水平油缸修正到位后,即挂接在拖拉机悬挂机构上的农机具处于水平位置,角位移传感器发出停止信号给控制器,控制器再发出断电信号给电磁阀,电磁阀控制水平油缸停止修正,完成一次修正动作。

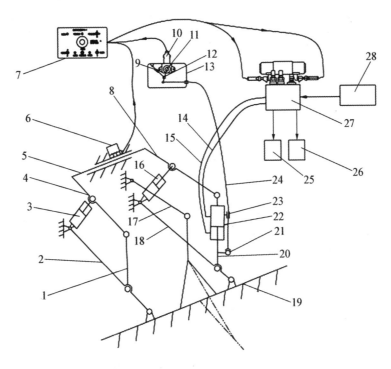

图 1-149　水平自动控制系统

1. 左提升杆　2. 左下拉杆　3. 左提升油缸　4. 左提升臂　5. 提升臂轴　6. 水平传感器　7. 水平控制器　8. 右提升臂
9. 弹簧　10. 角位移传感器　11. 角度转轴　12. 摆杆　13. 角位移传感器安装盒　14. 油缸无杆腔油管　15. 油缸有杆腔
油管　16. 右提升油缸　17. 上拉杆　18. 右下拉杆　19. 农机具　20. 水平油缸活塞杆　21. 拉线固定架（活塞杆处）
22. 水平油缸　23. 拉线固定架（缸筒处）　24. 拉线　25. 拖拉机液压系统的回油口　26. 拖拉机液压系统的提升阀
27. 水平阀块组　28. 拖拉机液压系统的齿轮泵

（1）农机具位置监测。水平自动控制系统安装后，拖拉机、农机具与水平面相对角度都为0°。作业中，拖拉机左右倾斜程度由水平传感器监测，农机具左右倾斜程度由位置监测系统监测。如图1-150所示，当伸缩拉杆与水平油缸活塞杆一同向外伸出时，拉线被伸缩杆的拉力向外拉出。当伸缩拉杆与油缸活塞杆一同收缩时，拉线张紧的弹簧拉回，由于拉线的两端都有一定的拉力，因此拉线可以把伸缩杆的位移转换成摆杆的圆弧轨迹，进而转换成摆杆的角度。摆杆通过角度转轴与角位移传感器相连。控制器接收到角位移传感器检测到的角度值，通过换算可以得出油缸活塞杆的位移数据，从而计算出拖拉机与农机具的相对位置。

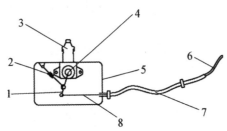

图 1-150　拉线结构

1. 摆杆　2. 弹簧　3. 角位移传感器　4. 角度转轴　5. 外壳　6. 伸缩拉杆　7. 保护套　8. 拉线

（2）控制器。控制器采用基于CIP-51内核的C8051F020芯片，运用闭环控制方法进行控制。如图1-151所示，控制器通过对水平传感器采集的拖拉机的倾斜数据与角位移传感器采集到的液压缸活塞杆的位移数据进行分析得出农机具角度值,然后将其与设定值进行比较运算得出控制参数,如液流方向和流量大小,然后驱动电磁换向阀执行相应的动作。

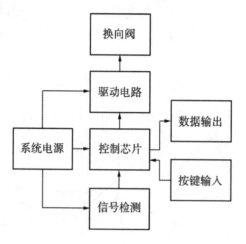

图 1-151　控制系统

（3）液压系统。液压系统（如图1-152）由动力元件、执行元件、控制元件、辅助元件和工作介质组成。动力元件为拖拉机液压系统中的齿轮泵,作用是将机械能转换成液体的压力能。执行元件为油缸,作用是将液体的压力能转换为机械能,将油缸安装在拖拉机原右提升杆的位置上,通过油缸活塞杆的伸缩来调整农机具水平方向的倾斜角度。控制元件为水平阀块组,用于控制和调节液体的压力、流量和方向。工作介质为拖拉机液压传动中的液压油。辅助元件为油管等,具有连接、储油、过滤和测量油液压力等辅助作用。

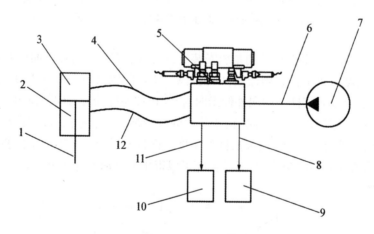

图 1-152　液压系统

1. 水平油缸活塞杆　2. 水平油缸有杆腔　3. 水平油缸无杆腔　4. 油缸无杆腔油管
5. 水平阀块组　6. 进油油管　7. 拖拉机液压系统的齿轮泵　8. 提升阀油管　9. 拖拉机液压系统的提升阀
10. 拖拉机液压系统的回油口　11. 回油管　12. 油缸有杆腔油管

2. 使用与维护保养

当初始位置不处于水平状态时,调整"平衡微调"旋钮,可使农具处于水平状态。

当作业时,如果平衡油缸动作过于频繁或过于迟钝,可选择高、中、低不同速度的挡位。悬挂机组的农具调整至水平状态后,微调旋钮不得任意改变。在旋耕机作业结束后,在道路上行走时,必须关闭水平控制器电源。

水平油缸的关节球处，每工作100小时应加黄油。每季作业完毕后，及时清理水平油缸和水平阀块的污物，并加油。拖拉机停放前，先把拖拉机驾驶到较平的地面上，查看农机具是否处于水平状态，如不平，用微调旋钮修正。

3. 示范应用

水平自动控制系统（如图1-153）已在杭州、宁波、绍兴等地应用，如杭州金牛农机专业服务合作社（杭州市萧山区）的拖拉机加装杭州精工JG-TPH01型水平自动控制系统，该系统最大工作压力16兆帕，最大工作流量45升/分，水平回正速度≤3秒，最大可修正角度±10°。该系统的应用使挂接的农机具自动保持水平状态，从而减少了水田整地劳动强度，提高了整地质量，促进了节约用水。

图1-153　水平自动控制系统应用图

三、履带拖拉机正反差速转向技术

目前履带拖拉机（如图1-154）已经普遍采用液压助力转向、减震驾驶室、数字化仪表等，驾乘舒适性等方面已经得到了较大提高。随着差速转向、单手柄或方向盘转向控制等新技术的应用，其操控舒适性将越来越好，特别是方向盘操作、正反差速转向技术的推广应用，尤其适合在南方的小田块与设施大棚内作业。现以NF-702型履带拖拉机为例进行介绍。

NF-702型履带拖拉机通过液压控制行星差速转向技术，实现原地正反转向、转弯与直行。工作原理如图1-155所示，发动机动力经变速箱、液压泵分流为行走动力和液压转向动力两路传动，并合流于行星机构，驱动左右驱动轮。通过转动方向盘控制液压泵的供给与液压马达液压油的流量和方向，利用行星机构的差速原理，实现工作要求。行走动力为零，正反转向动力不为零，则为原地正反转向；行走动力正转、反转，转向动力不为零，则为转弯；行走动力正转、反转，转向动力为零，则为直行。

图1-154　履带拖拉机

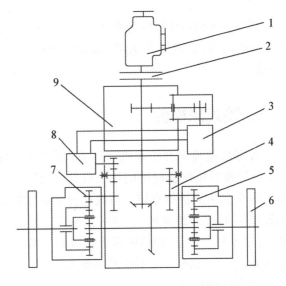

图1-155　行星差速转向示意图

1.发动机　2.离合器　3.液压泵　4.后桥　5.行星机构
6.驱动轮　7.行星机构　8.液压马达　9.变速箱

第二章

蔬菜机械

我国蔬菜产业已形成大生产、大流通、大市场的产销格局,大大促进了农业机械在生产过程中的应用,特别是近年来,随着农业劳动力日趋紧张、劳动力成本大幅提升,蔬菜产业对生产机械的需求明显增加。尽管我国在推进蔬菜机械化方面做出了很大努力,但蔬菜生产机械化水平仍处于初级阶段。蔬菜机械是指蔬菜生产及其初加工等相关农事活动中使用的机械、设备,主要包括耕整地机械、种植施肥机械、田间管理机械、收获机械、收获后处理机械、初加工机械等。由于蔬菜的种类多、生态差异大,不同种类的蔬菜和不同的栽培方式对蔬菜机械的性能有不同的要求,因此推进蔬菜全程机械化的难度较大。本章重点介绍一些浙江省已经推广应用的蔬菜机械。有些蔬菜机械与粮油机械通用,已在粮油机械章节中介绍过,这里不再重复介绍。

第一节　耕整地机械

蔬菜要实现机械化种植与收获,对垄、畦的要求较高,要求土壤细碎、疏松、土面平整。同时,为延长蔬菜种植的时间,促进早熟、增产,蔬菜种植还采用了地膜覆盖技术。本节重点介绍适合种植蔬菜的耕整地机械。

一、镐式深松机

镐式深松整地联合作业机简称镐式深松机(如图2-1),是与拖拉机配套使用的耕作机具。现以1S-125型镐式深松机为例进行介绍。该机适合于农作物收获后留茬高度不大于20厘米、土壤含水率为15%～25%的砂土、壤土和轻黏土。该机配套动力29.4～40.4千瓦,工作幅宽1.25米,深松深度不低于30厘米。

1. 结构原理

如图2-2所示,1S-125型镐式深松机主要由镐式深

图 2-1　镐式深松机

松机构和碎土整平机构组成,利用曲柄摇杆机构带动深松铲做往复曲线运动,并与碎土整平机构对未耕地进行深松整地作业。深松深度30厘米以上,深松但不打破土壤层,深松不产生犁地层并能消除原来

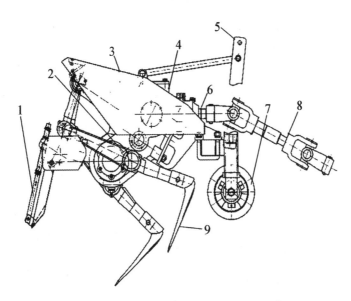

图 2-2　1S-125 型镐式深松机结构示意图

1.碎土整平机构　2.仿生臂深松机构　3.罩壳　4.变速箱　5.悬挂架
6.输入小圆锥齿轮轴　7.限深轮　8.传动轴　9.深松铲

的犁地层,达到蔬菜种植前的耕作要求。

2. 操作使用

（1）起步、转弯和倒退。起步时,将镐式深松机提升至深松铲铲尖离地面5～8厘米,结合拖拉机动力输出轴,空转1～2分钟,在无异常响声的情况下,挂上工作挡位,逐步放松离合器踏板,同时操作拖拉机调节手柄,使深松整地机逐步入土,随之加大油门直到正常耕作。当拖拉机转弯和倒退时,必须将深松机升起,但不宜过高,防止损坏机件。

（2）耕作速度。镐式深松机作业速度选择的原则是达到深耕、碎土的要求,地表平整,既要保证耕作质量,又要充分发挥拖拉机的额定功率,在一般情况下前进速度为1.4～3千米/时(拖拉机Ⅱ、Ⅲ挡),在坚实度较大的土地上耕作时,选用最低的耕作速度。

（3）停机。停机时,踏下拖拉机离合器踏板,操作动力输出手柄,切断动力输出即可。

3. 维护保养

（1）班保养。

①拧紧各连接螺栓、螺母,检查放油螺塞是否松动；检查各部位的插销、开口销有无缺损,必要时更换。

②检查齿轮油油量,不够时应添加,如变质则应更换。检查有无漏油现象,必要时更换纸垫或油封。十字轴、旋臂外盖、限深轮端盖、封盖、摆臂处安装有黄油嘴,应注足黄油。

③检查深松铲是否有缺损,螺栓是否松动或变形,必要时应补齐、拧紧及更换。

（2）季保养。

①完成班保养内容。

②更换齿轮油。

③检查十字轴磨损情况,拆开清洗并涂抹新黄油后装好,如十字轴过度磨损,应及时更换。

（3）年保养(一年之后进行)。

①彻底清除机具上的油污、泥土及灰尘。

②放出齿轮油进行拆卸检查,特别注意检查各轴承的磨损情况,安装时零件需清洁干净,安装后加注新齿轮油。

③拆洗曲臂上轴承,安装时注足黄油。拆洗万向节总成,清洗十字轴滚针,如损坏应更换。拆下全部深松铲检查,磨损严重和有裂痕的必须更换。检查深松铲套是否开裂,六角孔是否损坏,刀盘与刀轴管焊接是否裂开,必要时除去已损坏的铲套和刀盘并焊上新铲套和新刀座。

④修整罩壳及拖板,使其恢复原状,如无法恢复时应更换新件。

（4）长期停放。万向节应拆下放置室内,垫高机具使深松铲离地,深松铲上应涂机油防锈,外露花键轴也需涂油防锈。非工作表面剥落的油漆应按原色补齐以防锈蚀。深松机应停放室内或增加遮盖物置于室外。

二、灭茬机

YTMC-120型灭茬机（如图2-3）主要用于蔬菜收割后秸秆及根茬的粉碎,起垄前土地的旋耕、平整等作业。它通过对秸秆、根茬的粉碎,土地的旋耕,使粉碎的秸秆、根茬深埋于土壤中,从而达到调节土壤有机质的平衡,改善土壤腐殖质的组成状况。该机配套动力为29.4～44.1千瓦,耕幅1.16米,一次性实现灭茬、旋耕、平地等作业,工作效率得到显著提高。

YTMC-120型灭茬机操作使用要点如下:

（1）起步时,在整机升起状态下先结合动力输出轴,柔和地放松离合器踏板,并操作液压机构使整机逐步下降入土,同时加大油门直到正常工作。不得将机具先入土或突然下降,以免损坏机具、离合器及动力输出轴。

（2）机具应在切断动力后,处于提升状态时才可进行转向或掉头,否则将造成刀片变形或整机损坏。

（3）拖拉机不得使用外力调节方式,以免损坏机具。应采用液压悬挂装置进行调节,调节至适当深度固定下来。拖拉机的速度应为低速Ⅰ挡,动力输出轴（PTO）转速为540转/分。

图 2-3　YTMC-120型灭茬机

三、悬挂式起垄覆膜机

悬挂式起垄覆膜机与拖拉机配套,能够对移栽及播种前的苗床进行精细化耕整,一次性实现碎土、起垄、覆膜作业。以YTLM-100型悬挂式起垄覆膜机（如图2-4）为例进行介绍。

图 2-4　悬挂式起垄覆膜机

1. 结构原理

悬挂式起垄覆膜机（如图2-5）与拖拉机挂接,由旋耕碎土部（图2-5中A部分）、起垄整形部（图2-5中B部分）和覆膜压土部（图2-5中C部分）三部分组成。

（1）旋耕碎土部。作业时,安装在机器前面两侧的圆盘犁将土向中间翻起,以形成垄体。拖拉机PTO轴输出的动力通过中间齿轮传动箱传递至侧齿轮传动箱。侧齿轮传动箱带动旋耕刀轴,并使刀轴按一定的转速进行运转,完成翻耕和碎土的功能。

（2）起垄整形部。起垄装置把土壤聚集成形,通过转动垄高调节手柄可以很好地调节垄形的高低,安装在后面的镇压辊对成形的垄面进行一次滚动压平,使垄面更加平整,也可以根据种植需要调节手柄对垄

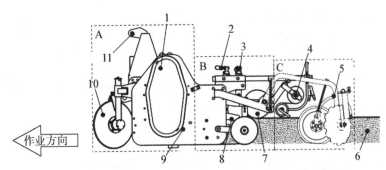

图 2-5 悬挂式起垄覆膜机结构示意图

1.侧齿轮传动箱 2.垄高调节手柄 3.镇压辊调节手柄 4.地膜 5.覆膜装置 6.垄
7.镇压辊 8.起垄装置 9.旋耕碎土部 10.圆盘犁 11.悬挂架

面的压实程度进行松紧调节。

（3）覆膜压土部。覆膜部分的撑膜轮可将膜撑开贴于垄面上，保证膜与垄面贴合。而垄两侧的压膜轮将膜的两边压在垄底，覆土轮在膜两边覆土，从而压住膜的边缘以防膜被风吹开。当只需要起垄作业而不需要进行覆膜时，可以将覆膜臂装置手动掀起（如图2-6），就可以单独进行起垄作业。

2.操作使用

（1）水平调整。如图2-7所示，拖拉机停放在平地上，将旋耕起垄机降下使刀尖接触地面，检测其左右刀尖离地高度是否一致，若不一致，则需调节下拉杆高低，使旋耕起垄机处于水平状态，以保证左右耕深一致，否则将导致起出的垄两边高度不一致，影响作业效果。

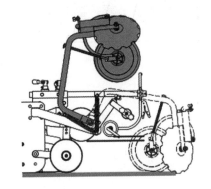
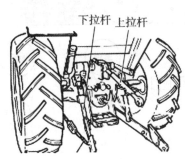
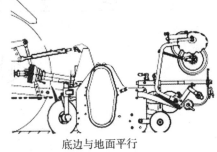

图 2-6 覆膜臂掀起　　　　　　图 2-7 水平调整

（2）垄高调整。根据要求转动拖板调节手柄，升高或降低拖板的高度，使拖板最低点比所需垄高高出2～4厘米，调节镇压辊调节手柄，使镇压辊底部离地高度等于所需的垄高，垄高调整如图2-8所示。

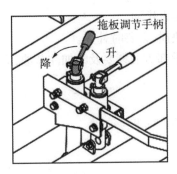
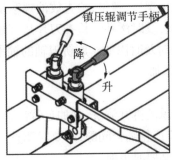
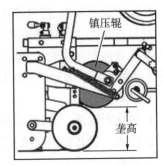

图 2-8 垄高调整

（3）地膜的选择。为了达到良好的作业效果，需根据起垄的要求选用对应规格的地膜。所使用的膜的宽度应按照如图2-9所示的尺寸进行选择，需保证膜完全覆盖垄面后，两边还有7～10厘米的余量用于土壤覆盖。为了保证良好的覆膜效果，建议使用0.01毫米以上厚度的优质地膜。

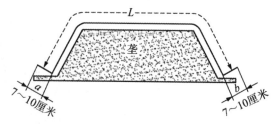

图 2-9　地膜的尺寸

（4）地膜安装和调整。如图2-10所示，松开蝶形螺栓向两侧拉开挂膜架，将地膜安装于挂膜架上，夹紧地膜筒，锁紧蝶形螺栓。调整两端的阻尼调整手柄，使膜卷在转动时有一定的阻力，防止地膜在垄面上起皱。松开导膜轮的手柄螺栓，调整导膜轮下边缘与垄面间隙为2～3厘米，导膜轮前边缘与镇压辊边缘的距离为3～5厘米，最后锁紧手柄螺栓。

在抽出地膜时，正常情况下按图2-10（a）所示的安装方式，这样抽出时增大了转动阻力，使地膜与垄面更加紧贴。若不需要地膜紧贴垄面，可以参考图2-10（b）的方式，这样地膜滚动阻力较小。地膜筒体直径不宜过大，重量不宜过重，要求重量≤8千克，直径≤14厘米，否则影响安装及作业效果。

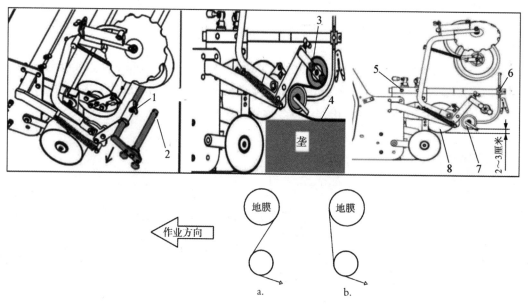

图 2-10　地膜安装与调整图

1.蝶形螺栓　2.挂膜架　3.阻尼调整手柄　4.膜　5.螺栓　6.手柄螺栓　7.导膜轮　8.镇压辊

3. 维护保养

（1）班保养。

①检查是否漏油，拧紧各连接螺栓、螺母，检查放油螺塞是否松动。

②检查各部位插销是否缺损，及时添补。检查刀片是否缺损，必要时补齐。

③检查齿轮箱齿轮油，缺油时及时添加。旋耕刀轴的轴承部黄油杯要及时加注黄油，万向节、三点悬挂处的黄油杯缺油时，应及时添加。

（2）季保养。

①更换齿轮油，刀轴两端轴承需拆开清洗，并加足黄油，必要时更换油封。

②检查齿轮各轴承间隙及锥齿轮啮合间隙，必要时调整。

③检查刀片是否过度磨损，必要时更换。

（3）停放。

① 将机器清洗干净，所有磨损掉漆的部位应除锈后重新涂漆。工作摩擦的地方需涂黄油或防锈油。

② 应抬起覆膜臂，使压膜轮离地，防止压膜轮变形。

③ 圆盘犁应调高，不与地面接触，防止长时间负荷变形。

4. 示范应用

如图2-11所示，悬挂式起垄覆膜机已在浙江多地应用，如杭州大展农业开发有限公司（杭州萧山）引进了悦田YTLM-100型悬挂式起垄覆膜机。该机配套动力为36.75千瓦、垄面幅宽1米、起垄高度10～20厘米，应用后作业效率明显提高，劳动强度大大降低，作业效率为3～5亩/时，是人工作业效率的4倍以上。

图 2-11　机械化起垄与起垄覆膜作业

四、自走式起垄覆膜机

如图2-12所示的YT10-A型自走式起垄覆膜机（多功能田园管理机）适用于设施大棚和小田块作业。

1. 结构原理

自走式起垄覆膜机的结构如图2-13所示，由前端的操作扶手、发动机、主变速器、旋耕变速器以及后面的起垄和覆膜装置组成。发动机通过"V"形带轮与主变速器相连，主变速器通过链条把动力

图 2-12　自走式起垄覆膜机

传送到旋耕变速器，安装在旋耕变速器下端的碎土起垄刀对已耕整的土地进行再次打碎和聚土；接着，起垄和覆膜装置对土壤进行整形和覆膜压土作业，从而实现碎土、整形以及覆膜一体的复合式作业。当不需要进行覆膜作业时，可以将覆膜装置手动掀起，就可以单独进行起垄作业。

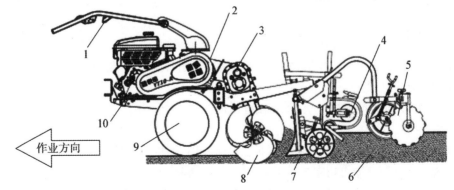

图 2-13　自走式起垄覆膜机结构示意图

1.操作扶手　2.主变速器　3.旋耕变速器　4.地膜　5.覆膜装置　6.垄　7.起垄装置　8.碎土起垄刀　9.轮胎　10.发动机

2. 起垄装置调整

在作业前,根据所需垄宽和垄高对起垄装置进行调整。起垄装置的结构如图2-14所示,垄形的宽窄和高低通过左右整形板及顶板调节。尾轮主要起支撑、导向作用,根据垄形的高低及用土量的多少进行上下调节。在调节垄形宽窄的同时还需要对碎土起垄刀进行配合式的调节,如图2-15所示。调整时起垄刀的外边缘要略宽于整形板边缘2～3厘米。地膜的选择与调整参照悬挂式起垄覆膜机。

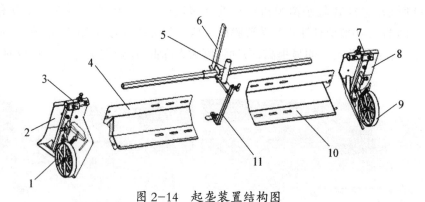

图 2-14　起垄装置结构图

1.左尾轮　2.左整形板　3.左整形连接件　4.左顶板　5.固定套管　6.主连接架
7.右整形连接件　8.右整形板　9.右尾轮　10.右顶板　11.顶板连接件

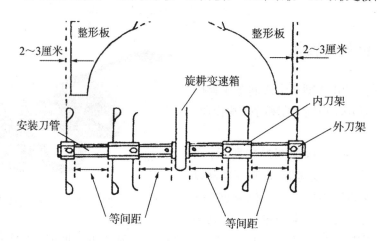

图 2-15　碎土起垄刀调整

3. 操作注意事项

(1)起垄时,挡位选择倒1挡或倒2挡,具体视土壤状况而定。土质较差时,如水分多、黏性大,作业阻力较大时选择倒1挡;反之,选择倒2挡。旋耕时,变速箱选择在"正转"挡位作业。

(2)起垄前,土地需进行充分耕整,并需测量以确定垄间距。

(3)起垄作业时,扶手架反向设置,倒退进行作业,开始时应当盯准方向,放远视线。挡位限位旋钮应固定在"高速停止"位置。

(4)起垄时,稍稍向上抬起扶手架,垄会较好成形。

4. 示范应用

如图2-16所示,自走式起垄覆膜机已在浙江多地应用,如杭州市萧山区购入多台悦田YT10-A型自走式起垄覆膜机,该机最大输出功率7.35千瓦,有6个前进挡、4个倒退挡,起垄高度12～20厘米,垄面宽度45～100厘米,作业效率为1～2亩/时。杭州金迈田种养殖有限公司(杭州萧山)应用该机后,作业效率为1～2亩/时,比人工作业效率明显提高。

图2-16　起垄覆膜与起垄作业

第二节　播种机械

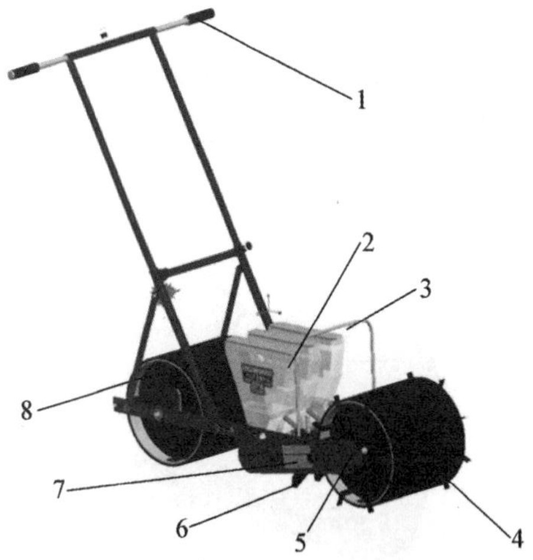

播种是蔬菜生产过程中极为重要的一环,应根据农业技术要求进行播种,使作物获得良好的生长发育条件,才能保证苗齐、苗壮,为增产丰收打好基础。但蔬菜种子种类多,播种农艺复杂,实现机械化播种难度很大。

一、手推式蔬菜精量播种机

以SYV-2/3型手推式蔬菜精量播种机为例进行介绍。该机作业行数若为2行时,行距8～20厘米;若为3行时,行距4～10厘米。排种方式为槽轮交换式,适宜在设施大棚内播种小青菜、萝卜、胡萝卜、菠菜、芜菁、小葱、包衣种子等。

1.结构原理

手推式蔬菜精量播种机的结构如图2-17所示,由前端的驱动轮、链条盒、开沟器、株距对照表、拉手以及中后端的播种漏斗组件、镇压轮、把手和齿轮组等组成。工作时,在人力的推动下,驱动轮通过链传动,带动播种轮转动,播种轮孔内的种子在重力作用下,落入开沟器开出的沟内,最后通过镇压轮覆土、镇压。

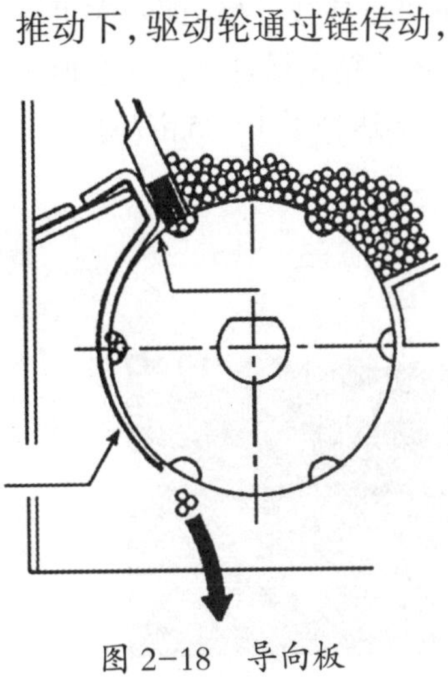

图2-17　手推式蔬菜精量播种机结构图

1.把手　2.播种漏斗组件　3.拉手
4.驱动轮　5.链条盒　6.开沟器
7.株距对照表　8.镇压轮

图2-18　导向板
调节示意图

2.操作使用

(1)毛刷调节。毛刷轻触到播种轮即可,若毛刷开口太大会使播种量增加。播种包衣种子时,要将毛刷调至轻压播种轮状态。注意毛刷压太紧将导致毛刷过早磨损,太松将可能导致包衣种子破裂。导向板贴着播种轮,控制种子下落,保证每行、每穴的种子同时下落。此机型种子落点较低,可防止种子下落时滚动,以达到均匀点播的效果。在靠近毛刷附近,导向板与播种轮之间需留些许空隙,以防种子破裂。但靠近种子下落口处,导向板需调至贴紧播种轮,可按照如图2-18所示进行调整。

(2)播种株距调节。播种株距的调节可根据链齿轮齿数的组合以及播种轮的孔数并参照基准表进行组合更换。

(3)使用方法。要采用精选、干燥的种子,一般不在雨天作业,以免淋湿种子。调节播种机各部位高低,使作业处于舒适状态。播种机转弯调头时,将把手下压使前轮在悬空状态下调头转弯。作业速度不要过快,适宜即可。

3. 维护保养

(1)检查各个部位的螺栓、螺母是否松动或者脱落。

(2)作业结束后,将漏斗内的种子全部排出,清理干净。

(3)为播种槽轮单元以外的旋转部位注油,确保其运作顺畅。

(4)保管时,放置在通风良好、干燥的场所。

二、电动式蔬菜精量播种机

SYV-M500W型电动式蔬菜精量播种机(如图2-19)是在手推式蔬菜精量播种机的基础上,增加了蓄电池、直流电机,行走、播种动力来自直流电机。该机作业行数11行,行距4～5厘米,作业幅宽49厘米,直流电机100瓦,适用于小粒蔬菜种子及包衣种子。

电动式蔬菜精量播种机(如图2-20)已在浙江多地应用,多用于设施大棚内,作业效率达到1.5亩/时以上,与人工作业相比,作业效率明显提高,劳动强度大大降低。

图 2-19　电动式蔬菜精量播种机

图 2-20　电动式蔬菜精量播种机作业图

三、机动蔬菜精量播种机

以2BS-JT10型机动蔬菜精量播种机(如图2-21)为例进行介绍。该机可条播或穴播,即一穴可一籽或多籽,一次性完成开沟、播种、覆土、压实等作业。如图2-22所示,机动蔬菜精量播种机已在多地应用,如宁波余姚市康绿蔬菜专业合作社应用后,大大提高了劳动效率,作业效率达到了3～5亩/时。

图 2-21　机动蔬菜精量播种机

图 2-22　机动蔬菜精量播种机作业图

1. 结构原理

机动蔬菜精量播种的机结构如图2-23所示,由发动机、种子箱、排种器、开沟器、镇压轮、驱动轮等组成。发动机启动后,动力传递到驱动轮,驱动播种机前进,开沟器进行开沟;同时,动力又传递到前链轮,带动镇压轮对田地镇压;前链轮还通过链传动到后链轮,后齿轮轴再带动播种轮旋转进行播种,最后驱动轮压实,完成播种工作。

2. 操作使用

(1)手动模式启动,拉动拉杆启动发动机。

(2)开启发动机后,调节速度控制杆来控制机器工作时的速度,使机器由慢到快地工作。

(3)和行进的方式相反,调节速度控制杆使发动机转速降低,直至机器减速停止。

(4)机器减速后,按下停止按钮,关闭发动机后放手。

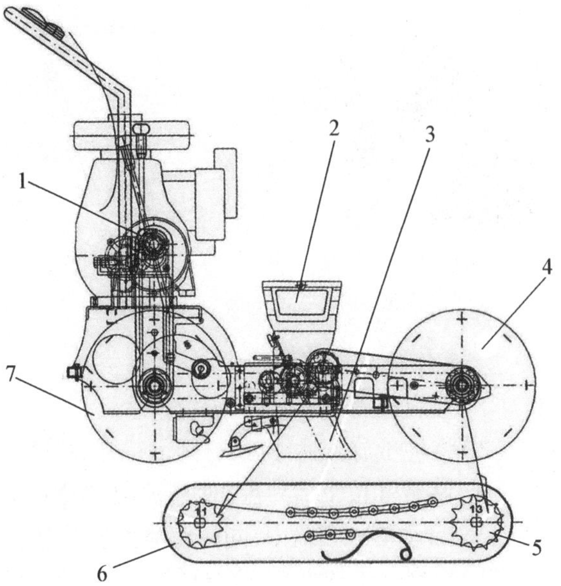

3. 维护保养

播种季节结束后,彻底清扫播种机上的尘垢,清除播种箱内的种子;清洗播种机的各摩擦部分和传动装置,并润滑;检查连接件的紧固情况,如有松动,应及时拧紧;齿轮传动装置外部及排种轴应涂上润滑油;对各链条应调整到不受力的自由状态;播种机应放在干燥、通风的库房内,如果在露天保管,发动机、播种器等部件必须盖有遮盖物,播种机两轮应垫起,机架也应垫起以防变形;备用品、零件及工具应入库保存。播种机在长期存放后,在下一季节播种使用之前应提前进行维护检修。

图 2-23 机动蔬菜精量播种机结构示意图

1.发动机 2.种子箱 3.开沟器 4.镇压轮
5.前链轮 6.后链轮 7.驱动轮

第三节 穴盘育苗播种机械

穴盘育苗播种机械是温室育苗技术中的关键设备。按所采用的排种原理分为机械式和气吸式,目前多采用气吸式。按其设计样式不同,又分为平板式、滚筒式和针吸式播种机(成套设备)。

一、平板式穴盘育苗播种机

如图2-24所示为2YB-200-S型蔬菜花卉精量播种机,适用于蔬菜、花卉、烟草等工厂化育苗作业。该机适用的穴盘规格为长54厘米、宽28厘米、高4.8厘米,空穴率≤5%,生产效率为200盘/时以上。现以其为例作简要介绍。

图 2-24 2YB-200-S 型蔬菜花卉精量播种机

1. 结构原理

如图2-25所示,平板式穴盘育苗播种机由带孔的吸种板、吸种装置、漏种板、输种管等组成。工作时,种子被快速地撒在播种盘上,播种盘上的吸孔在负压的作用下,将种子吸住,多余的种子流到播种盘的下面。当播种盘转动到穴盘上时,通过控制装置,切断真空吸力,种子自播种盘的孔下落到穴盘上。

图 2-25　平板式穴盘育苗播种机

1.吸孔　2.播种盘　3.吸气管　4.漏种板　5.种子　6.穴盘

2. 操作使用

（1）开启机器的总电源，电源指示灯亮起表示供电正常。

（2）将种子放入播种盘，打开运行开关，摆动播种盘，使种子吸附在相应的孔位上。

（3）翻转并按下播种盘，使播种盘的限位杆贴紧工作台面，脚踏释放开关，听到"嘀、嘀"的蜂鸣声时种子即自动落入穴盘中，同时使播种盘复位。

（4）根据种子的大小，调整释放旋钮，控制种子释放时间。

（5）吸力的大小可通过调速旋钮调整，顺时针为增大，逆时针为减小。

（6）回收种子。在播种完毕后，打开吸气阀门，取出气管对准播种盘，将剩余种子回收到储存罐中。

3. 维护保养

（1）每班作业结束后，应清除机器上各部位的泥土。

（2）经常检查各连接件之间的紧固情况，如有松动，应及时拧紧。

（3）检查各转动部位是否转动灵活，如不正常，应及时调整和排除故障；耐磨套磨损严重的，应立即更换耐磨套。

（4）每班要检查播种盘密封件是否完好。

（5）播种期后，要清洁设备，盖好防护罩，避免碰伤。

二、滚筒气吸式穴盘育苗播种成套设备

滚筒气吸式穴盘育苗播种成套设备主要适用于蔬菜、花卉、烟草等集约化高效农业育苗生产。从装盘、刷平、压穴、播种、覆土、洒水等工序，以相匹配的速度全自动不间断地完成整个操作过程。以2YB-G30A型滚筒式蔬菜花卉精量播种成套设备（如图2-26）为例进行介绍。该机生产效率为300盘/时以上，适用育种盘的宽度不大于35厘米、高度不大于12厘米。

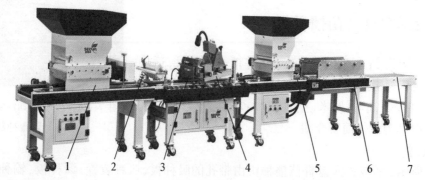

图 2-26　2YB-G30A 型滚筒式蔬菜花卉精量播种成套设备

1.装盘　2.刷平　3.压穴　4.播种　5.覆土　6.洒水　7.接盘机

1. 结构原理

滚筒气吸式穴盘育苗播种成套设备主要由装盘机、滚筒式精量播种机、覆土洒水机和接盘机四大部分组成,整套设备输送装置有调速系统,确保同步运行。

(1)装盘机。装盘机如图2-27所示,采用光电信号检测系统,实现自动控制,无盘不装土。

图 2-27　装盘机

(2)滚筒式精量播种机。滚筒式精量播种机如图2-28所示,工作流程为种子由位于滚筒上方的漏斗喂入,滚筒的上部是真空室,种子被吸附在滚筒表面的吸附孔中,多余的种子被气流和刮种器清理。当滚筒转到下方的穴盘上方时,吸孔与大气连通,真空消失,并与弱正压气流相通,种子下落到穴盘中。滚筒继续滚动,且与强正压气流相通,清洗滚筒吸孔,为下一次吸种做准备。

图 2-28　滚筒式精量播种机

(3)覆土洒水机。如图2-29所示,覆土时采用光电信号检测系统,可自动控制育苗盘覆土时间,而且无盘不覆土。覆土厚度通过挡板调节,可覆上不同厚度的基质。洒水过程同样采用光电信号检测系统,自动完成洒水作业,由精控阀门调节水量的大小。

(4)接盘机。接盘机如图2-30所示,用于接收已播种的穴盘。

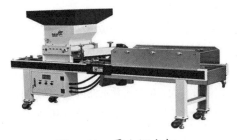

图 2-29　覆土洒水机

图 2-30　接盘机

2. 操作使用

(1)安装设备时,先根据设备外形尺寸在室内选择一块平整的地面,并留出维修空间。根据设备配置,按装盘机、滚筒式精量播种机、覆土洒水机和接盘机的顺序直线排列。

(2)调整每台设备上的四个脚轮调节座,固定各设备。用水平仪检查安装精度,确保设备处于水平状态。

(3)连接播种机的气路接口,将相邻设备的航空插件扣上锁紧,确保其连接可靠。

(4)将供气气源接入油水分离器接口,气源压力不得低于0.6兆帕。

3. 维护保养

(1)每班作业结束后,应清除机器上各部位的泥土。

(2)开机前检查各连接件之间的紧固情况,如有松动,应及时拧紧。

(3)检查各转动部位是否转动灵活,如不正常,应及时调整和排除故障;易损件磨损严重的,应立即更换。

(4)传动轴每班作业后应加一次黄油。

(5)每班排清油水分离器中的水的次数不少于一次。

(6)每周清理真空泵过滤器中的杂物和灰尘(用气枪吹去)。

（7）电气部件要做到防湿、防潮、防高温。

三、针吸式穴盘育苗播种机

如图2-31、图2-32所示为SYZ-500W型针吸式穴盘育苗播种机，可一次性完成基质装盘、刮平、压穴、播种、覆土、洒水（选配）等作业工序。适用于辣椒、甘蓝等多种蔬菜的穴盘点播，每穴一粒，流水作业，速度可调。播种行数为8～14行，最大宽度30厘米，高度为3～6厘米，播种效率为300～500盘/时。工作原理是利用一排吸嘴从振动盘上吸附种子，当穴盘到达播种机下面时，吸嘴将种子释放，种子经下落管和接收杯落在穴盘上进行播种，然后吸嘴自动重复上述动作进行连续播种。

图2-31　SYZ-500W型针吸式穴盘育苗播种机

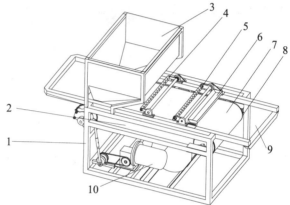

图2-32　SYZ-500W型针吸式穴盘育苗
播种机结构示意图

1.架体　2.穴盘输送机构　3.基质料斗　4.压穴机构
5.播种机构　6.二次覆土机构　7.穴盘输出板
8.基质回收板 9.回收料斗　10.电动机

第四节　移栽机械

作物在育成秧苗后，将其移植到田间的机械称作栽植机械或移栽机械（如图2-33）。移栽机根据自动化程度，可分为简易移栽机、半自动移栽机和自动移栽机。简易移栽机具有开沟和覆土压密器，栽植时，人工将秧苗直接放入开沟器开出的沟内。半自动移栽机增加一个栽植器，人工将秧苗放到栽植器内，再由栽植器将秧苗栽入沟内。自动移栽机可全部完成分秧、栽植、覆土压密等工序。

一、半自动蔬菜移栽机

目前的蔬菜移栽机大部分是半自动化，采用人工辅助喂苗的方式，将蔬菜钵苗移栽在田地中（如图2-34）。现以2ZB-2型半自动蔬菜移栽机（如图2-35）为例进行介绍。该机是一款自走式的秧苗移栽机械，动力由一组48伏、12安时的电池提供，并配备3千瓦辅助发电机组。该机能自动设定株距，调整行距与轮距，采用人工投苗、机械移

图2-33　蔬菜移栽机械

栽,适用于大部分蔬菜及油菜幼苗的移栽。

图 2-34　2ZY-2A 型垄上栽植机

图 2-35　2ZB-2 型半自动蔬菜移栽机

1. 结构原理

2ZB-2 型半自动蔬菜移栽机的结构如图 2-36 所示。该蔬菜移栽机由机架、苗盒、接苗盒、鸭嘴式开穴器、覆土轮、电机、发动机、传动系统、行走装置、操纵控制装置等组成。工作时,人工将秧苗一钵一钵地放入苗盒,当苗盒转动到接苗盒上方时,苗盒底部打开,将秧苗送入接苗盒,开穴器通过开穴、栽植、回转等工序,将秧苗栽入土中,覆土轮完成覆土工作。

2. 操作使用

（1）株距的调整方法。根据移植的蔬菜种类,按农艺及当地的种植习惯确定株距。打开控制器电源钥匙,仪表板数码显示株距大小,每按一次按钮,株距增加或减少1厘米,反复按压按钮直至选择合适的株距。

（2）行距的调整方法。如图 2-37 所示,松开调整手柄,滑动接苗盒架,依据标尺确定的位置,然后同时移动左右接苗盒,即可完成行距的调节。

（3）轮距的调整方法。考虑垄内多行移栽的需要,随着行距的变化,为防止出现轮胎压苗现象,可对轮距进行调整。轮距与行距参数对应表见下表。

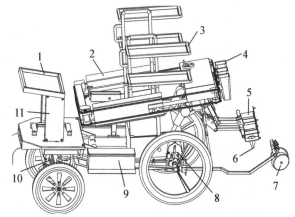

图 2-36　2ZB-2 型半自动蔬菜移栽机结构示意图

1. 前苗盘　2. 操作面板　3. 侧苗盘　4. 苗盒　5. 接苗盒
6. 开穴器　7. 覆土轮（镇压轮）　8. 电机　9. 电瓶
10. 前桥　11. 配电箱

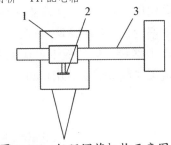

图 2-37　行距调节机构示意图

1. 接苗盒　2. 调整手柄
3. 株距调整标尺

轮距与行距参数对应表

行距 / 厘米	25	30	35	40	50
轮距 / 厘米	80	90	80	80	100

（4）插苗深度的调整方法。

①确认栽植地面和水平检测轮有效接触。

②通过深度调整键,调整栽植需要的合理深度。

（5）覆土轮的调整方法。

①通过增加覆土轮配重来改变覆土轮负重。

②覆土轮间隔的调整。把螺栓拧松可以对覆土轮的左右进行调节,调节后把螺栓拧紧。

（6）作业方法。

①通过控制器面板,设定种植行距、速度和深度。调整好行距。

②将高、低速挡位杆置于低速位置。

③启动调整完成后,将操纵杆置于工作位置。

④操作人员要将苗完全投入苗盒内,以免苗叶挂在苗盒外沿,不能顺利种植。

⑤操作人员应合理调整投苗速度,否则会导致菜苗漏栽。

⑥整行种植结束需要掉头时,先将操纵杆从工作挡位撤回到中间位置,待平台和插植机构停止后再做前进或后退掉头等动作。

3. 维护保养

（1）班保养。

①将机器清洗干净。

②对运动、传动等关键部位涂上润滑油。

③检查开穴器、接苗盒是否磨损、变形,如磨损、变形,应及时修复或更换。

（2）季保养。

①将机器清洗干净,所有磨损掉漆的部位除锈后重新涂漆,工作摩擦的地方涂黄油或防锈油。

②将机器放入仓库内,避免日晒雨淋。

4. 示范应用

如图2-38所示,鼎铎2ZB-2型半自动蔬菜移栽机在浙江多地得到了应用,该机种植行数为2行,行距25～50厘米,株距10～60厘米,适合的作物高度为4～25厘米,种植效率为2000～4000株/时。如杭州市萧山区引进多台,在西蓝花移栽中基本符合农艺要求,效率约为3500株/时,是人工作业的5倍左右,极大地提高了移栽作业的效率。在上海,已有4行或8行半自动蔬菜移栽机试验应用（如图2-39）。

图 2-38　2ZB-2 型半自动
蔬菜移栽机作业图

图 2-39　半自动蔬菜移栽机（4 行）及作业效果图

二、自动蔬菜移栽机

如图2-40所示,洋马乘坐式全自动蔬菜移栽机是使用插秧机行走部,搭载了专用栽植部的2行自动蔬菜移栽机。该机额定功率为5.8千瓦,移栽行数为2行,株距为26～80厘米,适用的垄高不高于30厘米,插植深度为3.5～7厘米,托盘尺寸为长59厘米、宽30厘米、高4.4厘米,移栽效率为1.65～2.55亩/时。

1. 结构原理

如图2-41所示,自动蔬菜移栽机由载苗台、苗盘、取苗爪、开穴器、覆土轮、发动机、传动系统、行走装置、操纵控制装置等组成。通过调节株距调节手柄,可使株距在26～80厘米范围内无级调节。载苗台可搭载4张苗盘,左右感应滚轮独立控制,稳定栽植深度,在传动机构控制下,苗盘自动完成纵向和横向进给。开穴器上升至顶端的同时,取苗爪从苗盘中自动夹取一株钵苗送至开穴器上方,钵苗落入开穴器。开

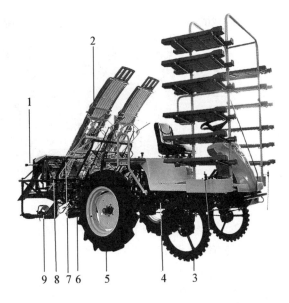

图 2-40　乘坐式全自动蔬菜移栽机

1.覆土压力调节手柄　2.载苗台　3.前轮
4.燃料开关　5.后轮　6.感应滚轮　7.苗盘输送把手
8.纵输送切换手柄　9.覆土轮

穴器下降,当开穴器插入地下后,开穴器打开,钵苗自开穴器落入土中,随后覆土轮覆土镇压。在蔬菜苗落土后,开穴器在传动机构作用下上升。

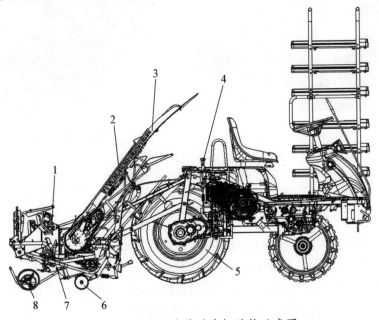

图 2-41　自动蔬菜移栽机结构示意图

1.取苗爪　2.苗盘　3.载苗台　4.株距变速手柄　5.行走装置　6.感应滚轮　7.开穴器　8.覆土轮

2. 操作使用

（1）栽植深度的调节方法。根据田块和苗的条件,调节合适的栽植深度。在开始作业时,先前进4～5米,确认栽植深度,再根据需要进行调节。若栽植深度调节手柄在"浅"侧,栽植深度就会变浅;若在"深"侧,栽植深度就会变深,如图2-42所示。当要进一步加深栽植深度时,可将销位置调为"深",如图2-43所示。

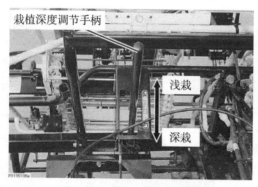

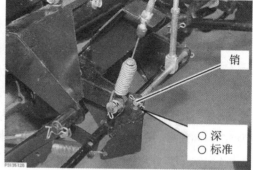

图 2-42　栽植深度调整　　　　　　　图 2-43　栽植深度调节手柄调整

（2）覆土压力的调节方法。为了防止栽植苗的外周出现间隙,利用覆土压力调节杆强弱以及变更连杆设置位置（调节弹簧）进行调节,如图 2-44 所示。

（3）取苗爪和苗盘位置的调节方法。将取苗爪的前端调节在苗盘的纵向位置,大约为中央位置;载苗台,先调节右侧,再调节左侧,如图 2-45 所示。右载苗台的调节方法:松开把手,卸下载苗台的外罩;松开纵向进给固定螺栓;左右转动苗盘进给把手,调节取苗爪,使其插入苗盘的中央取苗;按照原来的方式紧固纵向进给固定螺栓;按照苗的空取要领空取 1 ～ 2 株,以确认取苗爪和苗盘的位置正确;安装载苗台外盖,将把手按照原来的方式紧固。左载苗台的调节方法与右载苗台的调节方法相同。

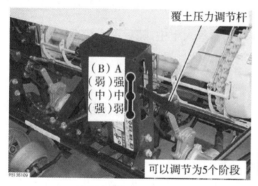

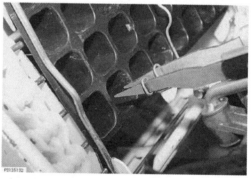

图 2-44　覆土压力调节　　　　　　　图 2-45　取苗爪
（调节弹簧可位于 A 或 B）

3. 维护保养

（1）班保养。

①作业后,清洗机器。

②在旋转部位、震动部位充分涂满油,在容易生锈的地方作防锈处理。

③检查各部分螺栓及紧固件,如有松动,应及时紧固。

（2）存放方法。如果长时间不使用本机,在进行点检、调整后,按照以下的要求存放。

①选择没有直射日光及雨水淋不到、通风性好的地方存放。

②在栽植部安装支架,降下栽植部以后将液压锁止手柄设置在"停止"位置上。

③将移植升降手柄设置在栽植升降"N"（中立）位置,主变速手柄设置在"N"（中立）位置上。

④放净燃料,并将燃料开关设置在"OFF"（关）位置上。

⑤将蓄电池拆下,放置在通风性好的阴暗场所;若未将蓄电池拆下,则应拆下负极连接线,启动发动机至燃尽化油器内剩余汽油。

⑥在外部容易生锈的部位涂上防锈油或发动机油、润滑油。

第五节　收获机械

蔬菜机械化收获的工序包括切割、采摘或拔取各种蔬菜的食用部分，并进行装运、清理、分级和包装等作业。由于蔬菜的食用部分极易损伤，机械收获难度较大。现有的蔬菜收获机械多为一次性收获机械，选择性收获机械尚处于研发阶段。根据浙江省推广应用情况，本节重点介绍青毛豆收获机和小叶菜收获机。

一、青毛豆收获机

以4TD-16型青毛豆收获机（如图2-46）为例进行介绍。该机适宜于青毛豆收获，动力为63千瓦，收割宽度为1.6米，收割效率为2～6亩/时，收割遗漏率控制在6%以内，破损率在4%以内，含杂率在5%以内，已在宁波慈溪等地应用。

图 2-46　青毛豆收获机作业图

1.结构原理

青毛豆收获机的结构如图2-47所示，各部位执行单元均采用液压驱动，由收割滚筒、收割辊子、扒拢刷子、输送皮带、风机、发动机、行走装置和操纵系统等组成。收割原理为：履带底盘行走在毛豆地上，由扒拢刷子将毛豆秆引向收割滚筒内的收割辊子上，收割辊子上的弹齿用梳刷的方式将毛豆秆上的青毛豆与叶子汇集到输送皮带上，经输送皮带将物料输送到后方风选风机部位，在物料下落的过程中对青毛豆、叶子进行

图 2-47　青毛豆收获机结构

1.挑选风扇　2.柴油机　3.遮阳棚　4.驾驶室　5.方向操纵杆　6.仪表盒　7.收割定位滚筒高度调整杆
8.扒拢刷子　9.收割滚筒　10.收割定位滚轮　11.收割辊子上下辅助油缸　12.收割辊子上下油缸
13.传送带　14.液压阀控制台　15.履带　16.行走马达　17.集装箱　18.筛选辊

重力分选,分选完的毛豆与一部分毛豆秆掉落在下方的筛选辊上,筛选辊将毛豆秆筛选出机器外,青毛豆掉落至下方的集装箱。集装箱下方有2个门,可以开关,收割满箱后,集装箱可通过油缸升降至最高位置卸料。

2. 操作使用

(1)行走时,要使机器中央部与收割中央部保持一致。

(2)调整收割辊子的高度。

(3)在发动机低速旋转状态下,分别启动收割辊子、扒拢刷子、运输传送带、挑选风扇。收割辊子、挑选风扇在"启动""停止"时,都应在发动机低速运转状态下进行。若在高速运转状态下进行"启动""停止"操作,可能造成油压机器损伤。然后,缓慢地将发动机的旋转次数提高到2000转/分。

(4)设置速度限制栓,时速控制在2千米/时。

(5)把收割辊子上下操纵杆摆至"中立"位置。收割辊子定位滚轮接近地面时,要进行一段时间的模拟运转。

(6)收割作业开始收割数米后停止机器,检查收割效果与叶子去除状态,根据作业效果调整收割辊子的高度以及挑选风扇与筛选运输传送带的旋转速度。

(7)当被收割的毛豆达到集装箱容量的80%~90%后,要转移到搬运车里,并且操作集装箱时应在发动机低速运转状态下进行。毛豆排出集装箱后要关闭底板时,应用操纵杆操控,直至底板完全闭合为止。

3. 维护保养

(1)班保养。

① 风扇皮带的张紧度调整。

② 变速箱油的检查。

③ 检查收割辊子内的叉刀有无损伤和安装部位有无松弛等现象。

(2)季保养。

① 按规定对发动机进行季保养。重点要清理散热器、空气滤清器等。

② 液压油箱过滤器的更换。

③ 调整扒拢刷子、运输传送带、筛选辊驱动部,并及时加油。

(3)长时间不用时的保养。

① 清洗机器,给各个运转部件、履带连接部位等加上油。

② 油箱内灌满油后进行保管,防止空气中的水分使油箱内壁生锈。油缸要避免生锈和损伤,在收缩状态下进行妥善保管。

③ 对各个部位进行检查,若有损坏的零部件要及时更换。

④ 选择在干燥的室内场所放置保管。如不得已要放在室外,需在平坦的地面上铺上木材,把车停上去,冷却以后用薄布覆盖。

二、小叶菜收获机

MT-2001型小叶菜收获机主要用于蔬菜撒播种植后的收割,适用于草头、茼蒿、苦菊等不需要整齐排列的菜品收割。收割时,将蔬菜的茎叶切割下来并输送至菜箱。如图2-48所示,小叶菜收获机在宁波慈溪海通时代农业有限公司应用后,作业效率为1~2亩/时,比人工作业效率明显提高。但要求畦平,

图2-48 小叶菜收获机作业图

否则切割效果不好。

1. 操作使用

（1）操作准备。

① 用镰刀在设施大棚两侧各切开2.5米,以便调转机器（如果直接在户外耕种,则不需要切开两侧）。同时,准备菜筐存放叶菜。

② 使用机器前,应检查运转部件并移除外来杂质,如石块、电线、塑料等其他杂物。

（2）驾驶和操作。

① 通过梯子从移动装置（卡车）卸下机器时,应慢慢牵拉,防止发生事故。

② 在设施大棚里工作时,应从大棚中心开始,然后再收割大棚两边的叶菜。

③ 按照电源开关、传动带开关、刀片开关的顺序依次打开开关。操作驱动开关以便前进、后退。

2. 维护保养

（1）菜筐收集满叶菜时,关掉电源开关；更换筐子后,打开主开关继续工作。筐里不要装超过10千克的叶菜。

（2）工作后,清洁弄脏的区域。不要用水清洗机器。给旋转部件涂上润滑油。

（3）清洁刀片时,关掉电源并远离开关,并避免损伤刀片。

（4）避免阳光直射,将机器放置在通风良好的环境中。

第三章

茶叶机械

世界茶叶看中国,中国茶叶看浙江。茶叶具有提神益思、明目、促进消化等作用,是一种深受大众喜爱的健康饮品。如今,要想满足大众对茶叶日益增长的需求,单依靠传统的小户、散户的手工制作已经不能完成,必须依靠机械化、规模化、现代化的生产。实现茶叶生产机械化,不仅可以提高生产率、节约劳动力和降低劳动强度,还能促进农业增效、农民增收,推动茶业的健康发展。茶叶机械主要包括茶园管理机械、茶叶初加工机械及后处理机械等。本章以浙江省目前主要推广应用的茶叶机械为例进行介绍。

第一节 茶园管理机械

茶园管理机械包括茶园中耕、施肥、灌溉、植保与采剪机械。灌溉与植保机械本节不作介绍,见本书其他章节。

一、中耕机

茶园中耕是茶园管理的重要作业之一,其作用是疏松土壤和除去杂草,使土壤保持良好的通透性,有利于保持土壤的水分和养料,从而提高茶叶的产量和质量。由于起步较晚,目前市场上茶园中耕机械的机型不多。浙江省杭州、绍兴等地的几个生产厂家曾引进、开发和应用中耕机。如图3-1为1CG-36型茶园中耕机,现以其为例进行介绍。

图 3-1 中耕机

1.结构原理

如图3-2、图3-3所示,该机主要由汽油机、齿轮箱、离合器部件、驱动轮、耕作机构、操作系统等组成。工作时,经皮带将汽油机的动力传至摩擦离合装置,变速箱输入轴和摩擦片连接,通过输入轴的变速齿轮得到动力,再经齿轮箱变速,分别传至耕作轴和驱动轴。耕作轴两端装有耕作的驱动臂,带动耕作机构进行作业。驱动轴两端各有一个牙嵌离合器,分离时同侧的驱动轮停止转动,整机就朝这侧转向,两对离合器都结合时就朝前行走。

图 3-2　中耕机结构（左侧面）

1. 离合器　2. 电瓶箱　3. 汽油机　4. 防护板

5. 离合器手柄　6. 耕作手柄　7. 停车开关　8. 把手

图 3-3　中耕机结构（右侧面）

1. 变速杆　2. 驱动轮　3. 启动拉手　4. 电气控制箱

5. 齿轮箱　6. 耕作机构　7. 前轮　8. 配重块

2. 操作使用

（1）准备工作。在工作前，首先检查汽油机及变速箱润滑油是否充足；其次检查各传动部件是否转动灵活、各紧固件有无松动，如有松动必须进行紧固；最后检查燃料是否加好，检查各操作拉线、电源线等有无脱落现象，检查耕作部件是否完好。

（2）机器调整。

① 把手高度调整：先将把手调节开关往下按，让把手转到合适的高度，再放开把手调节开关，使其往上复位直至锁紧把手。把手高度调整机构如图3-4所示。

② 耕作深度调整：耕作深度控制在10～16厘米，前轮支撑杆

把手调节开关　　　把手

图 3-4　把手高度调整机构

上有定位孔，最下面的孔位为最大深度，每上升一个孔位，耕作深度减少2厘米。调节时拉出定位销，将支撑杆移到合适位置时放开定位销，使其自动复位锁住。耕作深度调整机构如图3-5所示。

③ 皮带张紧：机器使用一段时间后，皮带会松弛而打滑，故需要调整。松开汽油机托架两侧的固定螺栓，调节汽油机后下方的张紧螺栓，使皮带松紧适宜，再拧紧两侧的固定螺栓。

（3）行走。汽油机启动后，用变速杆挂上挡，慢慢放下离合器手柄，稍加油门即可行走。如中途需换挡时，应该先分离离合器，可用油门在一定的范围内调节行走的速度。握住转向把手时，同侧的转向离合器分离，机器就向这一侧转向。需要停止时，拉起离合器手柄，将变速杆置于空挡的位置。在非作业区块行走时，禁止把作业手柄放下，以免损坏机器和道路。

前轮支撑杆　　　定位销

图 3-5　耕作深度调
整机构

（4）耕作调整。调整好把手高低位置，汽油机启动后将变速杆放在耕作（低速）位置上，放下离合器手柄，行走后加大油门，再放下耕作手柄。换行前应先拉起耕作手柄，转弯换行后再放下耕作手柄，耕作完成后拉起耕作手柄。

3. 维护保养

（1）更换润滑油。汽油机在初次使用15～20小时后，必须更换润滑油，以后每工作50～60小时更换一次。变速箱在初次使用30小时后应更换润滑油，以后每工作80小时更换一次。

（2）清洗空气滤清器。一般每两天清洗一次，灰尘多的时候每天清洗一次，并及时更换滤清器油盘

中的机油。

（3）检查并调整皮带的松紧。皮带过松容易打滑,会加快磨损,耕作效果差;皮带过紧则失去保护作用,容易导致传动部件的损坏。

（4）日常清理工作。每天耕作结束后,应及时清理驱动轮内侧分离转臂处和各旋转部件上的泥土。长时间不用时,应清除机器上的油污和杂物,关闭进油开关,将机器停放在干燥通风的地方。

4. 示范应用

ICG-36型茶园中耕机在杭州某茶业公司应用两年多来,效果良好,基本满足用户的需求。该机型机体较小,加之横断面采用"凸"字形设计和几乎全封闭的罩壳保护,可顺利进入茶园中作业,行走稳定,易于操作。其耕作方法类似于用锄头翻耕,对根系损伤少,耕深为10～16厘米,耕幅在一般情况下可达40厘米,作业效率可达到1.7亩/时,是人工作业的20～30倍。该机型适合于平地或者低坡丘陵茶园以及果园耕作。

二、施肥机

茶园施肥机主要适用于茶园、果园的施肥作业,采用的肥料类型主要为粉状或粒状。作为一款在茶园耕作前使用的施肥机械,与茶园中耕机配合使用,可一次性完成茶园的施肥、翻土、除草等作业。同时,化肥撒施后立即被翻耕入土,避免肥料挥发损失,提高施肥效果。现以YS-60型施肥机（如图3-6）为例进行介绍。该施肥机重量为68千克,外形尺寸为1220毫米（长）×570毫米（宽）×975毫米（高）,行走速度为3.6千米/时。

图 3-6　施肥机

1. 结构原理

茶园施肥机（如图3-7）由发动机、变速箱、变速杆、肥料桶、散布齿轮箱、肥料开关把手、驱动轮等组成。作业时,采用自走行进方式,行走速度分高、低二挡,控制肥料散布量调整杆,使肥料按需要量均匀散布,散布直径为3米左右。

2. 操作使用

（1）启动以前检查各部螺栓、螺母是否松动。为了加强发动机回转数的敏感性,切勿将油门线缠绕在把手支架上,应顺其自然弧度定位,在搬运过程中切勿拖拽油门线。

（2）发动机启动时手握启动拉柄,并拉至拉柄有卡住的感觉时放松,再迅速拉启动拉柄,连续数次直至启动。在启动后不可立即放开拉柄,须握住并随其拉力回归原位。

（3）当发动机启动后,进行1～2分钟暖机运行,可确保发动机寿命。行走速度备有高、低速二挡,可依据作业需要进行切换。

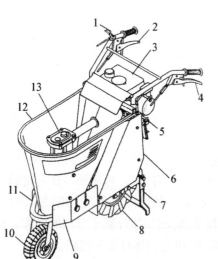

图 3-7　茶园施肥机结构示意图
1. 油门开关　2. 肥料开关把手　3. 发动机
4. 离合器把手　5. 肥料散布量调整杆
6. 车体饰板　7. 脚架　8. 驱动轮
9. 左挡板　10. 前轮　11. 右挡板
12. 肥料桶　13. 散布齿轮箱

3. 维护保养

（1）更换润滑油。发动机在初次使用15～20小时后,应更换润滑油,以后每工作50～60小时更换一次。

（2）清洗空气滤清器。一般每两天清洗一次,灰尘多的时候应该每天清洗一次,并及时更换滤清器油盘中的机油。

（3）日常清理工作。每天结束后,应清理驱动轮和各运动部件上的泥土。长时间不用时,应清除机器上的油污和杂物,关闭进油开关,将机器停放在干燥通风的地方。

三、采剪机械

要实现机采茶叶,就必须培育适合机采的树冠。在茶叶生产上应用较多的有单人采茶机、双人采茶机、单人修剪机、双人修剪机和乘坐式采茶、修剪一体机等。

1. 结构原理

（1）单人采茶机。NV60H型单人采茶机（如图3-8）主要由汽油机、汽油机背负装置、软轴、机具、把手组成。背负装置由背负架、减震垫、背带等部分组成。软轴的主要作用是连接汽油机和机具,并将汽油机的动力传给机具。机具也称采茶机头,由减速箱、刀片、风机、机架和集叶袋等部件组成。

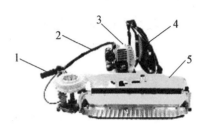

图 3-8 单人采茶机

1.把手 2.软轴 3.汽油机
4.汽油机背负装置 5.机具

（2）双人采茶机。SV100型双人采茶机（如图3-9）是一种由两人手抬跨行作业的采茶机,也称双人抬式采茶机或者担架式采茶机,主要由汽油机、刀片、集叶风机、集叶袋和机架等组成。二冲程汽油机启动后,汽油机离合器总成内的从动盘转动,软轴的一头连接从动盘,软轴的另一头连接机具总成上的齿轮箱部分,带动刀片做往复式运动切割茶叶。同时汽油机的运作带动风机旋转,产生风力,并通过出风管出风,将刀片剪下的茶叶吹进集叶袋内以收集茶叶。

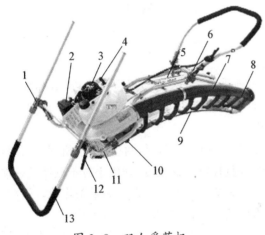

图 3-9 双人采茶机

1.滑动螺母 2.空气滤清器 3.启动器 4.火花塞
5.割侧把手 6.双用开关 7.送风管 8.割侧板
9.刀片 10.侧板 11.曲轴箱 12.操作开关 13.把手

（3）单人修剪机。PST75H型单人修剪机（如图3-10）不受地形条件的限制,适用于茶园修边和小规模山区茶园的修剪,主要由汽油机、齿轮箱、刀片、操作把手等部件组成。二冲程汽油机启动后,汽油机齿轮箱总成的从动盘转动,带动刀片做往复式运动切割茶枝。

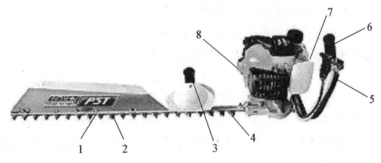

图 3-10 单人修剪机

1.副板 2.刀片 3.右把手 4.压刀片 5.油门开关 6.左把手 7.汽油机 8.齿轮箱

（4）双人修剪机。SM110型双人修剪机（如图3-11）分平形和弧形两种,根据不同茶园的面貌进行选购,主要由汽油机、齿轮箱、刀片、机架等组成。与单人修剪机相比,双人修剪机多了一个风机装置,风机固定在从动盘和小齿轮之间,产生的风力把修剪下来的茶枝吹到一边的茶行中。

（5）乘坐式采茶、修剪一体机。乘坐式采茶、修剪一体机（如图3-12）具有通过能力强,行驶、转向灵活,操作方便,采摘设备高度调节方便等特点。它适用于标准化、规模化种植的茶园茶叶采摘作业,可长时间连续作业,作业效率高,采茶质量稳定性好,整机还特别设计了多个外挂点,用户可根据需要选配加装修边、中耕、简易施肥等机具附件。目前,该机型主要在重庆、江西等地使用,浙江省内也有少量规模较大的基地在使用。

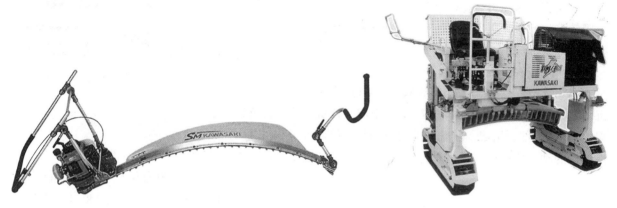

图 3-11 双人修剪机 图 3-12 乘坐式采茶、修剪一体机

2. 操作使用

单人采茶机作业时一般由两人组成,一人操作机器实施采摘,一人辅助拉袋及换袋,并与操作者轮换操作。作业时操作者背负汽油机,双手持机头,采摘时从茶篷篷面边缘向中间,并与茶行轴线保持15°左右的倾斜度,尽可能避免重复采摘,以免碎叶梗增多。

双人采茶机由两人手抬作业,机器置于茶篷面上,操作者分别行走在茶行两边,手抬机器进行跨行作业。主机手位于远离汽油机的一端,操作离合器和油门,并且控制采摘高度,副机手位于汽油机一端,协助拉拽集叶袋。一行茶行作业完毕时,主机手需和副机手交换位置进行接下去的采茶作业。修剪机与采茶机的操作类似,区别是修剪机不需要用人拉袋,只需要清除一些剪切较长的枝条即可。

采茶机、修剪机刀片作业时处于高速往复运转状态,因此作业过程当中要注意设备和操作人员的安全,应注意以下几点:

（1）注意清除茶篷上容易引起刀片损坏的物件,如铁丝等。

（2）作业时应将把手调整至易于操作的位置,勿接近他人。

（3）勿倒退作业,雨天或地面湿滑时特别注意操作安全。

（4）刀片被枝条夹住时,应迅速停止运转,再取出异物。

（5）终止作业时或者移动作业场所时,应立即停止汽油机。

3. 维护保养

（1）保持机器的清洁。采茶机、修剪机系野外作业机具,加之刀片切割芽叶时受茶汁的污染,因此需经常擦拭机器,保持机具清洁。刀片上茶汁的正确清除方法:启动汽油机,低速运行,用清水冲洗刀片,充分晾干后加注机油,再高速运行1分钟,防止生锈。双人采茶机还应该加强对风机和送风管的清洗。空气过滤海绵每工作50小时后,应先后用煤油和汽油清洁后挤干。火花塞每工作150小时后清除积炭。

（2）添加润滑油。刀片每运转1小时,应注油一次,最好使用刀片专用油。齿轮箱每运转8～10小时应添加钙基润滑脂一次。单人采茶机要求每天使用前先将软轴轴芯抽出,涂抹高温黄油,然后将轴芯装入。

（3）刀片调整。刀片在使用一段时间后,由于磨损等原因,间隙会发生变化,必须进行调整。调整的方法：拧松调整螺钉上的自锁螺母，用扳手固定，把调整螺钉充分拧紧后再退回3/8圈，使刀片有一定的运动间隙，固定刀片调整螺钉，同时拧紧自锁螺母，刀片调整垫片应该能够灵活移动。调整结束后，启动汽油机，高速运转3～5分钟，检查刀片运动是否正常，然后关停汽油机，用手触摸调整螺钉的顶部，检查其是否发热，如感烫手应将螺钉适当放松。

（4）季保养。修理不良部位，应放净所有燃油，确认无灰尘进入后，更换燃油过滤器。

4.示范应用

衢州市龙游县某茶业公司使用效果表明，单人采茶机工效约为0.5亩/时，是手工作业的15倍左右。双人采茶机由两人手抬作业，一个来回采摘一行茶树，与单人采茶机相比，采摘时切割茶芽利落，集叶干净，工效高，采摘的鲜叶质量较好；缺点是在仅栽单行且一边靠沟坎的山区梯级茶园中应用比较困难。双人采茶机工效约为1.5亩/时，是手工采茶的20倍左右，采摘成本约为手工采茶的25%左右。单人修剪机工效约为0.75亩/时，是手工作业的15倍左右。双人修剪机的工效高，是手工修剪的25倍。

四、防霜机

传统的防霜措施有培土保温、茶园铺草、熏烟除霜等，这些方法均操作烦琐，费时费工，防霜效果并不理想。茶园防霜机属于新型防霜设备，现以WT-150型防霜机为例进行介绍。

1.结构原理

茶园防霜机主要由立柱、电机、风扇、控制器等部件组成（如图3-13），通过利用扰动空气充分混合逆温上下层的空气。一方面，将茶园上方的暖空气输送到茶树冠层，避免气温达到0℃以下；另一方面，茶园近地空气经过搅动后形成微域气流，吹散水汽，能够减少露水的形成，从而阻止霜冻的发生（如图3-14）。

图3-13 茶园防霜机

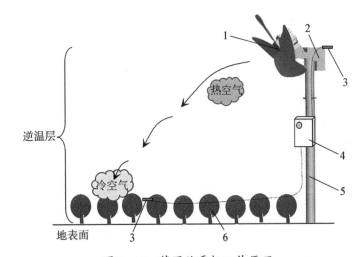

图3-14 茶园防霜机工作原理

1.轴流风扇 2.转动云台 3.温度传感器 4.控制箱 5.立柱 6.茶树

2.操作使用

（1）基座、基坑开挖。开挖1米×1米×1米的基坑，放入长、宽、高均为80厘米的立方体地笼，浇入混凝土，而后立入防霜机立杆，注意扶正，不可倾斜。

（2）摆头电机及风机安装。在立柱顶端安装摆头电机，之后安装风机。

（3）控制系统安装。基本主件安装完毕后，再安装控制系统。

3. 维护保养

（1）每半年检查一次各电源线、电动机连接线、控制线等是否有接触不良、绝缘线破损现象，查明是否有缺相或漏电的危险；对摆头电机以及风机的固定情况及磨损情况进行检查。

（2）如风扇不转，主要原因是接线松动、电机缺相、控制系统电气元件（交流接触器、熔断丝等）损坏。如风机不摆头，主要原因是曲柄摆杆卡死、摆头电机线松动。

4. 示范应用

如杭州某茶叶研究所、兰溪某农庄等单位已应用防霜机。使用效果表明，在逆温天气下启动防霜机可以使茶树冠层温度提高2～4℃，有效解决了茶树霜冻问题，而没有安装防霜机的茶园则出现不同程度的霜冻（如图3-15）。

图3-15　出现霜冻的茶园

第二节　茶叶初加工机械

目前，浙江省茶叶初加工基本实现了机械化，正朝着提高机械性能、提升产品品质的方向发展。茶叶初加工主要有鲜叶处理、摊青、杀青、揉捻、做形、干燥等基本工序，对应有多种初加工机械与设备。

一、鲜叶处理设备

鲜叶分级、鲜叶清洗、鲜叶脱水等几个环节是为了更好地发挥原料的潜在品质，提高茶叶品质，使成品茶更加清洁卫生。

（一）分级机

1. 锥形滚筒式鲜叶分级机（如图3-16）

锥形滚筒式鲜叶分级机主要由进料斗、锥形滚筒筛、接茶斗、驱动电机、传动系统及机架等组成。作业时，根据鲜叶尺寸使用不同大小的筛网将机采鲜叶分出等级。鲜叶经锥形滚筒导向作用在滚筒内前进，当通过不同大小筛网区段时，按筛网孔径依次落入接茶斗，大于末段孔径的鲜叶从锥形滚筒末端流出。

2. 平面抛抖式鲜叶分级机（如图3-17）

平面抛抖式鲜叶分级机主要由机架、筛板及筛板框、进料斗、出料斗、电气箱、调速控制器、传动装置、扭簧组件等组成，是一种使鲜叶在筛床上抛动向前，利用筛板冲孔口径大小不

图3-16　锥形滚筒式鲜叶分级机

同将机采鲜叶分出等级的机采叶分级设备。作业时，电动机带动凸轮轴转动，经连杆机构使筛板总成做向前上方运动，从而带动鲜叶沿轴线向前抛进式行进，在依次途经各区筛板时依孔径不同随之落下，达到区分大小级的目的。

图 3-17 平面抛抖式鲜叶分级机

（二）清洗机

鲜叶清洗机（如图3-18）由水池、输送带、喷水装置等组成。在输送带上方有两个大小不同的叶片装置，两个叶片装置的轴线在同一个水平面内，且互相平行，角速度保持一致。工作时，前一个装置将进入水池内的鲜叶浸入水中，并由旋转时形成的水流将其导向输送带上，而后一个叶片装置则对带水的鲜叶起导向作用，喷水装置对输送带上的鲜叶进行补充清洗。

（三）脱水机

鲜叶脱水机（如图3-19）用于茶叶表面脱水，经脱水的鲜叶可提高制茶功效。脱水机主要由转筒总成、机体、减震坐垫总成、刹车装置、电动机、电气开关

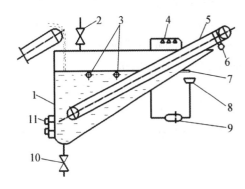

图 3-18 鲜叶清洗机结构图

1.水池　2.进水阀　3.叶片　4.喷水装置
5.输送带　6.输送带清理器　7.排水槽
8.过滤器　9.泵　10.排水开关　11.排水孔

图 3-19 鲜叶脱水机

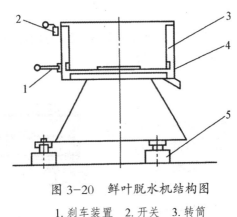

图 3-20 鲜叶脱水机结构图

1.刹车装置　2.开关　3.转筒
4.机体　5.减震坐垫

等组成（如图3-20）。

目前脱水机主要是利用高速离心原理，因此平衡是正常工作的关键。安装时要注意整机的水平度。工作时投入的鲜叶要解团、松散，可以减少机器震动，提高脱水效果，避免茶叶破碎。

二、摊青机械

新鲜茶叶采摘后，经过适当时间的摊放，鲜叶中的营养物质会在生物酶的作用下，通过水解等化学反应，增加茶叶的口感、香气，并有利于茶叶的杀青与造形，提升茶叶品质。

1. 结构原理

如图3-21所示，鲜叶多层网带连续式摊青机由机架、摊叶网带、传动装置、电气控制系统、摊青风机等构成。鲜茶摊放在机架的摊叶网带上，根据实际鲜叶的摊放量、摊放厚度控制通风量与时间来达到摊青的目的。

2. 操作使用

摊青机使用时注意控制通风量，通风量应根据鲜叶的摊物量来选配，当鲜叶贮藏量太低时易发生

萎凋现象;反之,叶片易变红。因此,根据实际鲜叶的摊放量来调节通风量或采用间断通风的办法。当鲜叶厚度小于设计标准时,停止通风的时间可略延长;反之,停止通风的时间应缩短。

作业时,由上叶输送带将鲜叶铺放在摊叶网带上,随着网带的慢速运行,多层网带被摊满,叶层堆积加厚,同时由风机通风,使鲜叶蒸发水分,完成摊青工序。

3. 维护保养

（1）在运转时,应注意各传动部分的发热、噪声等情况,如有过热或异常的噪声等现象,应及时停机检查。定期给各润滑点加油,以保证正常运转。

图3-21　鲜叶多层网带连续式摊青机

（2）机器长期搁置后,开动前必须全部进行检查,更换各轴承和减速箱内的润滑油,并进行试运转,认为运转正常可靠后再进行工作。

（3）遵守维护检修制度和安全操作规程,检查电机及电气线路开关,机器按时检修,擦净机器上的积尘、茶末及茶汁等污物,清洗零件。

三、杀青机械

杀青的方式有多种,主要有炒热杀青、蒸汽杀青、热风杀青、微波杀青等。杀青机械也相应地分为滚筒式杀青机、超高温热风滚筒杀青机和电磁式杀青机等。

（一）滚筒式杀青机

现以杭州市某茶机厂生产的滚筒式杀青机（如图3-22）为例进行介绍。该机滚筒转速20～40转/分,每次杀青2～3分钟,每小时杀青250千克左右,电热功率100千瓦。

1. 结构原理

滚筒式杀青机由杀青筒、电热管、金属罩壳、出料斗、集电环、调速传动机构、螺旋升降机构、热风管、机架、滚筒轴向限位机构等组成（如图3-23）。鲜叶通过上叶输送带进入已加热至设定杀青温度的滚动筒体内,筒体内安装有导叶板,随

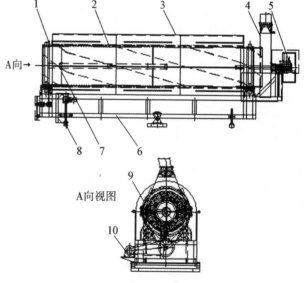

图3-23　滚筒式杀青机结构图

1.杀青筒　2.电热管　3.金属罩壳　4.出料斗
5.集电环　6.机架　7.热风管　8.螺旋升降机构
9.滚筒轴向限位机构　10.电机

图3-22　滚筒式杀青机

着筒体的旋转滚动,使完成杀青的茶叶从滚筒出叶口出叶。

2. 操作使用

影响杀青叶品质的因素有杀青筒的壁温、转速以及进料端、出料端之间的轴向倾斜度,应根据产品使用说明书、茶叶老嫩、含水率高低、壁温高低等来确定,一般控制在28转/分左右。

若想调整杀青筒的转速,应在筒体转动的情况下改变变速机的转速。若想调整杀青筒的倾斜度,可开启螺旋升降机构的电机至所需位置。杀青时间调整应根据鲜叶需在筒内停留时间的长短来确定。

3. 维护保养

每季茶叶结束后应对整机进行一次全面保养,以提高整机的使用寿命。工作期间,每周应对旋转部件的各滑动、滚动轴承等注油一次。

(二)超高温热风滚筒杀青机

1. 结构原理

超高温热风滚筒杀青机主要由大滚筒、中心风管、机架、调速电机、调角度机构、排湿罩、护罩、进料斗、温度表组成(如图3-24)。其原理是利用超高温热风和鲜叶接触,将热量传递到鲜叶,使鲜叶迅速升温达到钝化活性酶的作用。在中心风管处设置若干小孔,高温热风进入后从中心风管小孔吹出,同时在大滚筒设置螺旋片,吹出的高温热风在大滚筒前端螺旋片处与茶叶接触,形成杀青。

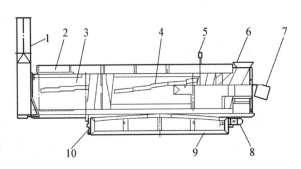

图3-24 超高温热风滚筒杀青机结构图
1. 排湿罩 2. 护罩 3. 大滚筒 4. 中心风管
5. 温度表 6. 进料斗 7. 风管 8. 调速电机
9. 底架 10. 调角度机构

2. 操作使用

(1)接上电源,逐个检查所有电机的转向是否正确。先将滚筒低速旋转半小时,若无异常响声,电机、轴承温升正常,再将转速逐渐升高到高速运转半小时,若无异常响声,说明机械部分正常运转。

(2)初步调整杀青时间:先用少量鲜叶试生产,不烧炉,但主风机开启送风,从投入到出叶的时间因鲜叶不同而有所差异,一般薄而嫩的叶需约100秒,厚而老的叶需约150秒,准确的时间还要在杀青操作过程中细调。

(3)试生产:调整正常后可以试杀青。热风温度先达到270℃左右,视情况再做调整。杀青时间根据鲜叶情况确定。转速按鲜叶抛落情况调整,先少量投入试杀青,看试杀青效果再做调整。若一切正常,才可投入正常生产。

3. 维护保养

(1)使用前:应检查电源接线是否牢固,转向是否正确,地线是否接好;机器是否清洗干净,添加新的润滑油。

(2)使用中:定期清理机器;观察电机及轴承温升情况,仔细倾听有无异常响声;定期加润滑油。

(3)使用后(每茶季结束):彻底清理干净;更换润滑油;检查炉膛有无烧穿等现象;检查输送带,调整张紧力;检查三角皮带及链条有无损坏,调整张紧力。

4. 示范应用

超高温热风滚筒杀青机在衢州市龙游县某公司应用后,具有无焦边爆点,颜色、香气好,提高劳动生产率,减轻劳动强度等优点。

（三）电磁式杀青机

1. 结构原理

电磁式杀青机（如图3-25）主要由电磁加热装置、温控系统、传动系统等组成。电磁加热是一种较新型的加热方式，它利用电磁感应产生涡流的原理，采用高频电流，通过电感线圈产生交变磁场，对金属加热体进行切割，产生涡流，使加热体原子高速无规则运动，互相碰撞摩擦而产生热能。

2. 操作使用

根据杀青机投叶量大小可自动调节加热功率，与上料机配合，可使杀青质量极为稳定，具有一致性，利于茶叶标准化生产。由于杀青时间短，叶温升高迅速，受热均匀，能保持茶叶自然舒展，避免局部过热现象的发生。

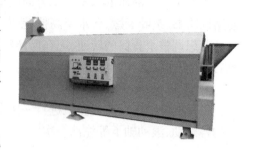

图 3-25 电磁式杀青机

四、揉捻机

揉捻机的作用是将青叶卷紧，利于干燥成形，适用于绿茶、条形红茶初制加工的揉捻作业。揉捻机主要有单臂揉捻机（如图3-26）、双臂揉捻机、自动连续化揉捻机组等形式。

1. 结构原理

揉捻机主要由传动机构、减速箱、曲臂支座、揉盘装置、揉桶装置、压力传动装置等部件组成（如图3-27）。主运转曲臂支座部分立于机器的右方，与蜗轮盖三点鼎立，与揉盘构成一体，揉盘与茶叶接触的盘面及边缘均加包铜皮，桶体与框架用铜螺钉结合固定。框架是铸件，三孔的中心线与揉盖的三孔相合，内孔含有油轴承，下装推力轴承。加压部分由弯架、升降丝杆、压盖及一对圆锥齿轮等零件组成。弯架支撑于框架的二立柱上，压盖固定于升降丝杆下端，摇动手轮通过圆锥齿轮使丝杆及压盖上升或下降，形成工艺上的加压或松压。当揉桶内装满茶叶时，揉桶在曲臂传动装置的带动下，在揉盘上做水平回转运动，揉桶与揉盘上的每一点对茶叶作用力的大小、方向、速度都随时间的变化而变化。在这种规

图 3-26 揉捻机

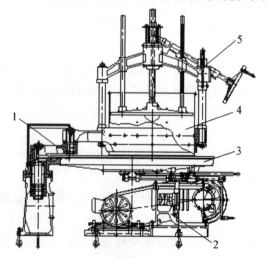

图 3-27 揉捻机结构图

1.曲臂支座 2.传动机构 3.揉盘装置
4.揉桶装置 5.压力传动装置

律的运动中,茶叶逐渐卷曲成条,挤出茶汁,达到揉捻的工艺要求。

自动连续化揉捻机组(如图3-28)主要由揉捻机组、进料分配系统、出料装置、自动称量和揉捻时间控制系统等组合而成,使原来不能连续作业的揉捻机,实现了间断性连续作业。

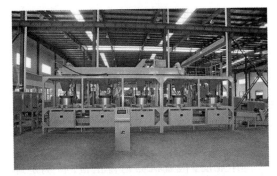

图 3-28　自动连续化揉捻机组

2.操作使用

(1)启动前的准备及试运转。检查减速箱内油面高度,油面高度应在油尺刻线范围内。检查各部连接螺栓、地脚螺母、电动机机座螺栓,应无松动情况。检查三角皮带松紧程度,手按下三角皮带的距离应在10～15毫米范围内。清除揉盘、揉桶及机器上遗留的工具和杂物。用手搬动三角皮带使框架旋转,不应有卡阻现象。通电试运转2分钟,仔细判别机器运转过程中是否有异常。如一切正常,方可投料使用。

(2)使用作业。根据鲜叶级别及杀青叶的具体情况,按一定的工艺进行加压揉捻。揉捻技术通常掌握的原则是"嫩叶冷揉,老叶热揉","嫩叶轻压短揉,老叶重压长揉","开始空压理条,结束空压松团"。加压必须掌握"轻、重、轻"的原则。在揉捻结束前,应摇动操作手轮,使加压盖上升至开始揉捻时的位置,空压松团2～3分钟。

(3)揉捻作业完成后,在冲洗机器时,必须注意防止将水冲入或溅入各轴承或电机内。在操作使用中,更应遵守安全操作规程,防止意外事故的发生。

3.维护保养

为了延长揉捻机的使用寿命,保持揉捻机良好的工作性能,在使用过程中应按规定进行保养。

(1)在运转时,应注意电动机、蜗轮减速箱及各个传动部分的轴承发热、噪声等情况,如有过热或不正常的冲击、噪声等现象,应及时停机检查。

(2)定期给各润滑点加油,特别注意转臂部分的润滑状态,以保证正常运转。

(3)机器长期搁置后,开动前必须全部进行检查,更换各轴承和减速箱内的润滑油,并进行试运转,运转正常后再进行工作。

(4)遵守维护检修制度和安全操作规程,检查电机及电气线路开关,机器按时进行检修。每年要拆检一次,擦净机器上的积尘、茶末及茶汁等污物,清洗零件,测定易损零件的磨损程度,必要时修理或更换。

4.示范应用

揉捻机在浙江已经广泛推广应用,如杭州市富阳区的农户应用揉捻机后,生产效率提高,省工节本、增效作用明显,克服了人工揉捻劳动强度大、效率低的问题;杭州市某茶机厂生产的揉捻机一次可揉捻杀青叶30～50千克;自动连续化揉捻机组在龙游县某公司应用后,具有节省劳动力,提高劳动生产率,减轻劳动强度等优点。

五、解块分筛机

茶叶因揉捻作用而结块成团,易导致温度升高而变质,并对后续加工工艺造成影响,因此需要及时解块,降低叶温,防止茶叶发热变质。同时,通过筛分达到茶叶粗细的初步分级。

1.结构原理

解块分筛机可分为绿茶解块分筛机和红茶解块分筛机。两者基本结构相同,区别在于筛孔的大小。

该机主要由进茶斗、解块箱、筛床、传动机构、机架等组成（如图3-29）。解块是利用解块轮的旋转作用将积聚成团的茶叶击散。筛分是利用筛床本身的倾斜度及曲轴产生的振动作用，使茶团跳离筛床而被振散，用大小不同的筛孔来区分茶叶的粗细老嫩。

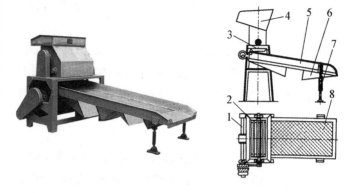

2. 操作使用

作业前，检查机器是否正常，特别是螺栓等是否拧紧。打开防护罩，给曲轴轴承添加润滑油。检查电动机是否安全可靠，注意清除遗留在筛床上的工具及杂物。

图 3-29 解块分筛机

1. 曲轴 2. 解块箱 3. 机架 4. 进茶斗
5. 筛床 6. 出茶斗 7. 摆杆 8. 筛床

在筛床出茶口下方放好接茶工具。启动电动机，将待解块的茶叶送入茶斗解块。待解块分筛作业完成后，关闭电动机，清理筛网上的积茶并清洁工作面。

3. 维护保养

定期给各润滑点添加润滑油，清洗解块轮及筛网。茶季结束后，对机器进行一次全面检查，清洗电动机的轴承和曲轴轴承，调换和调整过松的胶带和筛网。

六、红茶发酵机

红茶发酵的目的是让酶促反应顺利进行，形成红茶特有的品质。6CFJ-7B型红茶发酵机（如图3-30）通过自动化精准控制温度、湿度、时间等，以最适宜和稳定的环境条件来完成茶叶的发酵，达到最佳的效果与品质。

1. 结构原理

红茶发酵机由箱体、自动控制器、升温部件、增湿部件、进气风机、盛茶盘等部件组成。茶叶放在机架上的盛茶盘内，关闭箱门，打开水阀门，通过自动化精准控制温度、湿度、时间等参数来调节、控制箱体内的茶叶，使其在最适宜和稳定的环境条件下进行发酵。

2. 操作使用

（1）合上工作电压开关，检查水位是否合适、接地是否良好。把自来水阀门打在半开状态，把排水管连接到室外。若无自来水装置，每间隔1小时加2升水。

图 3-30 红茶发酵机

（2）接通电源，电源线路控制开关按到"自动挡"，加热开关按到"开"的位置，湿度开关按到"自动挡"，然后设定相应参数。发酵时间一般为4小时，温度一般设定为28～35℃，湿度一般设定为90%～95%，打开进氧调节开关在"1"的位置。循环排气是指排气扇工作和停止的时间，左边"03S"表示排气3秒钟，右边"20M"表示排气扇停止工作20分钟。

（3）茶叶应该在盘内部堆积8毫米，并在整盘茶叶中间挖个直径约为10毫米的孔。若环境温度太低，可以用湿棉布盖在茶叶上。

3. 维护保养

（1）使用前，应按设备安装要求，经常检查各导线有无松脱现象，接地线是否牢固接地；经常检查各主要部件、配件的紧固螺栓是否松动；定期检查各易损件磨损、消耗情况，测试其工作性能，不能使用的，应及时修复或更换。

（2）使用中，定期对主要的组装部件、配件进行除尘，以保持其良好的工作性能；机器的门密封条对烘干室起密封、保温作用，不可用锐器、钝器触碰，亦不可用具有腐蚀性的液体进行清洗，以免损坏密封条。

（3）应经常对机具内外表面进行清洁，清洁前应先切断电源，用软湿布擦拭或软毛刷扫刷，切勿用刺激性、腐蚀性的液体清洗烘干室四壁及烘盘托架。

（4）每次使用结束，最好将电控箱面板上的各设定键位恢复到"0"，各开关打到"关"位置。

（5）长期不用时，应切断总电源，做好清洁工作，将机器存放在干燥、通风的室内。

4. 示范应用

红茶发酵机在浙江已经广泛应用。如杭州市富阳区的茶叶基地应用红茶发酵机后，高效省工、节本增效作用明显。该机具有操作简单、维护成本低等特点，适合各大、中、小型茶场使用。

七、做形设备

绿茶的外形千姿百态，外形是影响名优绿茶品质的重要因素。因此，绿茶加工中十分重视外形的塑造。现主要介绍全自动扁形茶炒制机、理条机、辉锅机等名优茶做形设备。

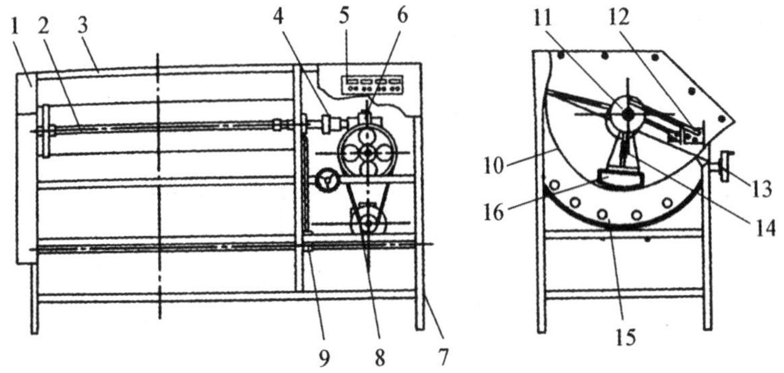

图 3-31　扁形茶炒制机结构示意图

1. 机罩　2. 传动轴　3. 机架　4. 炒板位置调整磁钢　5. 微电脑控制器
6. 蜗轮减速箱　7. 接地线　8. 电动机　9. 凸轮调整机构　10. 炒锅
11. 凸轮　12. 滑杆机构　13. 手轮　14. 炒板伸缩机构
15. 电热管　16. 炒板机构

（一）全自动扁形茶炒制机

6CCB-84ZD型全自动扁形茶炒制机是根据扁形茶手工炒制技术而设计的一款自动化程度较高的炒制机械。全自动扁形茶炒制机是在现有扁形茶炒制机（如图3-31）的基础上，通过微电脑控制程序，将青叶上料、杀青、理条、压扁、炒干、出料等工序由预设的控制程序来完成。全自动扁形茶炒制机在浙江省内应用极为广泛，它大大减轻了茶农的劳动强度，实现了名茶机械化、自动化连续炒制，使一人可以同时管理和操作多台设备，节省了劳动力，缓解了茶叶炒制季节劳动力紧张的矛盾。

1. 结构原理

全自动扁形茶炒制机（如图3-32）主要由上料机构、炒制机构、自动控制系统、出料机构四大部分组成。上料机构主要包括茶叶炒制前的输送、所需炒茶量的称重、鲜叶的定量投放等功能。炒制机构可完成茶叶炒制过程中的杀青、理条、压扁、炒干、磨光等工序，实现茶叶的炒制。自动控制系统主要控制茶叶的输送、称重、下料，还有茶叶炒制过程中的炒制温度、炒制压板转动圈数、炒制压力与

图 3-32　全自动扁形茶炒制机

1. 上料机构　2. 炒制机构
3. 自动控制系统　4. 出料机构

自动出茶等环节。出料机构根据自动控制系统的指令完成出料。

2. 操作使用

（1）操作前准备。开始使用机具时,选择平整的场地,使整机摆放平整、无晃动。输电线路必须有足够的负载能力,由专业电工接好电源线、接地线。用旧毛巾或卫生纸擦去防锈油和污渍。加热锅温到200℃后,启动电机,并压紧炒板,洒些散装茶油,进行试炒,让茶油沾在炒板的新布上,旋转5～10分钟。在转动的过程中,注意观察各部位是否有卡滞现象和异常声响,待正常运转后,进行投入生产。

（2）操作方式。全自动扁形茶炒制机具体工作流程如图3-33所示。有两种操作方式:

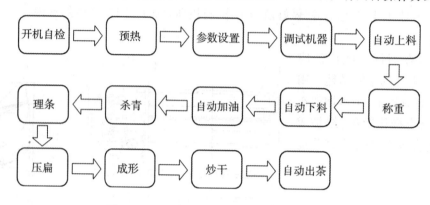

图 3-33　全自动扁形茶炒制机工作流程

一是控制器自动记忆炒制流程法。第一次投入生产炒制时,整个过程由人工控制,根据手动扁茶机的炒制经验与方法,从头到尾人工炒制一次,控制器能记录整个炒制过程并且进行存储（炒制过程包括炒茶数量、炒茶温度、茶叶压力变化、炒制圈数等参数）。第二次开始炒制时,只需按一个指令就可以实现模仿炒制了,这是建立在第一次人工炒制基础之上的。所以扁茶机全自动功能的实现是人工炒制的一种重复性作业。这种全自动操作方式比较简单实用,较容易接受。

二是预先设置炒制参数法。在炒制之前,根据茶叶品种与大小,靠经验进行分析与判断,在控制器上设置炒茶数量、炒茶温度、炒制压力、炒制圈数等参数。设置好参数后,再发送指令实现全自动炒制。这种方式对用户的经验要求比较高,在个别地区比较流行,但操作难度大。

3. 维护保养

（1）每班次炒制结束后,先切断电源,再将机器清理干净。清理电脑控制系统上的灰尘,经常检查电源线及机器内各连接线,确保其连接牢固、可靠。

（2）作业3～5个班次后,应对传动皮带的松紧度进行检查,及时调整其松紧度,并给传动部件加注润滑油。

（3）每季作业完成后,应对机器进行彻底的清理、保养。传动部件加注润滑油,调整传动皮带链条。保养完毕,放入有防潮、防雨、防尘措施的库内。

（二）扁形茶连续自动炒制机

为实现扁形茶的连续化生产,近年来许多生产企业都生产了扁形茶连续自动炒制机（如图3-34）。该机是在单体扁形茶炒制机的基础上进行设计改造的,将3口（其他机型有2口或4口）扁形茶炒制机槽锅进行串联,鲜叶从定时、定量自动投料到自动进入杀青、做形、辉锅、出锅,整个炒制过程

图 3-34　扁形茶连续自动炒制机

实现了自动化、智能化，推动了茶叶加工自动化、规模化、清洁化生产，特别适合标准化茶厂和大中型茶农。由于该机型在结构原理、操作使用、维护保养等方面与单体的全自动扁形茶炒制机相似，此处不再详述。

图 3-35　全自动理条机

（三）全自动理条机

6CL-60-13D型全自动理条机（如图3-35）主要用于直条类名优高档茶的整形和理条作业，具有槽锅往复速度可调节的特点，具备自动称量、投料、杀青、理条、自动出锅、自动调速、自动送风的单锅间歇作业方式。

1. 结构原理

全自动理条机由智能控制系统、炒锅机构、自动送料机构、自动称重下料机构、自动加油机构、自动控温机构、自动出茶机构、传动机构等部件组成（如图3-36）。全自动理条机采用电加热的方式进行加热，在加热锅底的同时，利用滑杆式运动翻滚茶叶，起到散发水分、减少茶叶闷气的作用，所加工的茶叶条索紧结、平整、色泽翠绿。

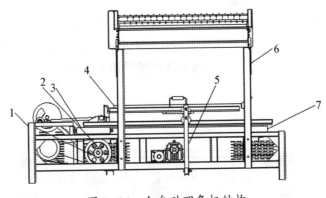

图 3-36　全自动理条机结构

1. 机架　2. 传动部分　3. 油盒　4. 锅体　5. 升降部分　6. 自动投料机构　7. 加热部分

2. 操作使用

（1）茶叶理条机应放置平稳，不能扭曲、晃动；检查使用电源的电压与产品选用电器的电压是否相符，并接好地线和触电保护器。同时，清除槽锅内及机器表面的杂物，用布擦拭干净。检查各紧固件是否可靠，必要时拧紧松动的紧固件。对连杆、滑套等运动部位加注适量的润滑油，以保证机器能在最佳状态运行。

（2）按"启动"键表示开始加热，锅开始运行，加热到设定温度后开始炒茶，按"停止"键表示停止工作。接通电源启动机器，做0.5小时的空运转，不得有卡阻、碰撞和异常声响现象。

（3）参数调整：按"时间＋－"键调整理条时间，按"温度＋－"键调整理条温度，按"重量＋－"键调整茶叶重量，按"转速＋－"键调整锅摆动速度，按"风机"键控制风机的开或关。

3. 维护保养

（1）班保养。清理机器。检查电机等部件温升情况，听有无异常声响。观察油槽的油量，及时添加润滑油，对连杆等其他运动部件要定期加润滑油。定期检查各紧固件是否可靠，必要时拧紧松动的紧固件。

（2）季保养。彻底清理机器，更换润滑油。用布或其他遮尘物盖住机器，保持存放处干燥通风。

4. 示范应用

全自动理条机既满足了茶叶杀青理条的工艺要求,又大大节省了劳动力,提高了茶叶加工效率,已在仙居、遂昌等地推广使用,可用于个体茶农和中、小型茶叶加工厂。如杭州某公司生产的全自动理条机整机重量220千克,每小时生产茶叶3.5千克左右,外形尺寸为2180毫米(长)×1350毫米(宽)×1400毫米(高),往复运动次数为160～170次/分,主电动机功率为0.75千瓦,加热功率15千瓦。

(四)连续式理条机

6CLX-12型连续式理条机(如图3-37)适用于高档条形茶的流水线连续杀青理条和整形作业,实现了制茶连续化、自动化和清洁化。通过连续式理条机理条后的茶叶条形紧直,均匀一致,可选用单台或多台组合作业,以提高生产率和降低成本。现以湖州安吉某茶机制造公司生产的连续式理条机为例进行介绍。

图 3-37 连续式理条机

1. 结构原理

连续式理条机(如图3-38)主要由机架、动力及传动机构、活动架、加热装置(电或煤气)、槽锅(多只)五大部分组成。其主要工作原理是通过配套的提升机将鲜叶或杀青叶输送到槽锅内,槽锅固定在活动架上,通过动力传动机构带动活动架做往复运动,鲜叶或杀青叶在槽锅内做往复运动,整机从进料口到出料口有一定的倾斜度,鲜叶或杀青叶在槽锅内伴随着时间的推移慢慢地由进料口向出料口的方向移动,完成理条工序。

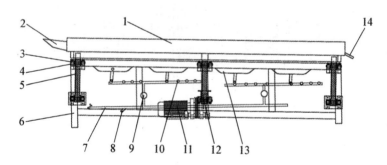

图 3-38 连续式理条机结构原理图

1. 槽锅　2. 进料口　3. 摆轴　4. 连体轴承　5. 摆杆　6. 机架　7. 进气管　8. 过滤器
9. 电磁阀　10. 阀门　11. 电机及传动装置　12. 传动机构　13. 炉头　14. 出料口

2. 操作使用

(1)机具安装时必须保证地面水平高度一致,电源线路正确连接。

(2)清除槽锅内及机器表面的杂物,用布擦拭干净。接通电源启动机器,排除卡阻、碰撞和异常声响现象。

(3)接通电源后,设定好各段温区的温度。首先打开电机总开关,然后打开调速表开关,最后旋动调速开关,让机器做慢速运动。待机器运转平稳正常后,进行加热。当锅体温度达到设定温度时,将锅体运动速度调整到作业所需要的最佳转速。

(4)将摊青好的鲜叶通过提升机投入进料斗,因空锅时锅内温度比较高,所以开始应保证有一定的投叶量,以免出现茶叶焦边等情况。

3. 维护保养

（1）班保养。检查、清理机器。检查电机等部件温升情况。定期检查各紧固件是否可靠，必要时拧紧松动的紧固件。对轴承等运动部件加适量的润滑油，以保证机器在最佳状态运行。

（2）季保养。彻底清理机器，更换润滑油。用遮尘物盖住机器，放置在通风干燥处。

（五）自动杀青理条机

自动杀青理条机（如图3-39）主要用于扁形名茶（龙井茶）、针形茶（银针茶）的杀青和理条，同时也适用于毛峰、毛尖、开化龙顶等多种茶叶的炒制加工。自动杀青理条机把杀青、理条两道工序完美地结合在一起，从青叶投放到茶叶出锅完全实现自动化炒制，节约了能源，提高了生产效率，节省了劳动力，适合茶叶加工大户和一定规模的茶叶加工厂使用。

图3-39 自动杀青理条机

1. 结构原理

自动杀青理条机主要由机架、动力及传动机构、活动架、加热装置、多槽锅（一般5～11槽）五大部分组成（如图3-40）。当预热到可杀青温度时，即可向多槽锅投放鲜叶，茶叶在多槽锅中连续做径向翻动的同时，沿着槽锅做直线移动。当茶叶经过杀青阶段后，即自行进入理条阶段，理条完成后自动流出多槽锅。在整个炒制过程中，自动完成杀青、理条工序。

2. 操作使用

（1）机器准备。机器要摆放水平，不能摇晃。清除槽锅内异物，并擦拭干净。按规定电压接好电源，并一定要牢固地接好地线。

（2）试机。接通电源，按下电机开启按钮，多槽锅往复摆动正常，无明显晃动；控温表上先设置50℃或100℃（试机温度），开启加热开关升温，当达到预先设定温度时可自动停止加热，低于设定温度时可自动加热，即属于加热工作正常。

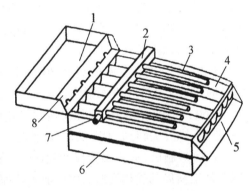

图3-40 自动杀青理条机结构图

1. 鲜叶自动进料斗 2. 长条安装支架
3. 进热风支管 4. 锅体 5. 出料斗
6. 加热装置 7. 进热风主管 8. 分流匀叶片

（3）作业。杀青作业时打开电源开关，将加热开关拨到"开"位，温控仪绿灯亮，机内加热开始，温控仪指示针逐渐上升。在打开加热电源开关后，随即打开电机启动开关，多槽锅即往复摆动。

（4）当预热到可炒制茶叶温度时，即可投放鲜叶进入多槽锅。鲜叶放进机器进口处的茶叶分配盘，盘内有鲜叶分配引出口，能自动均匀地落入槽锅。茶叶鲜叶在多槽锅中连续做径向翻动的同时，沿着槽锅做直线移动，当茶叶经过杀青阶段后，即自行进入理条阶段。

（5）炒制结束后先关掉加热开关，3～5分钟后再关掉电机开关，清除槽锅内余叶。

3. 维护保养

（1）工作过程中若发现机器有卡阻碰撞、异常声响和不加热等现象，应立即停机，及时检查故障原因并排除，不要让机器带病工作。

（2）定期检查。在断开电源的情况下，应仔细检查传动机构紧固件、电源和电源线是否正常，清除槽锅内残叶，擦拭机器外表，保持设备整洁，并保持机器干燥，切勿受潮。

（3）在机器两侧导轨、轴承滚轮及活动的部位要定期涂刷黄油,保持润滑。无论机器是否工作,都不要把杂物堆放在茶锅上。

（六）辉锅机

6CH-3.0A型辉锅机(如图3-41)适用于各类扁形茶、针形茶的后期提香、脱毛、磨光等方面,还可用于苦丁茶的杀青以及花生、瓜子等食品的炒制。辉锅机结构简单、操作方便、生产率高、价格实惠,深受普通散户、小户茶农的喜爱。

1. 结构原理

辉锅机(如图3-42)主要由炒制锅体、传动机构两大部分组成。启动电机,设定炒制时间、温度,进行电加热,当炒制锅体达到一定温度后,将适量茶叶投入桶内,盖上盖子,进行顺、倒向转动,实现茶叶的脱毛、提香。

2. 操作使用

（1）炒制前,检查各个连接件的螺钉、螺母是否紧固,电气线路是否良好,清理桶内垃圾。开始时,将倒、顺开关转到"顺"处启动电机,然后设定炒制时间、温度,进行电加热(电机的转速因茶叶不同可以随意调节)。

（2）炒制时,当温度升到80～150℃(根据实际情况而定)时,将适量茶叶投入桶内,盖上盖子5～10分钟后再取下。30～60分钟即可将倒、顺开关转到停止位置,待滚筒完全停止后,把倒、顺开关转到"倒"的位置,抬起压挡杆,倒出茶叶。

（3）炒制后,先将温控仪调到0℃后方可停机,切断电源,否则会使滚筒局部受热变形。离机前要处理机器周围杂物,注意安全生产。

3. 维护保养

（1）经常更换易损件。压板、压力弹簧要定时更换以保证炒茶质量。

（2）每次作业结束后,应及时切断电源,并将机器清理干净。作业3～5个班次后,应对传动部位的松紧度进行检查,及时调整其松紧度,在相应部分添加润滑油。

（3）每季度作业结束后,整理好电线,放在防潮、防尘的空间内。

（七）精揉机

精揉机(如图3-43)主要用于直条形绿茶、红茶的成形工艺,典型代表茶有蒸青茶、雨花茶、恩施玉露等,也可用于其他针形茶的整形。

精揉机一般由四个揉釜组成,其中揉釜由揉盘、传动机构、机架、加压机构等部件组成。工作时,加压机构的搓手在揉盘的搓茶板上做往复运动(快慢可调)。茶叶在搓手的挤搓力作用下,不断向两边沟槽落下。沟槽内的复刷不断把茶叶扒送到揉盘两端的沟槽内,沟槽内的回转帚又将茶叶扫入揉盘。如此往复进行揉搓和回流,茶叶一边在搓手的作用下逐渐理直炒紧,一边受热干燥,达到针形茶的工艺要求。

图 3-41 辉锅机

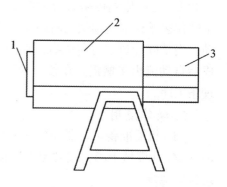
图 3-42 辉锅机结构图
1.出料口 2.锅体 3.传动机构

a. 茶叶精揉机组外观图　　　　　　　　b. 工作过程图

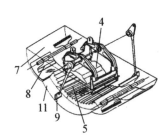
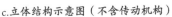
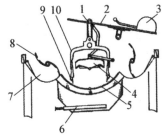
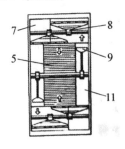

c.立体结构示意图（不含传动机构）　　d. 结构示意图（侧视图）　　e. 结构示意图（俯视图）

图 3-43　精揉机结构示意图

1. 主轴　2. 导轨　3. 重块　4. 揉压盘（搓手）　5. 揉盘　6. 加热装置
7. 滑动流槽　8. 回转帘　9. 复刷　10. 搓手架　11. 沟槽

八、干燥机械

干燥的目的是使茶叶脱去一定的水分，提升茶叶固有的香气。茶叶干燥设备大致可分为烘干设备和炒干设备两种。

（一）烘干机

6CH-16型茶叶烘干机（如图3-44）通过热风对茶叶加热，进一步破坏茶叶中酶类的活性，散失茶叶中的水分，提高成品茶香气，改善茶叶滋味。现以杭州市某茶机制造公司生产的茶叶烘干机为例进行介绍。该机一次可烘干茶叶80千克左右，每次烘干7～26分钟，干燥室进口风温为90～120℃，烘板数量为242块，有效烘干面积16米²左右。

1. 结构原理

烘干机主要由干燥室、输送装置、进风管道、传动装置、匀叶装置、温度计等组成（如图3-45）。根

图 3-44　茶叶烘干机

据热交换原理，通过加热装置将加热的空气送进干燥室，与摊在烘板上的茶叶进行热交换，使水分充分蒸发，同时将湿空气及时抽出烘箱外，达到干燥的目的。上料输送装置与地面成30°倾角，前面设有上料工作台，茶叶由此处加入，上料工作台上设有可调节物料摊放厚度的匀料器。茶叶烘干机输送装置和干燥室最上层烘板连成一个循环，冷空气经送风装置和供热装置的协同作用被加热成热空气，热空气作为干燥介质被送入干燥室。茶叶经工作台匀料器匀料后被烘板送入干燥室，随着烘板的移动翻落，运送过程中与热空气发生对流，达到干燥工艺的要求。

113

2. 操作使用

（1）每次开机前应认真检查各传动部位是否正常，干燥室内有无障碍物及其他杂物，一切正常后方可开机。

（2）上料前应对干燥室进行预热，当室温升至烘干所需温度时开始投料。上料量不得投入过多，也不宜出现空板，待烘物料经解块分筛后，清除物料中的杂物。

（3）以烘出物料的干燥程度（即含水率）调整摊料层厚度和全程烘干时间，一般宜薄摊快速为好。

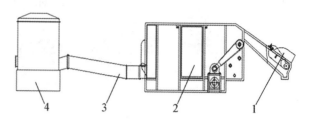

图 3-45　烘干机结构图
1. 上料输送装置　2. 烘箱
3. 进风管道　4. 供热装置

物料层厚度可通过调节匀料器手轮来实现，烘干速度可通过调节控制仪来实现。调风箱可调控总进风量，以使烘干物料不被严重吹飞为宜。上料输送机装有回茶斗，应定时开启和清理。

（4）烘干作业完毕，当热风温度降至60℃以下时，方可关闭风机，当干燥室内残留物料出净后才能停止主机。

3. 维护保养

（1）烘干机在作业时应经常注意电动机、变速箱及各传动部位的发热情况，电机、轴承、变速箱等部件升温不得超过相关规定。

（2）烘干机在作业运转过程中，如发现有不正常的冲击、噪声应立即停机检查，迅速查明原因，及时排除故障，方能继续工作。

（3）每班次作业间应关注传动件的润滑情况及传动箱的油位线，必要时及时加注润滑油。每班次烘干结束前应将上料输送部分及匀料轮上的残留物料刷净。

（4）使用一年后进行全面检修，检修时应注意下列事项：①拆卸零件时严禁使用铁锤直接敲击零件；②拆卸的零件应认真清洗，油污剔刷干净，并妥善保管，防止碰撞。

（二）动态烘干机

6CHT-100型动态烘干机（如图3-46）使茶叶在动态下与干热风接触，中间没有空气间隙阻挡传热，因此干燥速度快、通风良好，不会发生闷黄等弊病。现以衢州市某茶机制造公司生产的动态烘干机为例进行介绍。该机筒体外径和长度分别为1米、4米，每小时烘干茶叶300千克左右，滚筒转速为5～30转/分。

1. 结构原理

图 3-46　动态烘干机

动态烘干机（如图3-47）由大滚筒、中心风管、机架、调速电机、调角度机构、排湿罩、护罩、进料斗、温度表等部件组成。茶叶从干燥机进叶端投入后，在转筒内均匀分布的导叶筋不断把茶叶提至高位抛落，并向前（出叶口方向）倾斜，茶叶不断向前移动，调整倾斜角度即可调整向前移动速度，也就是调整干燥时间。干热风从中心风筒进入转筒内。为使茶叶交换过的含湿热风迅速排出转筒，在转筒外表上装有导风叶片，转筒旋转时产生的离心力将筒中湿热风抽出甩向转筒外部。

2. 操作使用

（1）机器使用前，应按照使用说明书要求，检查各部件是否牢固，螺钉是否紧固，润滑油是否加足。供电线路上应安装保险丝、漏电保护开关等，并将电气箱妥善地接上地线，以确保安全。接电源时应检查转筒的转向是否正确。

（2）在正式生产前，应取部分待烘干的湿物料对机器进行调整。风量的调整：开启热风炉的主风机，这时不一定要加热，在转筒不转的状态下检查风量。转筒转速的调整：调整转筒的转速，使物料下落并散落在整个转筒的横截面上。调整烘干时间：当机器运转正常，热风达到设定温度之后可以开始投料，先试投少量湿物料，测量烘干时间，如出料口出来的物料过于干燥，可缩短烘干时间；如还不够干，则应延长烘干时间。

3. 维护保养

（1）使用前。检查电源接线是否牢固，转向是否正确，地线是否接好。机器清洗干净，换上新的润滑油。如用燃煤炉，应将炉中煤渣、煤灰清理干净。

（2）使用后。定期清理机器。观察电机及轴承的温升情况，听有无异常响声。电机温度不超过70℃，各滚动轴承升温不超过35℃。定期加润滑油。若使用燃煤炉，应经常清理煤灰渣。

（3）每茶季结束后应彻底将机器清理干净。清洗及更换润滑油。

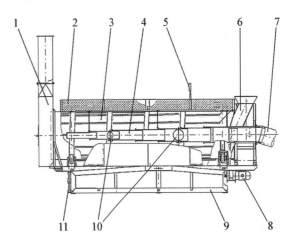

图 3-47 动态烘干机结构图

1. 排湿罩　2. 护罩　3. 转筒　4. 中心风管
5. 温度表　6. 进料斗　7. 风管　8. 调速电机
9. 底架　10. 调风门　11. 调角度机构

（三）烘焙机

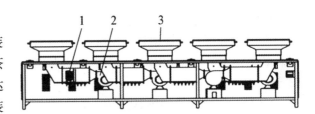

图 3-48 茶叶烘焙机

茶叶烘焙机（如图3-48）是碧螺春、毫茶类与高档毛峰类的专用烘干设备，可有效提高茶叶品质，具有操作简单、单独控制、透气性好、水分散失快、无异味污染等特点。如衢州市某茶机制造公司生产的茶叶烘焙机整机重量220千克，烘茶斗直径和高度分别为480毫米、80毫米，每小时烘焙茶叶12千克左右，外形尺寸为3180毫米（长）×650毫米（宽）×930毫米（高）。安吉县某公司应用后认为效果良好。

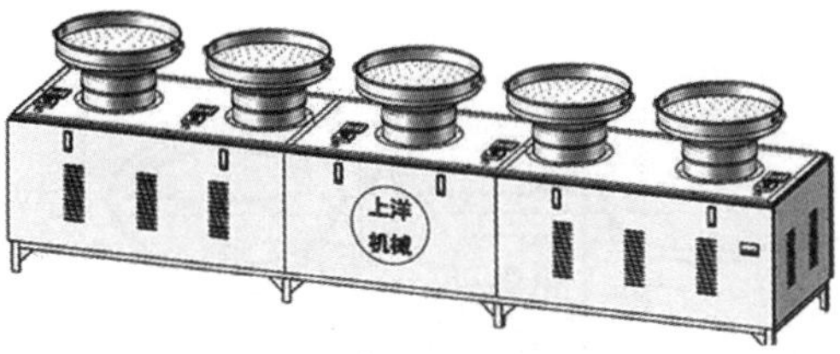

1. 结构原理

茶叶烘焙机根据热交换原理，通过空气加热装置加热空气达到所需的温度，送进热风，与摊在烘茶盘上的湿物料进行热交换，使水分充分蒸发，从而达到干燥的目的。茶叶烘焙机由机架、烘茶盘、加热装置、风机、风机调速装置、温控仪组成（如图3-49）。

2. 操作使用

（1）检查各紧固件是否紧固可靠。清理烘茶盘、

图 3-49 茶叶烘焙机结构图

1. 电热管　2. 风机　3. 烘茶盘

连接管，保持其清洁卫生。检查各处电线接头是否紧固、安全。电源电压必须与风机、电热管电压相符。

（2）接通电源，使整机通电。开启电热管加热开关，并调至烘茶所需温度。启动风机并调至最小风量，开始加热3～5分钟后，实时风温已达到设定温度，适当调大风机风量，以供给热风。

（3）根据茶类和工艺情况，在烘焙期间适时进行翻动，有利于均匀失水，提高烘焙效率。对于直毫型的曲毫茶（如碧螺春茶），可边烘焙边搓毫。

（4）关闭电热管加热开关，等风温降至40℃以下，方可停止风机，以防电热管、连接管变形受损，影响使用寿命。关闭断路器后，拆下连接管正下方的封板，从烘茶斗座上方清理茶灰，清理干净后重新装上封板。

3. 维护保养

（1）烘茶盘上禁放重物。严禁油污污染烘焙机风道、烘茶盘，严禁刮破电线。

（2）电热式烘焙机需经常检查电线是否破损、老化，接头处是否烧焦。

（3）每天加工结束后，应将烘茶盘打扫干净，并清理风道、连接管内的茶灰。

（4）茶季结束后，罩上防尘罩，放置于通风干燥处。

（四）双锅炒干机

双锅炒干机（如图3-50）用于茶叶炒干作业，主要适用于绿茶、红茶炒干作业，也可用于制作珠形茶叶。现以衢州市某茶机制造公司生产的茶叶双锅炒干机为例进行介绍。该机每小时炒干茶叶4.8千克左右，炒锅的球面半径为30厘米，炒锅有2只，电动机功率为1.1千瓦。

图 3-50　双锅炒干机

1. 结构原理

双锅炒干机是干燥做形设备之一，利用电炉对锅体进行加热，茶叶在锅内吸收热量，蒸发茶叶水分，直至干燥成形。工作时锅铲做往复运动对茶叶施加作用力，同时锅壁又对茶叶产生反作用力，因此茶叶在锅铲的往复推力和多种挤揉力的作用下，逐渐干燥圆紧，迫使弯曲成螺形乃至球形。双锅炒干机（如图3-51）由机架、曲轴和锅铲、曲柄摇杆、锅体、无级调速机构、电炉、风机、离合器、罩板、电气箱等部件组成。

2. 操作使用

（1）应检查电源电压与选用产品的电压是否相同，并接好地线和触电保护器，以保障人身安全和设备安全。

（2）检查各紧固件是否可靠，拧紧松动的紧固件。对连杆等运动部位加注适量的润滑油，以保证机器能在最佳状态运行。清除炒锅内及机器表面的杂物，用布擦拭干净。

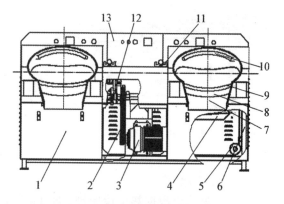

图 3-51　双锅炒干机结构图

1. 罩板　2. 皮带无级调速机构　3. 电机　4. 电炉
5. 风机　6. 机架　7. 锅沿　8. 锅体　9. 曲轴和锅铲
10. 风管　11. 离合器　12. 曲柄摇杆　13. 电气箱

（3）接通电源，启动机器，做0.5小时空转，不得有卡阻、碰撞和异常声响现象。

（4）机器空转后若运行正常，即可加热升温，当锅温达到预定工艺要求时，启动电机、炒板，进行投叶、炒制作业。炒制时，一定要掌握好锅温，待炒制的茶叶达到工艺要求的形状和干度时，即可起锅。

（5）炒制时，可根据情况进行炒幅、转速的调整。如初炒之始，采用高温、大幅挡位低速炒制，之后温度降到工艺要求。随着茶叶失水足火，温度先高后低，采用低温长炒，小幅挡位低速炒制。

（6）根据各地各类卷曲茶的品质要求、工艺操作要求及温度、投叶量等情况，进行炒幅、转速的合理调整，做到"看茶做茶"。

3. 维护保养

（1）班保养。定期清理机器；检查电机等部件温升情况，听有无异常声响；对传动部件各润滑点加注适量的润滑油，及时调整传动三角皮带张紧度，保证机器运转正常；检查各紧固件是否可靠，拧紧松动的紧固件。

（2）季保养。将机器彻底清理干净；清洗及更换润滑油；用布或其他遮尘物盖住机器，保持存放处干燥通风。

（五）滚筒式炒干机

滚筒式炒干机（如图3-52）是近几年为适应茶叶加工连续化生产线的要求而广泛应用的一种炒干机。滚筒式炒干机由滚筒体、加热装置、传动机构和机架等组成，其机械结构与滚筒式杀青机有些相似。与超高温热风滚筒杀青机一样，由加热装置加热筒壁，大多在筒体中部内壁上安装热风管，用吹出的热风对茶叶加热，并接受滚筒筒体炒制。筒体由于旋转，受热比较均匀，茶叶在筒内因自身重力以及筒体旋转产生的离心力而不停地翻动，不断接触筒壁吸收热量，使叶温增高，蒸发水分。

图 3-52　滚筒式炒干机

（六）提香烘焙机

提香烘焙机（如图3-53）是名优绿茶、乌龙茶精制中常用的提香烘焙设备，通过一定时间的烘烤，使茶叶挥发出香气。提香烘焙机结构简单、操作方便、生产率高，深受普通散户、小户茶农的喜爱。

1. 结构原理

提香烘焙机主要由箱体、电气控制部分、电加热器、电机、茶盘托架、茶盘、送风装置等部件组成。箱体内设有一个存放若干层茶盘的茶盘托架，相邻两个茶盘之间有一个进风口。电气控制部分、电加热器、送风装置等部件产生热风，热风通过茶叶表面，使湿热得到有效控制。

2. 操作使用

（1）应安装在平整的地面上，防雨、防潮，远离易燃易爆品。

（2）使用前必须通电试运行10分钟以上，运转过程中应无异常状况，未发生其他故障。结合电路控制箱各功能按钮，进行各项功能调试，一切正常后方可投入使用。

图 3-53　提香烘焙机

（3）提香烘焙机在使用期间，应按设备安装要求，经常检查各导线有无松脱现象，接地线是否牢固。检查各主要部件、配件的紧固螺栓有无松动。

3. 维护保养

（1）定期检查各易损件磨损、消耗情况，测试其工作性能，不合格的应及时修复或者更换。定期对主要部件和配件进行除尘，旋转电机轴承应涂黄油以保持其良好的工作性能。

（2）箱门密封条对烘干室起密封、保温作用，不可用锐器、钝器触碰，亦不可用具有腐蚀性的液体进行清洗，以免损坏密封条。经常对烘干室及机体外表进行清洁，鼓风机风轮清扫、清洁前应先切断电源，用软湿布或软毛刷擦拭、打扫，切勿用刺激性、腐蚀性的液体清洗烘干室四壁及烘盘托架。

（3）每次使用结束，应将电控箱面板上的各设定键位恢复到"0"位，各开关键打到"关"位。

（4）长期不用时，应切断总电源。做好清洁工作后，将机器包装好，存放在干燥、通风的室内。

第三节　后处理机械

为了提高茶叶的商品价值,必须经过筛选,才能适应市场的需求。茶叶筛分的目的主要就是分离老嫩、划分等级、拣出杂次品、稳定质量等。本节主要介绍风选机、拣梗机与色选机,其中小户、散户应用较多的是风选机,规模化的大户应用较多的是色选机。

一、风选机

风选机(如图3-54)是利用茶叶的重量、体积、形状的差异,借助风力的作用将茶叶分离定级、去除杂质的重要设备。由于茶叶老嫩不一,重量不同,体积形状各异,其迎风面大小也有区别。细嫩紧结、较重的茶叶迎风面小,在风力的作用下,落程短,落点靠近;反之,则较远。通过风选作业,能将品质不同的茶叶分开,从而达到轻重一致的定级标准。同时,砂砾、石块等杂物也能从中分离出来。

图 3-54　风选机

二、拣梗机

茶叶生产过程中,拣梗是一项特别耗费劳动力的作业,特别是名优茶,其鲜叶嫩度好,成茶梗叶差别小,对拣梗设备的性能要求苛刻。茶叶拣梗机(如图3-55)的出现,改善了名优茶的拣梗效果。拣梗机主要由机架、进料斗、匀料斗、拣床、出梗斗、出茶斗、拣床升降调节机构、弹簧钢板支撑等组成(如图3-56)。茶叶通过进料斗称重后进入匀料斗,在振动的作用下,根据茶叶梗重量不同、体积各异,进行拣梗,达到机械拣梗的目的。

图 3-55　拣梗机

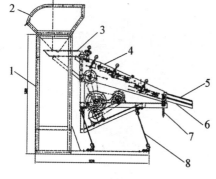

图 3-56　拣梗机结构图

1.机架　2.进料斗　3.匀料斗
4.拣床　5.出梗斗　6.出茶斗
7.拣床升降调节机构　8.弹簧钢板支撑

三、色选机

近年来,茶叶色选机的出现较好地解决了名优茶成色不均的问题。现以安徽某光电色选机械有限公司生产的三层茶叶色选机为例进行介绍。该机功率为4.5千瓦,选净率＞99%,每小时处理茶叶800千克左右。

1.结构原理

茶叶色选机(如图3-57)利用光电技术专门剔除异色物料,通过光电系统分析茶叶表面的外观色泽,用分选系统区分茶、梗及非茶类夹杂物,解决了常规使用筛分、风选及拣剔设备所无法达到的茶梗分离问题。由于对茶叶中所含有的病斑、杂质、异色、梗等具有优良的色选效果,茶叶色选机广泛适用于红茶、绿茶、普洱等各种名优茶叶。

图 3-57　茶叶色选机

茶叶色选机(如图3-58)主要由供料系统、光电系统和分选系统等组成。供料系统由入料斗、振动喂料器和物料分配槽等部件组成。被选物料经入料斗振动输送至喂料器内的物料分配槽。光电系统是色选机的核心部分,主要由LED光源、背景板、彩色CCD镜头和有关辅助装置组成。彩色CCD镜头将茶叶物料探测区内被测物料的反射光转化为电信号;背景板则为电控系统提供基准信号,其反光特性与茶叶良品的反光特性基本相同,而与剔除物差异较大。分选系统由出料斗、高速电磁喷气阀、空气压缩机及空气过滤净化器等附件组成。出料斗由前、后腔组成,按照自定义色选模式接取被色选物料的成品和次品。

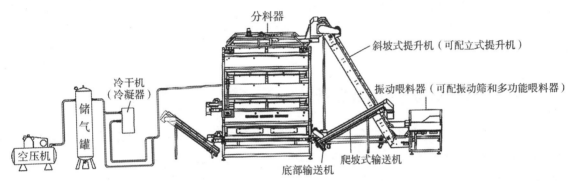

图 3-58　茶叶色选机结构图

现以绿茶拣梗为例对茶叶色选机的拣梗原理进行说明(如图3-59)。在进行绿茶拣梗时,其色差测定系统对茶叶色泽组成参数进行测定,从而得出茶叶色泽偏绿或偏黄的程度。名优绿茶的茶条和茶梗颜色存在颜色差别(即色差),一般茶条色泽绿翠,而茶梗色泽偏黄。故色差测定系统进行测定时,满足一定要求的茶叶会被装有绿色色彩信号的色差感应系统的彩色CCD镜头所捕捉,并进行摄影,然后将所摄影像输入计算机,通过计算发出指令,使茶叶通过茶叶通道进入第二次拣梗或排出机外。一般情况下茶梗偏黄,则更容易被装有黄色色彩信号的色差感应系统的彩色CCD镜头所捕捉,并进行摄影,同样将所摄影像输入计算机,通过计算发出指令,使控制送风机运转的电磁阀接通,送风机运转,高压空气通过管道和喷嘴吹出强风,把茶梗从含梗的茶叶中吹出,通过茶梗通道和茶梗出料口将茶梗排出机外,从而完成拣梗作业。

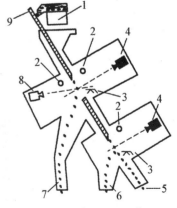

图 3-59　茶叶色选机工作原理图

1. 选料器　2. 荧光灯　3. 电磁喷嘴
4. 彩色 CCD 镜头　5. 产品　6. 第二
段去除产品　7. 第一段去除产品
8. 去异物用镜头　9. 茶叶下落滑槽

2. 操作使用

(1)机器应置于有栏杆或封闭的坚固平台上,机器四只圆形底脚必须安装,以确保机器放置平稳。

(2)机器周围应留有工作通道,以便操作、巡视、保养。根据现场具体情况,上部进料口对着用户的进料管道,管道上应设置流量调节板和储料箱,注意进料管道不得压在机器的进料斗上,否则易造成震动,影响色选效果。

（3）出料口配置相应的管道,分别取出合格品及剔除物。

3.维护保养

（1）定期清理通道及分选室。在运行过程中,检查色选机工作状态及喷阀动作情况。经常观察空压机有无异常。用气枪清理吹嘴板、导流板、通道及分选室内表面的沉淀物。

（2）每月检查空气过滤器滤芯,每季度清理一次滤芯,每年更换一次滤芯。滤芯定期清理或更换可有效延长喷嘴的寿命。

（3）清理灰尘。当机器变脏时,色选效率会逐渐降低,当灰尘附着在镜头的玻璃上时,直接影响色选效果,同时机器在有灰尘的状态下工作容易出现故障。

第四节　生产流水线

随着茶叶机械的不断创新,我国已开始由单机模式向茶叶生产流水线模式转变。相比单一机械而言,茶叶生产流水线在自动化、清洁化、标准化等方面要求更高,能更好地解决劳动力短缺、制茶质量难以控制等方面的难题,从而提高茶叶的品质。

一、扁形茶连续化加工成套设备

扁形茶连续化加工成套设备是一条扁形茶叶炒制加工流水生产线,采用触摸屏智能控制模式。扁形茶连续化加工成套设备主要用于扁形名茶（龙井茶）、千岛玉叶茶的炒制加工。

1.结构原理

扁形茶连续化加工成套设备（如图3-60）主要由提升机、滚筒杀青机、自动杀青理条机、振动输送机、摊凉回潮机、多功位分配机器人、自动称量投料提升机、扁形茶连续炒制机、滚筒辉干机、动力及控制系统等组成。工艺流程:滚筒杀青→第一次理条→摊凉回潮→第二次理条→炒制成形→抛光提香→成品。

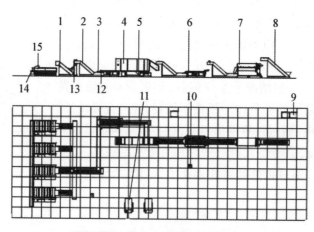

图3-60　淳安县某茶厂的布局

1.自动称量投料提升机　2.提升机　3.振动输送机　4.摊凉回潮机　5.振动输送带
6.自动杀青机（一）　7.滚筒杀青机　8.鲜叶提升机　9.动力柜　10.触摸屏控制柜
11.滚筒辉干机　12.自动杀青机（二）　13.多功位分配机器人　14.振动输送机　15.扁形茶连续炒制机

从鲜叶自动投料到滚筒杀青、第一次理条、摊凉回潮、第二次理条、摊凉回潮,然后由多工位自动分配投料系统按工位需要投料给自动称量投料输送机,将在线加工的茶叶投入扁形茶连续自动炒制机,经做形、压扁、磨光后自动出锅,再由平移振动筛选输送机边输送、边筛选碎末,最后将炒制好的成品茶送入指定区。

2. 操作使用

(1)选用的厂房应干燥、整洁、光照充足、通风良好,地面应平整、结实。各工序设备相互的衔接必须合理可靠,设备占地、原料和成品的摊放场地,物流和人行通道应合理划分备地。全套设备的用电量较大,注意用电安全。依次按单元组进行试机,全套设备的开动应按工艺流程分先后依次开机(如杀青机、自动理条机、连续炒制机等)。

(2)杀青工序。打开杀青机电机开关让滚筒先转动起来,打开杀青机加热开关开始加热,打开调速输送青叶机开关准备输送青叶。当杀青机滚筒内的温度达到190～210℃时(该温度应依据茶叶鲜叶品种、季节确定),将青叶投放进输送投料机的料斗,输送机即将青叶送进杀青机滚筒内。经滚筒杀青后,流出来的杀青茶叶进入摊凉回潮机。

(3)摊凉回潮工序。摊凉回潮工序的作用是解决上道加工工序出来的茶叶快速冷却问题。在青叶进入滚筒杀青时,即可打开摊凉回潮机开关,使传送带运行,准备摊凉回潮。

(4)自动理条回潮工序。经摊凉回潮工序流转下来的茶叶通过提升输送机投入自动理条机进行理条加工,使在条形槽内的茶叶经过槽内壁上的撞击后整理出较直的条形状态,其参考使用的槽锅温度为150～180℃。经过理条机流动的茶叶,直接进入二次摊凉回潮工序,进行二次摊凉回潮。

(5)连续化炒制。经过二次摊凉回潮工序流水作业的茶叶半成品通过提升输送机传送至自动称量输送投料部件,自动称量好一次性投送的茶叶。当炒锅需要投放茶叶时,投料部件即会自动倒入炒锅之中,完成一次投料后复位,输送带启动给投料部件补充下一次投料的量,如此循环。第一炒锅主要完成对茶叶的整形,锅温在180℃左右,炒制完成会自动出锅,由压板扫入下一炒锅中。第二炒锅主要是对茶叶进行轻压做形,锅温170℃左右。第三炒锅是对茶叶进行压扁做形,锅温165℃左右。第四炒锅是对茶叶进行压扁磨光,锅温160℃左右,该锅是炒制加工的最后一道工序,出锅后进入振动槽。

(6)平移振动筛对炒制完成的干茶进行筛选,筛选掉碎末的干茶沿着出口方向输送至成品干茶收集处。

3. 维护保养

(1)按照机具使用说明书要求,进行维护保养。炒茶机的成套设备应进行有效的清洁和保养,防止金属表面及锅内生锈。

(2)对机器运转部件定期加注相应的润滑油,变速机内机油使用4个月更换一次,更换时放掉旧油,注入新机油。

(3)压板布和弹簧是易磨损件,外面一层布由4根弹簧钩住,更换时用钢丝松开弹簧,换上新的外层布,按原来方向用钳子把弹簧钩上即可。

4. 示范应用

扁形茶连续化加工成套设备主要用于扁形名茶(龙井茶)、千岛玉叶茶等的炒制加工,整个炒茶过程是连续、自动的,操作直观简便,符合茶叶加工清洁化、标准化、连续化生产要求,炒制加工的扁形名优茶能达到中上水平,节省大量劳动力,是茶产业理想、实用的扁形茶炒制加工设备。淳安县某茶厂根据场地的大小以及加工能力的大小调整机器的数量和厂房布局,应用了这套设备,取得较好的经济效益。

二、香茶生产线

香茶生产线(如图3-61)属于茶叶加工生产线范畴,适用于香茶的生产加工,国内各大主要产茶区都有应用。该生产线配置灵活,可根据场地、产量要求增加或减少香茶机配置,保证茶叶生产规模化。

图 3-61　香茶生产线

1. 结构原理

香茶生产线主要由滚筒杀青机、回潮机、揉捻机、香茶机、往复输送机、摊凉平台、茶叶提升机等组成。香茶加工工序可根据客户要求增加或减少香茶机的数量,减少人工接触,达到清洁化生产的要求。

根据香茶加工的生产工艺(如图3-62、图3-63),香茶加工前段工序是从鲜叶输送机进入后分别经过滚筒杀青机、回潮机、揉捻机,而后进入香茶的加工工序,即茶叶揉捻后连续进入两台香茶机,通过往复输送机正转进入摊凉平台进行冷却回潮,再将回潮后的茶叶分别送入茶叶提升机、香茶机循环炒干。

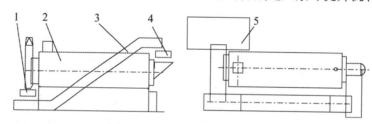

图 3-62　香茶机组布置

1.往复输送机　2.香茶机　3.茶叶提升机　4.茶叶输送机　5.摊凉平台

2. 操作使用

(1)鲜叶处理模块。配备全天候连续摊青萎凋系统,由摊青机及相应上料、循环输送装置组成。具备加热、制冷、除湿、加湿等功能,可以进行绿茶鲜叶连续摊放和红茶鲜叶萎凋作业。

(2)杀青回潮模块。包括上料、杀青、排湿、冷却风选等单元,具有可调整并稳定的上料投叶量、精确的杀青温度及集成式排湿装置,可调整滚筒转速及筒体倾角,无废气、废渣产生,经风冷后,吹除黄片与老叶。

(3)揉捻做形模块。采用组合式结构,包括上料分配、揉捻、出料等单元,揉筒体及台面罩板采用不锈钢,揉筒转速无级可调,半自动进料分配,手动加压、出料。

(4)循环滚炒模块。包括上料、滚烘机及循环输送等单元,一、二次循环之间采用摊凉输送,以降低叶温、改善干茶色泽、提升品质。

3. 维护保养

(1)常规检查。检查链条、皮带的松紧度。检查揉捻机齿轮箱油量、揉捻机组限位开关是否紧固。

(2)年度检修。更换减速箱内的润滑油,润滑油可选用10号、20号或30号机油。清除所有摩擦面上的污垢,尤其要对链条和链轮进行清洗,重新加注润滑油。对所有滚动轴承进行拆洗,并加注新的润滑脂,可采用钙基润滑脂。电热机型应检查其电热管是否损坏,有损坏的应予以更换。

(3)各部件修复后进行全机组装,开机运转,观察机器运转是否正常。适当加热滚筒,并投入少量炒茶专用油,使其熔化覆盖筒体内表面,然后切断所有电源。必要时可对机器外表补喷油漆,干燥后用塑料纸覆盖,置于干燥场所存放。

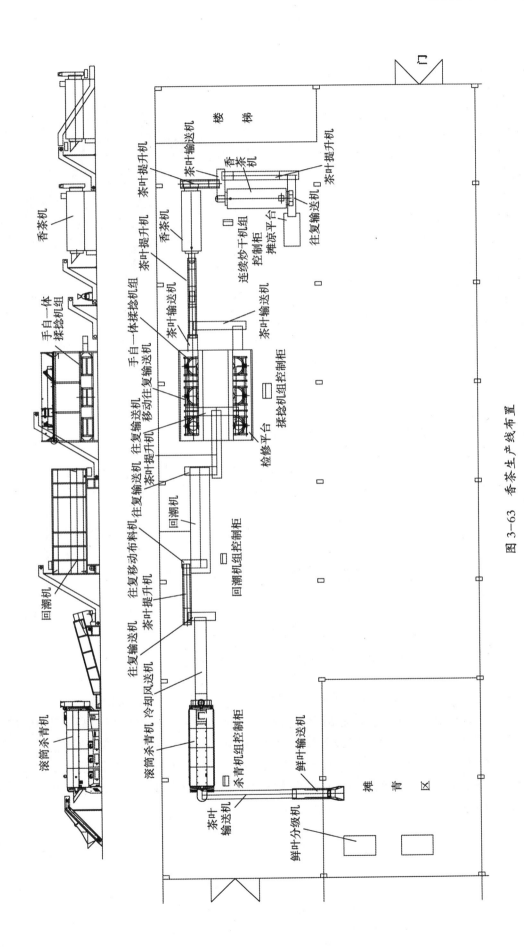

滚筒杀青机

回潮机

手自一体揉捻机组

香茶机

回潮机

滚筒杀青机 冷却风送机 往复输送机 往复移动布料机往复输送机 往复输送机 手自一体揉捻机组
茶叶输送机 杀青机组控制柜 茶叶提升机 茶叶提升机 移动往复输送机 茶叶提升机 茶叶提升机
鲜叶输送机 回潮机组控制柜 检修平台 茶叶输送机 香茶机
鲜叶分级机 揉捻机组控制柜 茶叶输送机 茶叶输送机 茶叶提升机
摊青区 连续炒干机组 茶叶输送机
楼梯 控制柜 往复输送机
摊凉平台 茶叶提升机

图 3-63 香茶生产线布置

123

三、绿茶初精制一体生产线

绿茶初精制一体生产线（如图3-64）具有连续化不落地生产、减少劳动力、降低劳动强度、操作简单方便等特点，既能满足生产要求，又能充分发挥机具配置，减少设备投入。

1. 结构原理

设备接触茶叶部位均采用优质不锈钢或食品级橡胶，茶叶生产线的所有设备均能清洁到位、无死角，能有效提高茶叶的卫生品质。该生产线自动化程度高，由揉捻机组、瓶式炒干机组、自动控制器、触摸屏、加热设备等组成。该生产线在初制加工好后可直接输送到精制设备的储茶箱中继续进行精制工艺，极大地减少了初制到精制过程中搬运茶叶的次数及二次污染，能有效降低劳动强度，提高产品质量。

图 3-64　绿茶初精制一体生产线

2. 操作使用

绿茶初精制一体的操作工艺流程如图3-65所示。

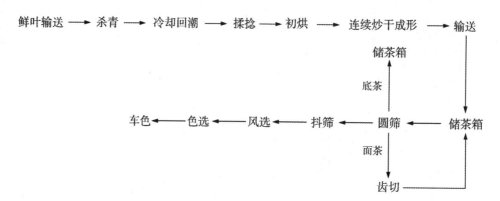

图 3-65　绿茶初精制一体操作工艺流程

操作生产线布置（如图3-66）：在生产线设计时，应综合考虑场地对设备摆放的影响。应尽量减少车间对空间的占用，根据工艺要求对连接部位进行科学合理的设计。初制部分可以利用辅房，使生产线整齐美观。精制部分则根据工艺以及设备对茶叶量的要求，合理布置储茶箱，保证精制工艺，做到茶叶量、速度、筛分精度的完美组合。对局部工艺分段式连接，在减少设备投入的同时满足生产和工艺的要求。同时，为满足生产线能适应直条茶、卷曲茶、炒青茶等各种茶类加工的要求，可在操作生产线的多部位增加往复输送设备，达到一线多用的功能。

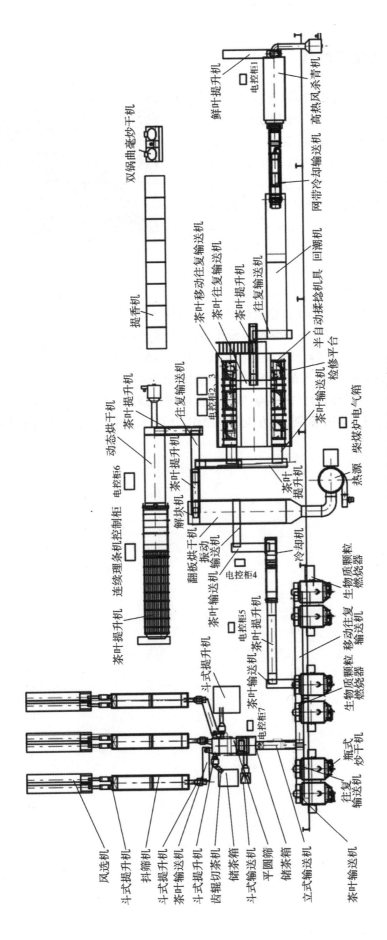

图 3-66　绿茶初精制一体生产线布置

四、红茶连续自动化生产线

红茶连续自动化生产线（如图3-67）具有制茶品质佳、生产效率高、运行稳定、占地少、安装方便、维护要求和成本低等优点。红茶连续自动化生产线由温湿度控制系统、自动旋转式红茶发酵机、自动化揉捻机组、滚筒式连续自动化发酵机等组成。温湿度控制系统采用风管送风供汽，使萎凋环境温度、湿度均匀；采用自动上料、出料装置，使萎凋叶均匀布料，通过定时上料、出料，实现萎凋过程中鲜叶循环翻动，保证萎凋叶均匀失水。自动旋转式红茶发酵机的多个制茶仓连为一体，围设在中心筒的外壁，制茶仓经由驱动机构驱动绕中心筒转动；内部

图 3-67　红茶连续自动化生产线

设有自动定量进料机构与自动加热补湿、回风循环系统，通过自动化控制系统自行设置进料速度、制茶仓转动速度和湿热蒸汽的温湿度。自动化揉捻机组由多台揉捻机组成，具有自动计量、提升输送、分配加料和出料功能；采用中央集中控制系统与触摸屏操作，揉捻机组的压力、工位、转速及揉捻时间等实现了在线可调、自动控制。滚筒式连续自动化发酵机解决了传统发酵设备（设施）供氧不足、无法翻动、温度与湿度等发酵环境不稳定的问题，发酵设备的滚筒使用食品级透明材料，具有发酵物料状态可视、状态监控等功能；采用柔性刮板与回转搅拌结构，实现发酵叶定时翻动；采用超声雾化隧道加热技术，以实现连续供风增氧、增湿；采用集中控制、多方位触屏操作，达到自动进料、出料，温度与湿度可控、在线可调，定时翻动的目的。

第四章

水果机械

果园种植业已经成为各地经济发展的支柱产业,成为促进农村发展和提高农民收入的重要途径,在经济作物生产中占有重要地位,其产值约占经济作物总产值的三分之一。近年来,我国水果生产得到了较快发展,其规模逐步扩大,品种逐渐改良,结构日趋优化,而规模化、现代化的水果生产必须依靠机械化。水果机械是指在水果生产及其初加工等相关农事活动中使用的机械、设备。

第一节 果园管理机械

一、随行自走式果园割草机

果园割草是果园管理的一项重要作业,用工量多、劳动强度大。目前应用于割草作业的机具较多,常见的割草机有自走式、乘坐式、悬挂式、手推式和背负式等。但大多用于牧草收割或草坪管理,能够适应山地果园复杂作业环境的割草机较少。随着农业现代化的发展,我国果林地区对割草机的推广应用越来越重视。

MH60型随行自走式果园割草机能够适应丘陵、山地中小型果园作业环境,具有一定的爬坡能力,灵活性高,作业性能稳定,割草效果良好,有效降低了劳动强度。其宽度小于1米,最小转弯半径1米,爬坡能力达到15°,割幅530毫米,割高0~100毫米,采用锤片式割刀,最大功率4.6千瓦,具有前进和后退挡,前进最快速度为4.5千米/时。随行自走式果园割草机工作示意图如图4-1所示。

图4-1 MH60型随行自走式果园
割草机工作图

随行自走式果园割草机由发动机、机架、变速箱、刀盘、切割刀、割刀离合器、行走离合器、驱动轮及割茬调节系统组成。工作时,发动机分别为割草机行走系统和切割装置提供动力。发动机动力经变速箱传递给驱动轮来驱动机具前行;当割刀离合器结合后,皮带张紧,发动机部分动力经皮带传输给切割器刀轴,刀轴带动切割刀高速旋转实现对杂草的切割作业。随行自走式果园割草机的结构如图4-2所示。

二、乘坐式果园割草机

乘坐式果园割草机（如图4-3）适用于农田、果园、绿化带、草坪等杂草生长场所的割草作业。该割草机要求果园地势较为平坦，可在25°左右的陡坡环境中正常工作。割幅约1米，割高为0~15厘米，最高效率可达7.5亩/时。

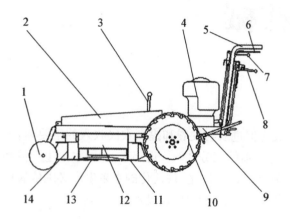

图4-2 随行自走式果园割草机结构图

1. 前轮　2. 机罩　3. 割刀离合器　4. 发动机　5. 扶手
6. 行走离合器　7. 挡杆　8. 割茬高度调节杆　9. 机架
10. 驱动轮　11. 割刀　12. 排草口　13. 刀盘　14. 刀罩

图4-3 9GZ-221乘坐式果园割草机

1. 结构原理

乘坐式果园割草机（如图4-4）主要由发动机、机架、割盘、行走装置、操纵装置组成。机架为整体焊接结构，切割装置与机架连接，并随机架一起沿行驶方向运动。前置轮在机具作业时具有减震作用，可提高整机的稳定性。割草机的动力通过带传动传给带轮，进而通过主轴带动刀具旋转，完成割草；同时把动力传给后桥，从而控制行走轮，实现自走。

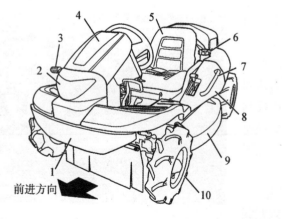

前进方向

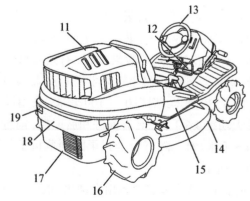

图4-4 乘坐式果园割草机结构图

1. 车体前方保险杠　2. 车头灯　3. 驻车制动器　4. 前车罩　5. 座椅　6. 油箱盖　7. 两侧安全扶手
8. 左侧外壳　9. 左侧割刀罩　10. 前方轮胎　11. 引擎盖　12. 工具箱　13. 方向盘　14. 右侧割刀罩
15. 右侧车盖　16. 后方轮胎　17. 后方车盖　18. 后方保险杠　19. 车尾灯

2. 操作使用

（1）确认割刀罩是否关闭。加速器手杆推到"高速"的位置，将发动机回转数提高；副变速手杆放置在"低速"的位置。握住割刀高度调节锁，并把割草高度调节手柄调到希望的高度上。把割刀离合器调到"开"的位置，割刀将开始旋转。启动车辆，开始作业。停止作业时，把割刀离合器手柄调到"关"的位置，割刀停止工作。割草高度调节手柄调节到最高的位置。

（2）割刀损坏后，应及时更换新的割刀。割刀损坏将导致旋转失衡，引起异常振动而引发故障。

（3）割刀里若卷入异物，需立即熄火将异物取出。否则将导致旋转失衡，引起异常振动而引发故障。

（4）割刀以及割刀轴承上沾满杂草、泥土等杂物，如不及时清洗，将会发生腐蚀、硬化，使割刀无法轻易取下。在作业后，应认真清洗割刀装置。

三、自走式多功能开沟施肥机

自走式多功能开沟施肥机能一次性完成开沟、施肥、回填作业，也可单独开沟施肥，更换装置后还可单独进行回填、旋耕、除草、喷药等作业，优点是体积小，重心低，操作方便，可原地转向，适用于葡萄、核桃、枸杞、蓝莓等经济作物的开沟施肥等田间管理作业。以2F-30型自走式多功能开沟施肥机（如图4-5）为例，该机开沟深度0～35厘米，施肥深度0～30厘米，开沟宽度30厘米，旋耕宽度105厘米，除草宽度100厘米，药箱容量300升，功率约20.2千瓦。

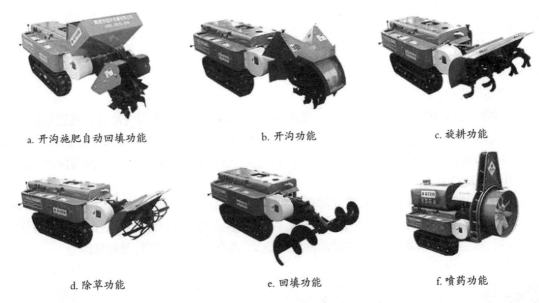

a. 开沟施肥自动回填功能   b. 开沟功能   c. 旋耕功能

d. 除草功能   e. 回填功能   f. 喷药功能

图 4-5 2F-30 型自走式多功能开沟施肥机

1. 结构原理

自走式多功能开沟施肥机主要由变速箱、机架、履带、传动箱、发动机、开沟机、施肥箱、排肥器等组成，其结构如图4-6所示。该机工作原理：发动机通过三角皮带输出两路动力，一路传给变速箱，通过齿轮传动驱动机器行走；另一路传给传动箱，通过齿轮传动驱动开沟机工作。使用农家肥时，开沟机将土抛到沟的两侧，人工将肥料放到沟里后，可通过更换回填机将土回填；使用复合肥时通过更换刀具（如图4-5a）和护罩，施肥后直接将土回填，一次性完成施肥作业。通过更换箱体本机还可完成旋耕、除草、回填等作业，提高了机器的利用率。

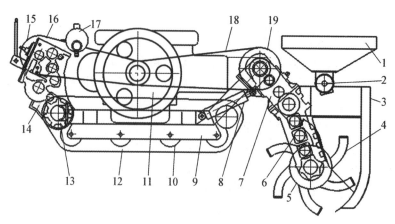

图 4-6　自走式多功能开沟施肥机结构图

1.施肥箱　2.排肥器　3.开沟机罩壳　4.开沟刀　5.开沟刀安装座　6.开沟传动箱　7.传动箱　8.油缸
9.机架　10.履带支重轮　11.柴油机　12.履带　13.履带驱动轮　14.变速箱　15.变速箱离合器
16.三角皮带　17.液压油箱　18.传动箱三角皮带　19.传动箱离合器

2.操作使用

（1）调整。自走式多功能开沟施肥机的初始状态为开沟状态,开沟作业可直接使用;要施复合肥时需将原开沟刀和罩壳拆下,换上专用的施肥刀和罩壳,装上肥料箱和排肥系统进行施肥作业,通过调节插板间隙可调节施肥量（0.25～5千克可调）。还可根据需要选配旋耕机、回填机和除草轮。需要旋耕或回填时,将开沟传动箱更换为旋耕传动箱,装上旋耕刀和罩壳后可以进行旋耕作业;将旋耕刀换成除草轮可实现除草功能;换上回填搅龙和罩壳后可以进行回填作业（回填时机器倒着行走,通过调整升降手柄达到回填目的）。

（2）开沟施肥作业。

①将多功能开沟施肥机（如图4-7）开至工作场地,调整好方向,将机器对准开沟施肥位置。

②拉动传动箱离合手柄,将传动箱变速手柄挂入"低速"位置,开沟刀盘转动;根据开沟深度和土壤性质选择合适的挡位,严禁超负荷作业,以免损坏机具。通过液压升降手柄调整开沟深度,适当加大油门,开始开沟施肥作业。

③工作中,机器若发生异常声音,应立即停车检查并排除故障,待确认机器正常后再继续作业。

④开沟施肥作业中如负荷突然增大或有异响,应立即停车,查明原因并排除故障后再进行作业。

⑤停车后,检查有无零部件松动、转动部件发热现象,若有,应查明原因,及时排除。

图 4-7　自走式多功能开沟施肥机作业图

3. 维护保养

（1）日常保养。

① 定期检查螺钉、螺母是否紧固，如有松动，立即拧紧。

② 严禁丢弃任何燃油、润滑油或滤芯，应将其交于废品回收单位，注意环保。

③ 定期检查防护装置，尤其是那些易于磨损的装置。如有损坏，立即更换。

④ 对多功能施肥机进行电焊作业前，应关闭发动机并拆除电池电源。

（2）存放保养。机器长期不用，需做以下工作，以便更好地维护保养，延长其使用寿命。

① 清除机器外部尘土、油污及其他杂物。

② 放净柴油机中的水，以防冬天冻坏机器。

③ 销轴、各操纵杆未涂漆的金属表面涂油防锈。

④ 将机器置于适宜的棚室内，并使其处于稳定状态，保持通风良好、干燥清洁。

四、果园风送式喷雾机

我国果园机械化开始于植保机械，果园植保是各项果园管理作业中机械化水平最高的。近些年来，背负式喷雾喷粉机、便携式脉冲烟雾机以及一些先进的自动化喷雾施药器械逐渐在果园中得到应用，这些机械在其他章节已作介绍，这里重点介绍果园风送式喷雾机和遥控式履带自走喷雾机。

果园风送式喷雾机（如图4-8）是一种适用于较大面积果园施药的大型机具，通常采用四轮驱动或履带式行走机构，依靠风机产生的强大气流将雾滴吹送到果树的各个部位。风机的高速气流有助于雾滴穿透茂密的果树枝叶，并促进叶片翻动，提高药液附着率且不会损伤

图 4-8 果园风送式喷雾机作业图

果树的枝条或损坏果实。如3WZ-500L型果园风送式喷雾机药箱容量可达500升以上，一天可完成200亩左右果园的打药作业，现以该机为例介绍果园风送式喷雾机。

1. 结构原理

果园风送式喷雾机的结构（如图4-9）分为动力和喷雾两部分。喷雾部分由药箱、轴流风机、四缸活塞式隔膜泵或三缸柱塞泵、调压阀、过滤器、吸水阀、传动轴和喷洒装置等组成。

如图4-10所示，果园风送式喷雾机发动机为整机行驶和液压系统提供动力。一路由发动机通过皮带将动力传递到变速箱，变速箱通过万向传动轴将动力再传递给分动箱，分动箱将动力通过前、后传动轴分别传递到前、后桥以及车轮，实现四轮驱动，驱动机

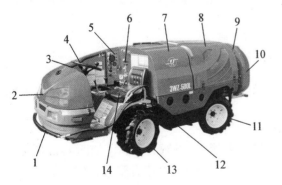

图 4-9 3WZ-500L 型果园风送式喷雾机结构图

1. 液肥喷洒装置 2. 前机罩 3. 行驶系统仪表盘
4. 方向盘 5. 喷洒系统仪表盘 6. 调节阀 7. 药箱
8. 后机罩 9. 喷头 10. 风机总成 11. 后轮
12. 油箱 13. 前轮 14. 座椅

器行驶。另一路由发动机通过皮带将动力传递到齿轮泵,为液压系统提供动力。齿轮泵工作时,将液压油从液压油箱经滤网吸入齿轮泵,然后进入分配阀,一路通过升降油缸进行升降和倾倒,另一路进行转向,该机转向除了可以二轮和四轮转向行走外,还可进行侧向行走。

喷雾系统工作时,先往药箱中注入50升左右的水,启动发动机,喷雾系统发动机通过皮带和电磁离合器带动液泵和轴流风机,完成喷雾和风送。液泵工作,将水从药箱自吸到射流泵,射流泵将水源处的水吸入药箱,完成加水过程,加水的同时将搅拌球阀打开,进行液力搅拌。机器在作业时,液泵工作,将药液从药箱经过过滤器吸入泵内,经调压阀加压后,一部分回流到药箱,另一部分经喷雾装置进行喷洒。

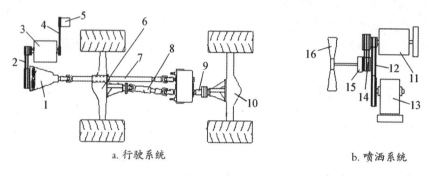

a. 行驶系统　　　　　　　　　　　b. 喷洒系统

图 4-10　动力传动系统

1. 变速器　2. 皮带Ⅰ　3. 发动机Ⅰ　4. 皮带Ⅱ　5. 油泵　6. 前桥　7. 主传动轴　8. 前传动轴　9. 后传动轴
10. 后桥　11. 发动机Ⅱ　12. 皮带Ⅲ　13. 液泵　14. 皮带Ⅳ　15. 电磁离合器　16. 风机

2. 操作使用

（1）准备工作。

① 果园中果树种植行距应大于喷雾机最大宽度的2倍以上,且地头空地的宽度应不小于机组转弯半径。

② 根据果树所发生的病虫害种类,合理选用相应的农药和配比浓度。

③ 应在无雨、少露、气温5～32℃、风速不大于3.5米/秒(3级风以下)的环境条件下进行喷洒作业。

④ 作业前检查喷雾机,消除安全隐患;将洁水箱加足清洁水;操作者戴好防护用具(如口罩、手套等)。

（2）运行操作。

① 发动机启动后,先让喷雾机空转几分钟,以使所有的运动部件得到充分润滑。

② 喷雾时,喷雾压力应在0.5～1兆帕。注意根据果树的高度、喷洒距离等,选择正确的喷嘴、喷头数量以及喷洒方向。

③ 停机时,调节喷雾压力为"0",发动机怠速2～3分钟后熄火。

（3）其他用途。果园风送式喷雾机既可作为举升平台进行采摘,又可搬运货物。如图4-11所示,用支撑杆支起备用车斗,用低速后进挡将机器行驶系统移至备用车斗下面,升起升降架,使升降架与备用车斗完全配合好,将螺栓与螺母紧固。作业完成后,稍升起车斗将支撑杆拿走,放下备用车斗。

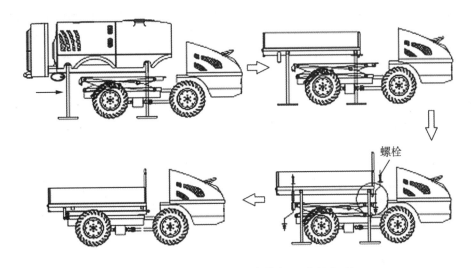

图 4-11 果园风送式喷雾机后箱拆卸图

拆卸后喷雾机可实现倾倒操作和升降操作,倾倒操作如图4-12所示,升降操作如图4-13所示。

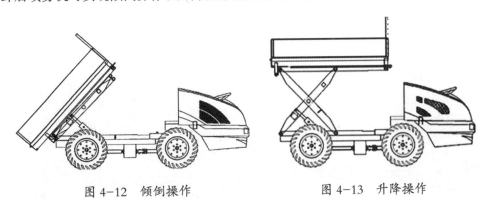

图 4-12 倾倒操作   图 4-13 升降操作

3. 维护保养

每个作业期完毕,应将药液放净,加入清水,驱动隔膜泵循环清洗,放净系统内所有残液,尤其是隔膜泵内的残液,防止天寒冻裂部件,隔膜泵内还应加入防冻液。每星期或者每工作40小时以后都应当做到以下几点:检查喷头的情况,比如是否有磨损;检查固定泵的螺栓是否松动;检查机器是否有漏水现象;检查压力表、控制阀等配件是否运转正常,有无损坏。使用完毕,要将整机清洗干净后晾干,旋松控制阀调压手柄,将机具存放在干燥通风的机库内,避免露天存放或与农药、酸、碱等腐蚀性物质放在一起。

五、遥控式履带自走喷雾机

目前,市场上还有遥控式履带自走喷雾机(如图4-14)。该机器在原有的风送式喷雾机的基础上增加遥控系统模块化设计,集喷雾、自走、远距离遥控于一体,实现了全功能的无线遥控,在100米范围内可用遥控器进行控制,实现人机分离,与现有喷雾机相比,有效避免了农药对人体的伤害。遥控器

图 4-14 遥控式履带自走喷雾机

采取电脑双功能发射,遥控器和接收机有一方发生故障,底盘能立刻停止工作,确保安全作业。此外,该机具可与多种作业机具配套使用如果园喷雾机、粉碎机、施肥机、大型喷烟机、果园枝条修剪机、旋耕地机、挖坑机、坚果采摘机等,提高了履带底盘的利用率,降低了购置成本。但是这种机型对果园中果树排布要求相对较高,更加适用于大面积规范化种植、果树排列整齐的果园。

六、双轨遥控自走式喷雾机

台州温岭市杨杨家庭农场的葡萄大棚内应用了双轨遥控自走式喷雾机(如图4-15),大棚面积共10亩,安装了双轨道1020米,采用热镀锌角钢,总费用约4.5万元,平均每米轨道造价约45元。双轨遥控自走式喷雾机由双轨遥控运输机与喷雾机组装而成,运输机由蓄电池供电驱动,可遥控,载重约750千克,该机总价格7500元左右。经试验,10亩大棚葡萄喷一次药仅用半小时,而且效果好、安全。

图4-15 双轨遥控自走式喷雾机

第二节 采收机械

我国是水果生产大国,每年各类水果产量都保持在1亿吨以上。我国水果种植面积大、产量高,但大多数果品仍然采用人工收获,劳动强度高、效率低,而且有的果品采摘非常危险,因此对采收机械有广泛的需求。

一、多功能坚果采摘机

目前我国坚果类果树种植面积较大,采摘时费时耗力。例如山核桃植株高度普遍超过8米,现在多采用人工爬树敲打果实的方式采摘,工作环境危险、劳动强度大。近年来,通过对山核桃等坚果采摘的特点和要求进行深入研究,在采摘技术、装备等领域取得了许多成果,降低了果农劳动强度,提高了劳动效率。

多功能坚果采摘机(如图4-16)是大核桃、板栗、白果、榛子等坚果类果实的采打收获作业机械,它由发动机、内置式动力传输装置、采打杆、采打头等组成。该设备安全、高效,效率可达到人工的5～10倍。

1. 结构原理

多功能坚果采摘机(如图4-17)主要由自动感应负载变频发电机、可调节伸缩管、阻尼式采打机械头及放线器组成。具体来说,包括动力主机、控制电路、放线器和支撑杆,支撑杆下部内侧设有万向旋转防折接线器、单轴双向自动伸缩器、主拍打电机和升降辅助机构;支撑杆上部设有人工仿真拍打器,其中主拍打电机通过软硬轴动力传动组件与人工仿真拍打器连接,而单轴双向自动伸缩器通过钢丝分别与升降辅助机构和软硬轴动力传动组件连接。该设备能够减轻长杠型手持设备操作时的劳动强度,提高敲打位置精确度,提高坚果类食物的采摘质量,装置容易控制,体积小,重量轻,工作效率高。其调节高度为4.0～13.5米,可360°任意旋转,且具有自动保护电路功能(如图4-18)。

图 4-16 多功能坚果采摘机

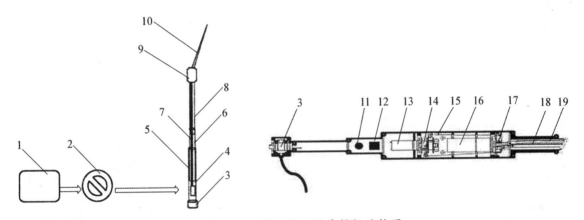

图 4-17 多功能坚果采摘机结构图

1.变频发电机 2.放线器 3.万向旋转防折接线器 4.一级固定管 5.支撑杆 6.二级活动管
7.软硬轴动力传动组件 8.三级活动管 9.人工仿真拍打器 10.拍打条 11.拍打开关 12.伸缩开关
13.伸缩电机 14.单轴双向自动伸缩器 15.钢丝 16.主拍打电机 17.升降辅助机构 18.软轴 19.硬轴

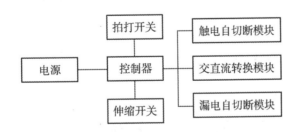

图 4-18 多功能坚果采摘机电路控制模块

2. 操作使用

调节好自动伸缩杆的长度后打开电源开关,电机启动,带动拍打机构的曲柄旋转,将拍打条对准山核桃,由于其具有很大的打击力,可以方便地将山核桃打下来。

二、果园搬运采摘升降平台

我国果树多种植于丘陵山地,地面崎岖不平,采摘机械行走机构性能的好坏直接关系到果园采摘作业效率和作业人员的安全。为此,企业及科研人员从目前国内外常见的果园采摘升降平台行走机构典型应用分析入手,结合丘陵山地果园地貌特征以及小型机器人行走机构的部分应用,设计了较适合丘陵山地果园行走,具有轻质化以及高离地间隙特征的履带式行走机构——果园搬运采摘升降平台(如图4-19)。

该装备集采摘、修剪、喷药、运输和动力发电等功能于一身,工作原理是汽油发动机将一部分动力分配给主机的变速箱,由变速箱驱动两条橡胶履带行走;另一部分动力带动双缸风冷式空压机,为气动剪枝机和升降机提供动力。采用履带式行走装置,利用履带可以缓和地面的凹凸

图 4-19　果园搬运采摘升降平台

不平,车轮不直接与地面接触,具有良好的稳定性能、越障能力和较长的使用寿命,适合在崎岖的地面上行驶。空车爬坡角度25°,其升降平台提升高度可达1.5米,有前进、后退多个挡位,速度可达5千米/时,载荷可达300千克。

三、果树振动采收机

果树振动采收机又名便携式树干振动器,包括驱动装置、传动软轴、振动装置以及树干夹持装置,传动软轴的一端与驱动装置相连,另一端与振动装置相连,振动装置固定于树干夹持装置上,振动装置包括用于敲击树干的推摇杆,如图4-20所示。该设备通过软轴传递动力,实现了夹持装置夹持树干的多方位、大范围移动,高效、灵活,适用于板栗、核桃、山核桃、巴旦木、胡桃等坚果(干果)和表皮不易破损的鲜果如红枣、冬枣等果品的收获。杆可收缩,伸长约在2米,具有携带方便、作业效率高等特点。

该设备动力为背负式汽油机,作业时手持操作杆按下启动按钮即可作业(如图4-21)。

图 4-20　便携式树干振动器　　　图 4-21　便携式树干振动器工作图

第三节　运输机械

我国南方地区多属于山地丘陵地形,柑橘等水果种植在山地,作业条件差,机械化水平低,其生产主要靠人力完成,劳动强度非常大。近些年,加快山地果园机械化发展已成为各界共识,以山地果园生产资料和果品运输为突破口,使得这一薄弱环节迈出了令人欣喜的步伐。目前,国内外开发了较多的果园运输机械,主要有单轨运输机、双轨运输机、履带式运输机和索道运送系统等。

一、单轨运输机

单轨运输机基本能达到地形复杂的山地果园中果实、农药和肥料的运输要求。单轨运输机按动力类型可分为发动机驱动和电池驱动，按行走方式可分为自走式和牵引式。汽油机自走式单轨运输机与钢丝绳电动牵引式单轨运输机相比，可弯曲和起伏铺设，无须拉电缆，对大、小坡度的果园适应性强，可长距离运载。钢丝绳电动牵引式单轨运输机简化了控制过程，具备双向牵引能力。

以MF-200M汽油机自走式单轨运输机（简称"单轨运输机"）为例，如图4-22所示，该机时速可达2.52千米，运输量可达200千克，最大倾斜角度45°。其主要特点：可无人操作，减少人工费；始点和终点都有自动控制装置，可自动停车；可利用地形、地貌设计线路，不破坏原来的自然生态环境；能随时改变线路方向和开辟新的线路，单轨车线路改变方便，可拆卸重复使用；有下坡限速器、紧急制动器，即使在坡度较大的轨道上运行也较安全；由于轨道距离地面的高度低，易于装卸货物；通过手动停车杆可以随意地停在所要求的地点。

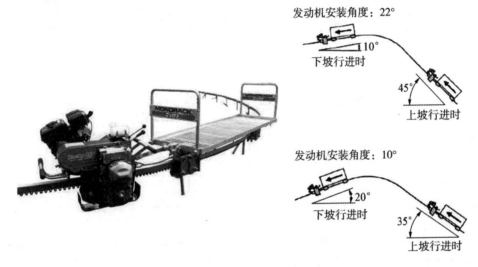

图 4-22　MF-200M 单轨运输机

1. 结构原理

单轨运输机的结构如图4-23至图4-26所示。

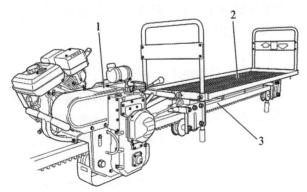

图 4-23　单轨运输机总体结构

1.牵引车　2.载物台　3.轨道

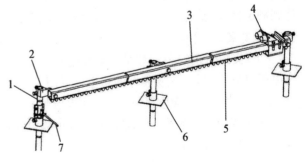

图 4-24　轨道机构

1.支撑杆　2.转接套　3.短轨道　4.缓冲挡板
5.齿条　6.止沉板　7.限位开关

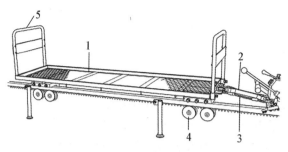

图 4-25 载物台

1.装货台面 2.主连接器 3.副连接索 4.滚轮 5.防护栏

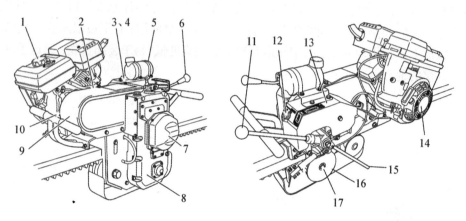

图 4-26 牵引车

1.汽油机 2.火灾防止传感器 3.下坡限速器 4.驻车制动器 5.驱动轮润滑油箱 6.前后控制杆 7.紧急制动器
8.变速箱 9.皮带护罩 10.机油油箱盖 11.手动停车杆 12.发动机开关 13.凸轮盖 14.手拉起动器
15.自动停车杆 16.驱动轮 17.驱动轮夹紧螺母

单轨运输机由装备动力机的牵引车和载物台组成,载物台骑跨在一条由50毫米×50毫米方管制成的、下方带有齿条的轻便轨道上行驶。牵引车带有驱动齿轮,轨道(带有齿条)用固定支架支撑铺设在地面上,牵引车上的驱动齿轮与轨道上的齿条啮合,带动载物台在轨道上运行,轨道离地间隙在30厘米以上。其传动方式:发动机→离合器→"V"形皮带→齿轮箱→驱动轮。单轨运输机在轨道上运行时,可通过手动停车杆任意停止;当运行到终点时,将通过自动停车杆自动停车。当满载下坡时,车速会超过额度速度,此时,下坡限速器自动运行,稳定车速。若因某些原因导致下坡限速器失效,整车下坡速度达到额定速度的2倍以上时,紧急制动器自动运行,使单轨运输机紧急停止。

2. 安装与调整

(1)支撑轨道安装。对保证单轨运输机在受运动惯性力及负载影响下的安全运行是非常重要的。轨道可以分段安装,先安装好的轨道可以用来运输下一段轨道的安装材料。安装轨道时应满足以下要求:轨道的上、下表面应保持平行;如果遇到岩石,支撑部件必须与岩石接触;土层条件达不到要求时应安装止沉板;支柱要垂直且支撑物不突出于地面。完成轨道的安装与连接后,需要对轨道进行检查以及平行和扭曲校正。

(2)牵引车安装。牵引车的前进方向应与轨道安装方向相同,以保证牵引车的运行方向与轨道的连接口保持一致。

(3)支撑机构安装。轨道支撑机构主要由主支柱、辅助支柱、止沉板、转接套及其他零件组成。在轨道向前延伸方向的右侧安装转接套后每间隔1.5米打进1个支柱,再在支柱中加入止沉板和"U"形环,然后依次拧紧固定支柱的螺栓及平垫和弹簧垫。当在土层中打入支柱时,其深度应大于(或等于)70厘米。安装的支柱要与轨道和地面保持垂直,不得与轨道形成交叉的左右方向。

(4)防脱离装置安装。为了防止单轨运输机运行到终点时因错误操作或某些故障而脱离轨道,需在轨道末端安装防脱离装置。

3. 操作使用

单轨运输机运行的操作程序主要包括启动、驱动、停车(一般情况)和刹车(紧急情况)等步骤。如图4-27所示为单轨运输机运行运输现场情况。

(1)启动。

① 选择挡位(前进挡或后退挡)。

② 轨道需要润滑时,打开驱动轮润滑油箱开关,润滑结束后应及时关闭。

③ 将手动停车杆拉至停止位置,当其在驱动位置时请勿启动车辆。

④ 用手拉起动器启动。

图 4-27　运输现场

(2)驱动。

启动发动机,拉动手动停车杆到运行位置,单轨运输机开始行驶,行驶在下坡路面时,不能关闭发动机,否则,可能会损坏下坡限速器。

(3)停车。

如需途中停车,将手动停车杆向前移动到停止位置即可。在轨道的起点和终点处设有限位开关,与自动停车杆接触后,使单轨运输机自动停车。

二、双轨运输机

双轨运输机(如图4-28)比单轨运输机载重更大,运行更平稳,但同时轨道安装难度和占用果园面积也比单轨运输机要大。以华中农业大学7YGS-45型双轨运输机为例,该机以发动机作为动力,能实现爬坡、拐弯、前进、倒退以及随时制动的功能,行走速度为1～1.5米/秒,最大爬坡角度为45°,最小拐弯半径为8米,上坡最大承载300千克,下坡最大承载1000千克。

如图4-29所示,双轨运输机主要由运输车(运输机主机)、拖车、双轨轨道和驱动钢丝绳等四部分组成。运输车由机架、发动机、减速传动机构、手动液压碟片式制动机构(简称碟刹)、抱轨道式刹车制动机构(简称抱轨刹)、行走机构和钢丝绳下压导向组件等组成;拖车通过万向节与运输车连接;双轨轨道由2根镀锌钢管依地形条件水平铺设,轨道上安装水平弯钢丝绳限位桩和垂直弯钢丝绳自动回位钩桩等装置;钢丝绳上端固定在轨道的上端,钢丝绳下端通过定滑轮吊装配重块以提供钢丝绳张紧力。

双轨运输机运行时,发动机动力通过皮带、减速传动机构、链轮等传递给钢丝绳呈"8"字形交错缠绕的驱动轮组。钢丝绳两端分别固定在轨道两端,由安装在运输机机架前、后两端的导向轮和

图 4-28　自走式大坡度双轨
运输机

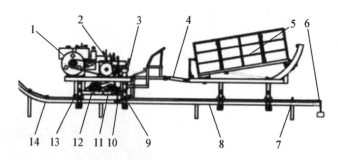

图 4-29 双轨运输机总体结构图

1. 发动机（柴油机） 2. 减速传动机构 3. 机架 4. 万向节 5. 拖车 6. 钢丝绳与配重块
7. 水平弯钢丝绳限位桩 8. 轨道 9. 行走机构 10. 抱轨刹 11. 从动轮 12. 驱动轮、碟刹
13. 钢丝绳下压导向组件 14. 垂直弯钢丝绳自动回位钩桩

下压轮完成钢丝绳在驱动轮对的绳槽内的导入和导出。通过钢丝绳与驱动轮对之间的摩擦实现运输车的驱动，并带动拖车实现运输。调节减速传动机构中的滑动齿轮位置，实现前进、后退和空挡切换。操纵碟刹和抱轨刹，实现减速和临时停车。操纵防下滑安全装置，实现在斜坡位置上的长时间停车。调整防侧滑承重轮和防上跳轮与轨道间的间隙，实现运输机的转弯。双轨运输机工作原理如图4-30所示。

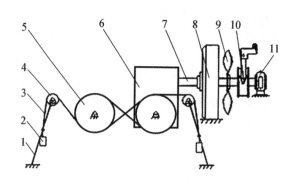

图 4-30 双轨运输机工作原理图

1. 钢丝绳轨道 2. 运送箱 3. 牵引钢丝绳 4. 导向滑轮 5. 驱动轮对 6. 增速装置
7. 制动轴 8. 自适应重力阻尼装置 9. 降温风扇 10. 遥控制动装置 11. 轴承座

三、履带式运输机

履带式运输机（如图4-31）是专门提供复杂路况运输工作的机器，适用于普通运输车辆无法或者不适合通行的地方。同时履带式行走装置降低了机器与地面的单位面积压力，适合于山林、田地、沼泽、沙地、草地、雪地以及土质松软或气候条件不太好的场所。履带式运输机能够胜任较深的泥坑和水洼以及复杂的石块路面。如3B55型履带式运输机拥有小于1米的车宽，车辆尺寸较小，能轻易通过狭窄的道路，最大载重量可达500千克，具有前进、后退多个挡位，前进速度最快6千米/时，空车爬坡角度25°，适用于南方果林运输工作，现以该机为例介绍履带式运输机。

图 4-31 3B55 型履带式运输机

履带式运输机结构如图4-32所示，通过前后和左右调平油缸上活塞杆的伸缩，使运输机在上、下坡

时保持货箱各个方向上的水平,防止货物的侧翻与滑动,避免制动系统的失效,提高了爬坡性能与安全性能。

图4-32 整机主要操作部件

1.加速器手杆 2.转向离合杆 3.行走离合杆 4.副变速杆 5.变速杆 6.主开关 7.启动拉绳 8.节气门手柄

第四节 初加工机械

我国是水果生产大国,每年各类水果产量都保持在1亿吨以上。我国果品种植面积大、产量高,采摘后的初加工环节也是果品产业链中必不可少的一环,同样需要机械化、智能化的装备来提高作业效率、降低作业成本,从而推动果品行业的稳定发展。

一、水果分选机械

随着农业科技的发展和人民生活水平的提高,国内外水果品种越来越多,人们对水果的品质也有了更高的要求。为了提高水果的加工质量和出品等级,需要对水果进行质量、品质和大小分级。人工分级的主要缺点是劳动量大、生产效率低,而且分选精度不稳定,而机械分选可实现快速、准确和无损化。根据水果检测指标的不同,水果分选机大致可分为重量分选机、内部品质分选机和外观品质分选机。

(一)水果重量分选机

水果重量分选机是一款适合果蔬重量分选的机械设备,适合于柑橘类、番茄等圆形及椭圆形果蔬的精确分选。如图4-33所示是6GFDA-1A型水果分选机,果蔬重量分选范围为10～1999克,果蔬直径分选范围为30～110毫米,处理效率为3～4吨/时或25000个/时,额定功率为0.75千瓦。

图4-33 水果重量分选机

1.结构原理

(1)总体结构。水果重量分选机结构如图4-34所示,主要由单果排列装置、称重部分、输出部分和驱动部分组成。

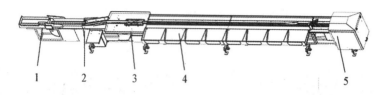

图 4-34　水果重量分选机结构图

1.预排列　2.单果排列装置　3.称重部分　4.输出部分　5.驱动部分

（2）工作原理。水果形成单个排列状态→水果通过传感器进行称重→控制器计算出水果的重量→根据用户设定的等级及出口信息，得到水果要到达的出口→控制器通过光电开关来得到水果的位置，开始延时→水果到达指定的出口，控制器驱动电磁阀，使水果脱离果杯。

（3）主要部件或功能单元。单果排列装置的作用是将水果进行单个排列，提高分选效率。采用带传动，具体结构如图4-35所示。

图 4-35　单果排列装置

称重部分的作用是检测水果重量。如图4-36所示，弹性体在外力作用下产生弹性变形，使粘贴在表面的电阻应变片也产生变形，它的阻值将发生变化，电阻变化转换成电信号，从而完成了外力变换为电信号的过程。

图 4-36　称重部分

输出部分的作用是让水果脱离果杯，如图4-37所示。工作原理是线圈通电时产生磁场，将芯铁吸入，并带动跳杆向上运动，断电时线圈失去磁力，芯铁向外移动，并带动跳杆向下运动。

图 4-37　输出部分

驱动部分的作用是驱动设备运行。工作时采用链传动,通过链条运转来带动果杯运行,如图4-38所示。

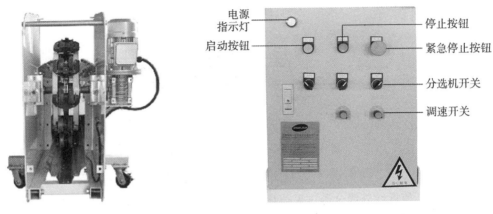

图 4-38　驱动部分　　　　　　　图 4-39　操作指示

2. 操作使用

(1)开启控制电源,按下启动按钮(如图4-39)。

(2)顺时针方向旋转开启分选机开关,把分选机的调速开关向顺时针方向旋到最大;根据生产要求进行重量和出口设置。

(3)待"分选系统"界面的工作状态显示"正常分选"时,方可对水果进行分选。

(4)要停机时,先确认设备上无水果,然后按下停止按钮,关闭分选机开关,最后关闭电源。

3. 维护保养

(1)日常保养。清理分选机表面污物,清理称重传感器间隙内异物,用气枪将光电开关透光孔内的异物清理干净。

(2)定期保养。检查所有电路连接是否正常,轴承每1000小时加润滑油一次,链条设备首次运行100小时后检查链条的松紧度,每500小时加润滑油一次;链轮新设备运行100小时后检查顶丝是否锁紧,以后每300小时检查一次;清理果杯运行轨道内异物,每1000小时清理果杯上的果蜡。

(二)水果内部品质分选机

水果内部品质分选机能够实时地分析出经过内部品质传感器的水果的糖、酸度信息,用户可以根据需要设定内部品质分选指标,从而实现水果内部品质的无损在线检测和分选。水果内部品质分选机(如图4-40)适用于脐橙、蜜橘等柑橘类水果内部品质在线无损检测,糖度范围为8～20白利度(Brix),酸度范围为0.3%～2.0%,生产量为2.8～5.4吨/时(按果均重200克、上果率40%～75%计算)。

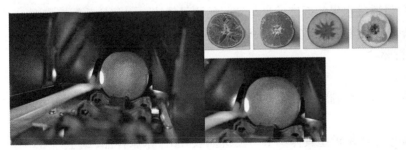

图 4-40　水果内部品质分选机

1. 结构原理

（1）总体结构图。水果内部品质分选机主要由内部品质传感器、触摸屏和分选装置等组成。水果内部品质分选机结构如图4-41所示。

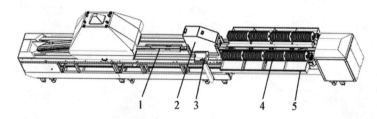

图4-41　水果内部品质分选机结构图

1. 称重传感器　2. 内部品质传感器　3. 触摸屏　4. 缓冲毛刷　5. 收集盘

（2）工作原理。使近红外线全透过果蔬（左边使用近红外光照射，右边使用受光传感器接收）。通过受光传感器所接收的光谱分析特定波长的近红外光幅值变化，得出糖度、酸度等相关数据量。水果内部品质分选机工作原理如图4-42所示。

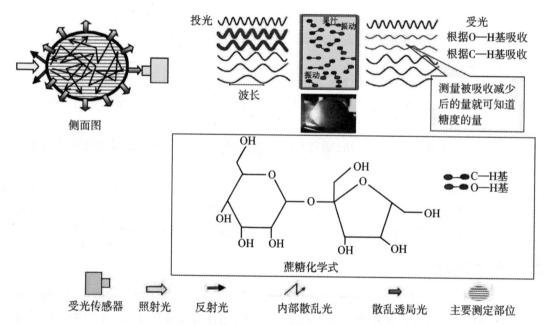

图4-42　水果内部品质分选机工作原理图

内部品质传感器的作用是测量水果的内部品质数据，由于水果中的糖和酸对不同波长的近红外光的吸收程度不一样，因此可以通过测量透过水果的近红外光与实际的测量值建立内部品质数据模型。

内部品质传感器的主电机、旋转皮带电机和回收皮带电机使用交流380伏的电源进行驱动，内部品质传感器使用交流220伏的电源进行驱动。

2. 操作使用

（1）分选程序：开启电源→内部品质传感器预热1小时→设置分选水果种类以及内部品质分选指标→进行分选。

（2）建模程序：联系厂家，告知建立水果模型具体细节→随机抽取100个水果样品，编上序号→设定内部品质传感器"Test mode"（"Test mode"是为水果建模时，采集水果内部品质数据的模式）→将水果按照一定方向和顺序通过传感器→用手持式糖度计测定水果糖酸度值并做好记录→将内部品质传感器糖酸度值发给厂家→厂家建立好水果模型文件→用户将厂家建立好的模型文件上传至内部品质传感器→建模完成。

（3）开机前需要预热1小时，待灯泡稳定后再进行分选；注意电气元件的工作电压，以防烧毁；检查内部品质传感器中是否卡入了水果和异物，并且要及时地清理干净；运行过程需要注意和检查内部品质传感器指示灯和触摸显示屏。

（三）水果外观品质分选机

如图4-43所示，外观品质分选机是按水果的大小、表面缺陷、色泽、形状、成熟度等进行分选的设备。其分选方法包括光电式色泽分选法和计算机图像处理分选法。光电式色泽分选法是根据颜色不同反射光的波长就不同的原理对水果颜色进行区分；而计算机图像处理分选法是利用计算机视觉技术一次性完成果梗完整性、果形、水果尺寸、果面损伤、成熟度等检测，可以测得水果大小、果面损伤面积等具体数值，并根据其数值大小进行分类。该机适用于直径25～110毫米的圆形及椭圆形果蔬的分选，生产量为8～25吨/时。

图4-43　水果外观品质分选机

1. 结构原理

（1）工作原理。水果形成单个排列状态→水果通过视觉采集系统→控制器计算出水果的品质等信息→控制器通过光电开关得到水果的位置→根据用户的等级及出口设置，分配水果至要到达的出口→水果到达指定的出口，控制器驱动电磁阀，使水果脱离果杯落入相应出口。

（2）总体结构图。高清相机对每个经过的水果进行图像采集，获得水果信息（大小、颜色、瑕疵等），视觉灯箱为高清相机提供稳定的、高质量的光源，RM100控制系统如图4-44所示。根据用户设置的等级参数，对采集的水果图像品质进行信息处理，使水果在设定的相应等级出口落下（如图4-45）。

视觉灯箱

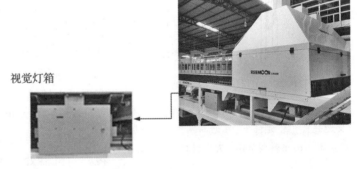

图4-44　RM100控制系统

图4-45　水果色选工作中

2. 操作使用

（1）开启电源，点击相关启动按钮。

（2）根据生产要求进行品质设置及出口分配。

（3）根据生产状态调整V形皮带和分选主机的运行速度。

二、山核桃脱脯机

山核桃脱脯是山核桃初加工处理的一个关键环节,也是制约山核桃产业发展的重要因素之一。针对山核桃脱脯环节机械处理的技术难题,近年来,市场上逐渐出现了山核桃脱脯机,该机具不仅给农民带来了明显的经济效益,同时也产生了良好的社会和生态效益,有力地促进了山核桃产业发展和农业增效、农民增收。其产品外形如图4-46所示。该山核桃脱脯机适用于成熟后采收的山核桃集中堆放48小时后进行脱脯加工,能有效处理、清除山核桃外脯,具有重量轻、易拆装、方便搬运、使用寿命长等特点,且脱脯效果良好、效率高。1～2名操作人员即可实现机械脱脯工作,大大降低了劳动强度。脱脯机功率一般在2千瓦左右,每小时生产750千克,破脯率超过90%。

图 4-46 山核桃脱脯机

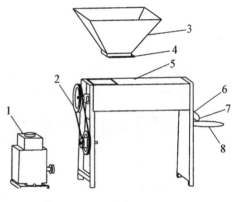

图 4-47 山核桃脱脯机结构

1.动力源（汽油机、电动机可选） 2.传动及变速装置 3.进料斗 4.进料闸板 5.脱脯机主体 6.出料调节阀 7.出料口 8.挂袋架

1. 结构原理

如图4-47所示,山核桃脱脯机由进料斗、进料闸板、脱脯机主体、出料口、出料调节阀、动力源、传动及变速装置等组成。工作时,动力设备的动力通过皮带传至脱脯机滚筒,带动脱脯机滚筒向一个方向转动;物料（山核桃鲜果）从进料斗经闸板调节喂入量后,从滚筒一端的物料入口进入滚筒和凹板之间,经滚筒上螺旋齿将山核桃鲜果在滚筒和凹板之间经过将脯撕裂,再经橡胶条挤压使脯和山核桃分离。山核桃脯从凹板的孔眼落下后经出口板落下,而山核桃在橡胶条的作用下向滚筒的另一端移动,最后从滚筒的端部出料口流出,实现了山核桃鲜果的脱脯。

2. 操作使用

（1）机器试运转。当机器处于正常时,方可接通电源或启动汽油发动机,投入一定量的山核桃鲜果,观察脱脯情况,调整喂入量控制板调整好喂入量,调整好皮带张紧度,达到标准转速时,便可正常作业。山核桃脱脯机工作图如图4-48所示。

图 4-48 山核桃脱脯机工作现场

（2）工作注意事项。

① 山核桃鲜果喂入要求均匀连续,通过插板进行调节。喂入量过大,易造成堵塞;喂入量过小,则影响生产率和脱脯质量。

② 工作前应检查并将鲜果中的石块、树枝等杂质去掉,防止杂物喂入损坏机器。

③ 不得使用手和棍棒等在物料入口处推送山核桃鲜果,防止发生事故。

④ 随时注意脱脯情况,如发现转速降低、声音异常、堵塞、轴承过热、作业质量不符要求等现象,应

立即停机检查,等故障排除后方可继续作业。

⑤ 严禁在高速大负荷运转时急速停机,以免损伤机件。

三、清洗机

(一)连续式鼓风清洗机

连续式鼓风清洗机(如图4-49)利用高压水的射流作用产生大量气泡及涡流对果蔬进行翻动冲洗,能有效地分离果蔬内表泥沙、毛发纤维、虫卵及残留农药,且原料不受损伤。通常机身采用不锈钢制造,美观、洁净、卫生,便于清扫。叶类、根茎、球根果蔬均可进行清洗,用途广泛,节省人力,其清洗效率可达到2 ～ 3吨/时。

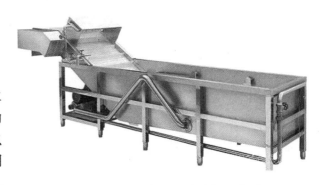

图 4-49 连续式鼓风清洗机示意图

1. 结构原理

连续式鼓风清洗机的结构如图4-50所示,主要由洗物槽、隔渣板、送气排管、旋涡气泵及给水部分组成。该机利用旋涡气泵,通过送气排管向洗物槽中送气,利用高压水的射流作用产生大量气泡及涡流对果蔬进行翻动冲洗,被分离的泥沙通过隔渣板沉入槽底,毛发纤维、虫卵等漂浮在水面,被水流推入两角的隔离板内,以此循环将果蔬洗净,如两台并用,清洗效果会更好。

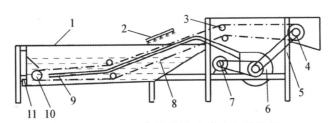

图 4-50 连续式鼓风清洗机结构图

1.洗物槽　2.喷淋管　3.改向压轮　4.输送机驱滚筒　5.支架　6.旋涡气泵
7.电动机　8.输送网带　9.送气排管　10.张紧滚轮　11.排污口

2.操作使用

(1)为有效控制溢流水,连续式果蔬清洗机应设置在地槽内,并调整水平地脚,使机器平稳不振动。

(2)旋涡气泵两个接口分别为吸气和排气,主风管应接至排风口向洗物槽内送风,在接电源线时注意确认旋涡气泵的电源是否和旋转方向相符。

(3)洗涤前先将排水阀门关闭,再向槽内注水至溢流管开始溢水的水位;开放气泵向槽内倒入果蔬,在洗涤过程中,由于涡流使果蔬不断地翻动,污水随溢流管向外排放,可适量向槽内补水,直至达到果蔬洗净的效果。

(4)洗净完毕,先关闭旋涡气泵,捞出洗净的果蔬后,开启排水阀门,取出隔渣板,然后清洗槽内沉渣泥沙后,依次放回隔渣板,向槽内注水循环使用。

(5)在清洗机器时,不可向操作板和气泵电机冲水,以免造成电气元件及电机故障烧毁。

(二)超声波清洗机

超声波清洗作为一种先进、高效的清洗技术,在国内外得到了越来越广泛的应用。超声波清洗机以超声波和气泡作为果蔬清洗的动力,综合超声波功率密度、气泡强度和清洗时间等工艺参数,可实现显著的清洗效果。此类清洗机适用于多种果蔬的清洗,尤其适合鲜嫩水果和叶类蔬菜的清洗,克服了传统果蔬清洗机械对鲜果损伤过大的弊病。超声波清洗机如图4-51所示。

图4-51 超声波清洗机示意图

1. 结构原理

清洗工作主要由位于被清洗果蔬表面或附近的空化泡来完成,具体的清洗则因果蔬表面污染物的性质不同而不同。果蔬表面的污染物主要有尘土、肥料、腐殖质和残余农药,如果上述果蔬表面的污染物是不可溶解的,稳态空化和微声流可以在果蔬表面处提供一种溶解机制而使污染物溶解,在污染物层和果蔬表面之间形成的稳态空化泡会使腐殖质等污染物脱落,瞬态空化能击碎尘土和肥料等不溶污染物,达到清洗的目的。

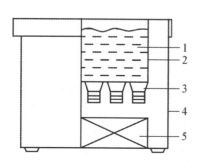

图4-52 超声波清洗机结构图

1. 清洗液　2. 清洗槽　3. 超声换能器
4. 机壳　5. 超声波发生器

超声清洗设备主要由超声波发生器、超声换能器和清洗槽3个部分构成,其结构如图4-52所示。超声波发生器将普通电能转换成超声频电能并传送给超声换能器,超声换能器将高频电振荡信号转换成同频率的机械振动,并通过清洗槽底板向清洗液体中辐射超声波。清洗槽是一种用来盛装清洗液和被清洗物的容器,一般被清洗物放在专用网孔筐中或者专用支架上并悬于清洗液中,从而避免被清洗物直接压在清洗槽底板上,清洗槽一般用耐腐蚀而且透声的不锈钢板制成。超声换能器通常用专门的胶直接粘在清洗槽底板上,或者根据清洗要求粘在清洗槽壁上。根据不同的清洗要求,清洗槽上还可以安装加热和温控装置以及冷凝、蒸馏回收和循环过滤等附加设备。

采用上述结构后,通过将清洗、解毒和净化水的功能集于一个设备内,通过水槽与各种系统输出口连接,使得设备同时具有超声波清洗、臭氧解毒和净化水功能。并且,一些超声波清洗机上还会拥有循环喷水功能,可以更加方便清洗果蔬等,功能更加人性化。

2. 操作使用

(1)清洗方法。普通清洗时使用清水即可。当产品较长时间未被清洗或污垢较多时,需加入适量的清洗剂,可增强清洗效果。对于较长物品可分段清洗。

(2)操作流程。将清洗液加入清洗槽内(注:清洗液的量与清洗槽的体积比为2:3),插上电源通电后,按下侧超声按钮启动,并将功率调节旋钮旋至合适的功率;调节超声波工作时间,按相应的时间调节键,设置所需时间,设备可实现自动定时;调节工作温度,按相应的温度调节键,设置所需温度,设备可实现自动加热;设定好工作时间、温度后,设备进入工作状态,部分机型可以进行功率调节(关机前调最小)。如要停止加热,再按相应的ON/OFF开关,设备即可停止加热。

(3)维护保养。

①超声波清洗设备电源及电热器电源必须有良好的接地装置。

②超声波清洗设备严禁无清洗液开机,即清洗缸没有加一定数量的清洗液,不得打开超声波开关。

③有加热设备的清洗设备严禁无液时打开加热开关。

④禁止用重物(铁件)撞击清洗槽槽底,以免能量转换器晶片受损。

⑤超声波发生器应单独使用一路220伏/50赫兹电源,并配装2千瓦以上稳压器。

⑥清洗槽槽底要定期冲洗,不得有过多的杂物或污垢。

(三)其他清洗机

1.洗果机

洗果机(如图4-53)是中小企业理想的果品清洗机,其结构紧凑、清洗质量好、造价低、使用方便。洗果机主要由清洗槽、刷辊、喷水装置、出料翻斗及机架、传动装置等组成。

物料从进料口进入清洗槽内,装在清洗槽上的两个刷辊旋转使清洗槽中的水产生涡流,物料在涡流中得到清洗;接着,物料被顺时针旋转的出料翻斗捞起、出料,在出料过程中经高压水喷淋得到进一步清洗。

2.连续式毛辊清洗机

连续式毛辊清洗机(如图4-54)具有操作方便、效率高、耗

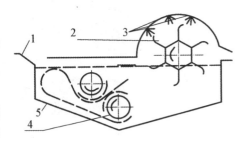

图4-53 洗果机结构图

1.进料口 2.出料翻斗 3.喷水装置
4.刷辊 5.清洗槽

能小、可连续清洗、使用寿命长等特点,刷辊材料采用尼龙线绳轧制而成,耐磨性能好。毛辊清洗机采用毛刷原理,广泛适用于圆形、椭圆形果蔬比如猕猴桃、柑橘等果蔬的清洗和脱皮。

毛辊清洗机通过毛辊的转动,带动物料与毛刷相互间的摩擦,从而达到所需的效果。选择毛刷的不同软硬度来使物料达到清洗和去皮的效果。工作时,既可连续出料也可间歇出料,物料高压扇形喷淋冲洗,与螺旋毛刷同步旋转向前,缓慢前进,逐步被清洗干净。连续式毛辊清洗机还可根据工况条件更换毛刷辊毛的硬度,可用于原果抛光。

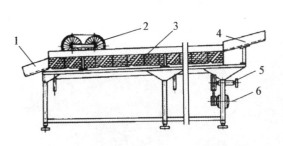

图4-54 连续式毛辊清洗机结构图

1.出料口 2.横毛刷辊 3.纵毛刷辊
4.进料口 5.传动装置 6.电动机

第五节 其他机械

一、树枝粉碎机

如图4-55所示,树枝粉碎机集切片、粉碎于一体,通常分为转鼓式切片粉碎和锤刀式粉碎两种类型,也有一些粉碎机是将两者结合在一起的。转鼓切削式树枝粉碎机因为其工作效率高,移动灵活,操作方便,被广泛应用于处理果园修剪下来的树枝。以GTS1300树枝粉碎机为例,它采用两片飞刀,一片定刀的切削结构,树枝、秸秆等绿色废弃物通过重力作用被转子卷入刀箱,切削成1～2厘米的碎屑,再被高速旋转的转子从出料口抛出到指定收集容器或者直接覆盖在地表、树穴。

操作使用中,应注意以下几个方面:使用前,检查结合处的螺栓是否有松动现象,尤其要注意刀片与固定定刀的螺栓,若有松动应立即拧紧;喂入物料时要均匀,不宜过多,以免发生闷车现象;作业时如发生异常声响,应立即停车检查,禁止在机器运转时排除故障;使用结束后,将机器空转5分钟,排净残留在供料部、粉碎部、排出部的粉碎物;最后,清理干净灰尘及异物,并往各个注油口加油。

图 4-55　树枝粉碎机

二、挖树机

挖树机是集机械和液压控制技术于一体的可挖取带土球树木的装备。目前,我国挖树机的研究工作取得重大进展,已经生产出了具有自主产权的产品。挖树机按挖掘铲的形状可分为直铲式、弧形铲式和半圆球形铲式;按照铲的数量可分为单铲式、两铲式、三铲式、四铲式和六铲式等。

如图4-56所示为JYD80型挖树机,该机长2.45米(不含刀具)、宽1.1米、高1.1米,可挖土球40～100厘米。工作时,挖树机的U形铲通过高频率的振动切入土壤,经过180°的旋转,将树根土球和树一起取出,工作效率是人工作业的13倍左右。该机适合在小空间内工作,但是它对土壤质地有一定要求,如果过于板结或者夹杂建筑垃圾,U形铲切入土壤时会很"吃力",其工作效率也会大大降低。

图 4-56　JYD80 型挖树机

第五章

食用菌机械

　　食用菌营养丰富,富含蛋白质、多种维生素、矿物质和膳食纤维,其脂肪含量较低,属于低热量食物,备受大众青睐。食用菌产业具有循环、高效、生态的特点,是促进农民增收、农业增效的短、平、快的经济发展项目。食用菌机械是指食用菌生产及其产品初加工等相关农事活动的机械、设备,食用菌生产实现机械化、工厂化,可缩短栽培周期,减轻劳动强度,提高生产效率,促进食用菌产业持续、快速地发展。食用菌的生产主要流程有制料 → 装瓶(装袋)→ 消毒 → 接种→发菌 → 采收 → 烘干(保鲜)等,其中大多数流程已实现机械化、智能化和全程可视化。本章着重介绍以香菇、木耳为代表的袋栽食用菌机械和以双孢菇、杏鲍菇为代表的工厂化瓶栽和菇床栽培的食用菌机械。

第一节　培养料制备机械

一、杂木粉碎机

　　杂木粉碎机(如图5-1)是食用菌生产流程中最基础的机械之一,其主要功能是将树枝等粉碎成适合食用菌栽培的培养料,不适合粉状、块状原料的加工成形。现以13ZF-420型杂木粉碎机为例进行介绍。

　　1. 结构原理

　　杂木粉碎机由机座、粉碎装置、电动机以及启动设备组成。

　　(1)动力传动部分。由电动机驱动,采用一级传动,电动机经三角皮带带动粉碎机头的内部刀盘(如图5-2)高速运转。

　　(2)粉碎切削锤击部分。刀盘面上安装刀片,高速旋转的刀盘带动刀片将杂木切削成木屑状,再由刀盘内置的锤片对木屑状原料进行击打,粉碎成颗粒状,最终通过规定尺寸的筛网筛出符合要求的颗粒状原料。

　　(3)电流控制部分。外部增加启动设备,在电机启动时,由于瞬间启动电流高,可能导致电机因承受不住高电流的冲击而造成损坏,因而增设启动器能更好地保护电机。

图 5-1　杂木粉碎机

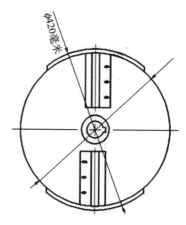

图 5-2　杂木粉碎机刀盘结构

2. 操作使用

（1）整机安装要求地基平整、牢固，工作环境通风良好。因此应选择在室内平整的场地上安装，并将地脚螺栓与底架固定住。电源电压为交流380伏，接通电源进行空运转试机，试机时查看设备是否会出现大幅度振动，如有，需要重新调整位置，以便更好地运行。

（2）开机前应打开粉碎机盖，检查各紧固件是否紧固，刀片有无异常，锤片杆销是否完好，筛片有无残留物。检查完毕后盖好机盖，锁紧螺栓。

（3）接通电源，空机运转，达到额定转速无异常后，方可开始进料。进料时按送料口倾斜角度送料，料头有轻微跳动属正常现象。操作过程中要注意安全，操作人员应正向操作，其他方向不得站人。

（4）要定期给轴承座油嘴加润滑脂，轴承温度应不超过60℃。

（5）操作过程中，如有异常现象，应立即停机，待查明原因、故障排除后再开机使用。

（6）粉碎时如发现颗粒过粗或过细时，应切断电源，打开机盖，松开刀片螺栓调整刀片。如果是粉碎颗粒过粗，应将刀片往里调，过细则往外调一点。

3. 维护保养

（1）该机工作前必须对转动组件进行全面检查，检查各部位螺栓是否紧固。

（2）清除筛片上的大块残留物，检查锤片磨损情况及轴承是否松动，检查完毕后，对轴承座加足量润滑脂。工作时轴承温度过高（高于70℃）时应停机检查。

（3）通过调节机座底部的螺钉对皮带松紧度进行调节，以手指垂直于上皮带中部往下压10～15毫米为宜。

二、小型自走式拌料机

小型自走式拌料机是目前食用菌行业常用的对培养料实现机械化、半自动化混合搅拌的机器，如图5-3所示。整机由电机、控制器、搅拌器组成。它具有生产效率高、拌料均匀、操作灵活方便等优点，适用于从事食用菌生产的中小型规模种植户使用，解决了人工操作劳动强度大、生产效率低、拌料不均匀等问题。

1. 结构原理

小型自走式拌料机由电机、主轴、副搅拌轮轴、走轮轴、链轮、飞轮、主搅拌轮、副搅拌轮、走轮、减速器、联轴器、离合

图 5-3　小型自走式拌料机

器、耙爪、扶手、可调护罩等组成。该机由电机提供动力，通过铰链传动，使主轴转动带动主搅拌轮工作，主轴上链轮带动链轮驱动副搅拌轮和耙爪工作，主轴通过联轴器与减速机连接，离合器控制链轮与链轮的传动，从而控制整机的向前行走工作。工作时物料堆放在耙爪侧，主、副搅拌轮一起工作，使物料旋转，搅拌均匀后从出料口飞出，如图5-4所示。

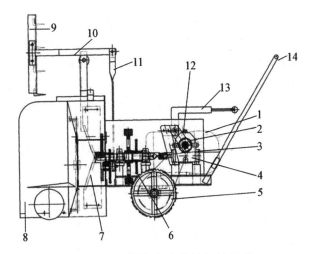

图5-4　小型自走式拌料机结构图

1. 电机　2. 离合器　3. 联轴器　4. 减速器　5. 走轮
6. 链轮　7. 主搅拌轮　8. 可调护罩　9. 耙爪　10. 耙爪支架
11. 耙爪连杆　12. 拨叉　13. 操作手柄　14. 扶手

2. 操作使用

（1）在作业场地（大于40平方米的水泥固化地面）准备好所需的原辅材料，按一定配比在地面上堆放好。

（2）拌料机工作前按参数要求连接电源，电源端需安装有过负荷、短路漏电保护的空气开关或闸刀开关，各接线柱要安装紧固不能松动。

（3）开机前检查机体上有无妨碍拌料机工作的异物，各润滑部位是否有足够的润滑油，确认正常后方可开机运转。

（4）扶手上安装有电源开关，按下开关，电机启动。机身上有离合器手柄，向前推，拌料机往前行走开始拌料；向后拉，拌料机往后行走。

（5）尽量做到堆料、拌料有序，反复两次拌料即能混合均匀。

（6）为了使拌料机达到最佳使用效果，如采用单相电机拌料，进料时可适当少一些；采用三相电机，进料可多一些。

3. 维护保养

（1）链轮、链条要加足黄油，每隔3天给主轴轴承加一次润滑脂，保证轴承能正常工作。

（2）检查变速箱内润滑油是否充足，如润滑油低于油标线，应及时补足润滑油。

（3）离合器弹簧根据需要可进行松紧度调整。

第二节　菌料装袋机械

一、菌棒自动装袋机

菌棒自动装袋机可用于木本食用菌如香菇、木耳、灵芝、金针菇等栽培菌棒的装袋作业，如图5-5所示。该机是目前食用菌生产行业培养料装袋普及型产品，具有小巧、移动方便、使用性能稳定、装袋质量高等优点，适合中小型食用菌生产用户。该机采用PLC芯片全程控制，实现自动装袋作业，入料整齐，具有生产效率高、装袋质量稳定、使用维修方便等特点。装袋直径范围为95～150毫米（选配装袋护袋套筒），装袋长度可任意调节。

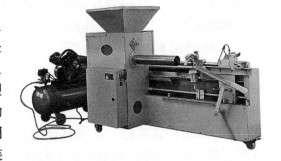

图5-5　菌棒自动装袋机

1. 结构原理

菌棒自动装袋机结构如图5-6所示,包括机架、料斗、搅拌机以及内设螺旋浆的出料管及操作系统等,出料管的下方设有放置菌棒的置放台,并在机架上设有滑轨、驱动装置和控制箱。其中置放台连接在滑轨上,驱动装置为安装在机架上的气缸,气缸连接储气罐,气缸设于两滑轨之间,并位于安装搅拌机的机架端部。置放台包括位于出料管下方的弧形托板、设有弧形托板外端的挡板和位于出料管侧边的弧形压板,弧形压板固定在压板气缸上。使用时,1台装袋机配备2个人,一人套袋,另外一人把混合好的培养料铲入料斗,物料经套筒内旋转搅龙挤出,进入筒袋,完成装袋过程。

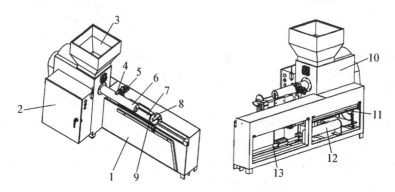

图5-6 菌棒自动装袋机结构图

1. 机架 2. 控制箱 3. 料斗 4. 弧形压板 5. 压板气缸 6. 出料管 7. 弧形托板
8. 挡板 9. 置放台 10. 搅拌机 11. 气缸 12. 储气罐 13. 滑轨

2. 操作使用

(1)根据装袋规格,选用相应规格的套筒。

(2)将装袋机摆放平稳,使用前,应对整机进行全方位的检查,包括螺栓是否紧固、皮带的松紧度、直线轴承及装袋搅龙主轴轴承的润滑是否有效等。

(3)连接电源,空负荷运转1～2分钟,无异响即可开始装袋作业。

(4)皮带松紧度的调整和更换。拆下皮带防护罩,松开电机底座紧固螺栓,电机固定在带有倾斜角度的机架上,电机向上移动,皮带则松,向下移动则紧。正常情况下,用手指按压皮带任意一侧,皮带移位5～15毫米或1个手指间隙则说明皮带的松紧度合适。皮带更换或松紧度调整好后,紧固电机底座螺栓即可。

(5)装袋的菌棒紧密度调节。在机器的背面气源控制箱里有个AR调压阀,旋转调节按钮可以增减储气筒的气压,数值越大菌棒越紧密。数值应在压力表的0.05～0.15兆帕范围内设定,气泵的压力应在0.5兆帕以下工作。

(6)装袋的菌棒长短调节。通过控制开关前后移动来调整,往装袋方向移动则是调短,往卸料方向移动则是调长。气源控制箱操作如图5-7所示。

3. 维护保养

(1)每个工作周期,要对运行的直线轴承和圆柱轴以及装袋搅龙主轴轴承添加适当的润滑油。

(2)如需停放很长时间,则应仔细清理机器上的污物,并卸下皮带,对轴承等润滑部位加注润滑油,用塑料布将整机盖好。

图5-7 气源控制箱操作

二、菌棒扎口机

菌棒扎口机是食用菌培养料装袋后的扎口设备,适合小规模食用菌生产用户使用,如图5-8所示。

1. 结构原理

菌棒扎口机结构如图5-9所示,包括电机、变速箱、轮盘、行程开关、可调连杆、面板、扇形凸轮、过渡连杆、开合器、扎刀连杆、扎刀、"U"形铝扣、压块、送铝扣滑轨、冲杆、成形模具、控制按钮、接触器、菌棒支座、机架等。

该机采用点动按钮、交流接触器、行程开关来控制电机运转,动力通过皮带传递给变速箱,再通过轮盘、可调连杆、扇形凸轮机构、过渡连杆使冲杆在面板的导轨里做往复运动,扇形凸轮机构通过开合器带动扎刀连杆,控制扎刀的开启和闭合,当冲杆遇到送钉滑轨上的"U"形铝扣时,则把铝扣送入前方工作部位,随同菌棒袋一起送往成形模具被挤压成形,从而完成扎口工作。

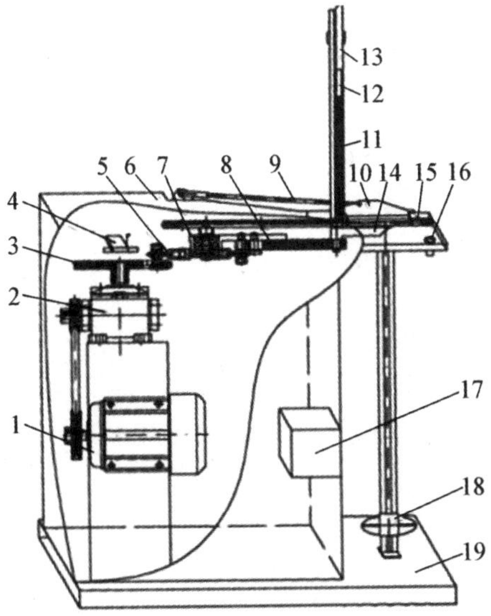

图5-8　菌棒扎口机

2. 操作使用

(1)将扎口机摆放平稳,接入220伏电源。

(2)安装好垂直送钉滑轨,将铝扣钉放入滑轨内,扣上压块,紧固滑杆螺钉即可。

(3)点动按钮,使用时应检查其灵敏度,再开机使用。将需要封口的菌棒放入扎刀启闭内的工作部位,点动控制按钮即可。注意每次点动按钮停留时间要小于1秒,否则会连续把铝扣钉冲入模具内卡死,导致停机。

(4)每班加铝扣钉时,应同时给铝扣或扣模加润滑油润滑。

(5)每个工作日结束后应给轴承和活动部件加润滑油润滑,以防零部件磨损。

3. 维护保养

(1)保养、检修机器时,要确认切断电源方可进行检修。

(2)易损件,如皮带、扎口模具、按钮损坏时,要及时更换。

(3)机器闲置不用时,应对各传动件、滑槽、滑轨涂抹润滑油,防止生锈。

图5-9　菌棒扎口机结构图

1.电机　2.变速箱　3.轮盘　4.行程开关　5.可调连杆　6.面板　7.过渡连杆　8.开合器　9.扎刀连杆　10.扎刀　11.U形铝扣　12.压块　13.送铝扣滑轨　14.冲杆　15.成形模具　16.控制按钮　17.接触器　18.菌棒支座　19.机架

三、菌棒自动装袋扎口一体机

菌棒自动装袋扎口一体机是由菌棒自动装袋机和自动扎口机组成,如图5-10所示,可用于木本食用菌如香菇、木耳、灵芝、金针菇等栽培菌棒的装袋扎口连续作业。菌棒直

图5-10　菌棒自动装袋扎口一体机

径范围为95～150毫米（选配装袋护袋套筒），扎口菌棒长度可任意调节。该机具有入料整齐、生产效率高、扎口质量稳定、使用和维修方便等特点，机械手的运用使得此款自动扎口机能与不同类型的装袋机配套使用，适合较大规模食用菌生产用户使用。

1. 结构原理

菌棒自动装袋扎口一体机由机架、控制箱、搅拌机、料斗、出料管、固定架、菌棒接料座、弧形板、菌棒扎口机面板、夹口、托盘、后挡板、侧挡板、转动气缸、机械手等组成。

菌袋在装料后，落入倾斜设置的弧形板，弧形板对菌棒起到很好的定位作用，通过转动气缸将菌棒接料座立起，同时使菌棒竖直立起，并通过侧挡板、后挡板配合将菌棒定位。此时，机械手夹取菌棒后向下压实菌棒，并将菌棒移至扎口机中。扎口机完成菌棒扎口后，推动气缸向前推动后挡板，将菌棒推到外面。菌棒自动装袋扎口一体机结构如图5-11所示。

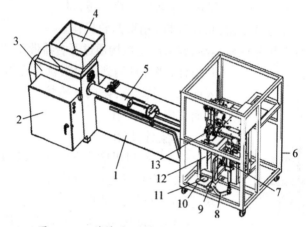

图 5-11　菌棒自动装袋扎口一体机结构图

1. 机架　2. 控制箱　3. 搅拌机　4. 料斗　5. 出料管　6. 固定架　7. 转动气缸
8. 驱动杆　9. 推杆　10. 菌棒接料座　11. 托盘　12. 弧形板　13. 机械手

2. 操作使用

（1）安装好铝扣钉滑杆，将铝扣钉放入滑杆内，扣上压块，紧固滑杆螺钉。

（2）打开漏电断路器，旋转急停开关，扎口机开机运转1分钟即可进行工作。

（3）每班加铝扣钉时，应同时给铝扣或扣模加润滑油润滑。

（4）开机前，先确定菌棒所需长度，长度为实际菌袋长度减14厘米（如：菌袋长度55厘米，成品菌棒长度为41厘米）。

（5）菌棒长度调节。如图5-12所示，调节托盘下面的调节螺母，托盘到扎口机面板下方的高度为菌棒长度加上3厘米（如：成品菌棒长度为41厘米，那么托盘到扎口机面板下方的高度则需调节到44厘米以上）。

（6）确定弧形板呈大约45°斜角。确定夹口在扎口机面板上方，并且夹口呈打开状态。

（7）将扎口机弧形板对准装袋机下料半圆挡板，使菌棒能顺利滑入扎口机弧形板。

（8）收集、放置扎口后的菌棒。

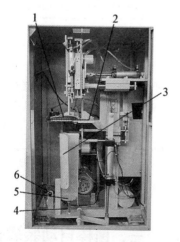

图 5-12　菌棒长度调节

1. 夹口　2. 扎口机面板
3. 弧形板　4. 调节螺母
5. 托盘　6. 光电开关

3. 维护保养

（1）工作前，应对整机进行全方位检查，包括电气线路连接是否正确，紧固件是否紧固，各传动件链轮、链条、轴承等润滑是否充分，润滑油（脂）是否加足。

（2）零部件如气缸、皮带、扎口模具、点动按钮等损坏时，应及时更换。

（3）每班次工作完成后，要做好机器各组合件内残留培养料的清理工作，用软质扫把或刷子清理干净。

（4）一个作业季节后，机器需停用很长时间，应切断总电源，对各传动件涂抹润滑脂，变速箱补充或更换润滑油，用塑料布遮盖好，防止积尘和生锈。

四、菌棒自动化生产流水线

菌棒自动化生产流水线是食用菌生产行业培养基料装袋（装袋扎口）的设备，它将食用菌培养基料进行搅拌后，通过输送分料装置输送至装袋机上方的落料口中，由程控式装袋（装袋扎口）机进行自动装袋（装袋扎口），采用PLC芯片微电脑程序控制技术，实现基料搅拌、输送、分料和菌棒装袋过程自动化、连续化作业。以13ZZ-3000型菌棒自动化生产流水线为例，该机全过程实行连续化作业，每小时可装2800袋以上，可装（装袋扎口）直径为150毫米、170毫米、220毫米等不同规格的食用菌培养基料袋。具有生产效率高、性能稳定、易于维护等特点，适用于中等规模以上食用菌种植专业合作社及食用菌种植大户的工厂化、规模化、集约化生产。

1. 结构原理

菌棒自动化生产流水线（如图5-13）主要由机架、搅拌装置、输送分料装置、装袋（装袋扎口）机、电气控制系统、压缩气源系统、程序控制系统等组成。

（1）搅拌装置。搅拌装置用于搅拌食用菌培养基料，主要由搅拌箱、搅拌器、减速机、电动机和出料口开闭气缸等组成。菌棒自动化生产流水线配有两个搅拌箱，其关键是增加对食用菌培养基料搅拌过程的均匀度。食用菌培养基料（一次输入量为500～700千克）由一级提升输送搅龙输入第一级搅拌箱内，经搅拌器10～15分钟的搅拌后，开闭气缸打开第一级

图5-13 菌棒自动化生产流水线

搅拌箱下部的出料口，由二级提升输送搅龙将经过第一次搅拌的食用菌培养基料输入第二级搅拌箱内，再经搅拌器5～8分钟的搅拌后，开闭气缸打开第二级搅拌箱下部的出料口，由三级提升输送搅龙将经过第二次搅拌的食用菌培养基料输送至分料器中。

（2）输送分料装置。输送分料装置由输送装置和分料器组成。输送装置主要由平行输送槽体、回旋式输送搅龙等组成，分料器由分料器出料口、出料口气缸、缺料感应器等组成。输送分料装置采用回旋式输送方式，在装袋机暂停作业时，该装置对留存的基料继续进行搅拌。同时在输送分料装置中安装了分料器缺料感应器，该感应器随时感应输送分料装置内的基料情况，分料器内基料不足时，第二级搅拌箱下部出料口被气缸打开，并将基料输送至输送分料装置内，保证生产的持续性。分料器出料口气缸还能根据装袋机料斗缺料感应器实时感应装袋机料斗内是否还有物料，如果缺料，分料器出料口气缸将自动打开向装袋机料斗内送料，保证装袋机的连续生产。

（3）程控式装袋（装袋扎口）机。程控式装袋（装袋扎口）机如图5-14、图5-15所示。

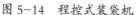
图 5-14　程控式装袋机

图 5-15　程控式装袋扎口机

（4）电气控制系统。菌棒自动化生产流水线中的设备通过电气控制系统中的电气控制箱进行操作和调控，电控箱设置多种状态灯和控制按键，确保所有设备及部件的安全运行。菌棒自动化生产流水线自动装袋实例如图5-16所示，菌棒自动化生产流水线自动装袋扎口实例如图5-17所示。

图 5-16　菌棒自动化生产流水线
自动装袋实例

图 5-17　菌棒自动化生产流水线
自动装袋扎口实例

2. 操作使用

（1）安装与调试。菌棒自动化生产流水线电源电压为交流380伏。设备应安装在室内平整的地面上，并应有通风良好的工作环境。菌棒自动化生产流水线安装位置按示意图摆放（如图5-18），并按安装尺寸要求留出地脚螺栓预埋孔。地基应为混凝土，将菌棒自动化生产流水线各机组及设备脚的固定孔套好地脚螺栓，搁置在地脚螺栓预埋孔中，用水平尺找平各机组及设备，使其处于水平位置，然后将混凝土

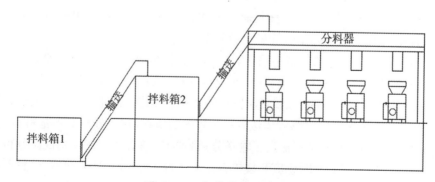
图 5-18　安装位置示意图

灌入地脚螺栓预埋孔中,把地脚螺栓浇固。待预埋孔中混凝土坚固后拧紧地脚螺母。安装完成后,接通电源进行空运转试车,试车时间不少于30分钟。

（2）菌棒自动化生产流水线作业过程采用手动操作和程序控制作业两种方式。整个作业过程先由手动操作,记忆程序记录了每个环节的操作过程和作业时间,经确认后,启动控制程序,实现程序控制作业。

3. 维护保养

（1）工作前,操作人员必须对整机进行全面的检查,各部件是否紧固,各运动件（链轮、链条、皮带轮、皮带）是否正常,减速机油量是否充足,若发现问题应及时解决。

（2）每班次工作结束后,先切断电源,并将机器外表面的污物清理干净。

（3）保养、检修机器时,要在电气控制箱和机器的明显位置挂置检修标志牌,确认总电源已切断后方可进行检修。

（4）作业3～5个班次后,应对传动皮带和链条的松紧度进行检查,及时调整其松紧度,并给传动部件加注润滑油。经常检查电气控制箱内的各电器、电源线及机器内各连接线,做到连接牢固、可靠。

（5）每季作业完成后,应对机器进行彻底的清理、保养。传动部件加润滑油,松弛传动皮带和链条。

第三节　灭菌接种机械

一、蒸汽灭菌设备

以WNG卧式微压蒸汽锅炉（如图5-19）为例,该设备压力一般在0.04兆帕以下,主要由前后平管板、锅壳、炉胆、炉胆筒节、烟管、横水管、炉排管、炉胆平封头、前后烟箱等部件构成,是对食用菌棒进行蒸汽高温灭菌的生产设备,热源通常采用生物质燃料或燃油。

工作原理是根据水的沸点可随压力的增加而提高的特性,当水在密闭的微压蒸汽锅炉内煮沸时,其蒸汽不能逸出,致使压力增加,水的沸点也随之增加。因此,卧式微压蒸汽锅炉是利用微压蒸汽产生的高温,以及热蒸汽产生的穿透能力,来达到灭菌的目的。

图 5-19　WNG 卧式微压蒸汽锅炉

二、固体菌种自动接种机

固体菌种自动接种机是采用PLC（可编程控制器）控制技术,实现固体菌种自动接种流程程序设定和控制作业的菌种接种机器。适用于中等规模以上食用菌种植专业合作社及食用菌种植个体户的生产。

1. 结构原理

固体菌种自动接种机（如图5-20）主要由机架、紫外线（臭氧）消毒装置、空气净化装置、基料棒袋输送装置、基料棒袋打孔装置、固体菌

图 5-20　固体菌种自动接种机

种分种装置、基料棒袋接种封口装置、压缩气源系统、PLC 系统、电动机等组成。

固体菌种自动接种机作业流程如图 5-21 所示。工作前,使用酒精等消毒液对设备进行消毒,开启消毒开关(包含紫外线、臭氧杀菌),工作时关闭消毒开关,开启空气净化和照明设备,此时,自动接种工作程序启动。先将食用菌基料棒袋输送至打孔装置下,然后按设定的间隔距离进行打孔,在打孔的同时,固体菌种破种装置将分种后的固体菌种接入已打孔的穴中并封穴压平,最后推出该菌棒袋,接种完成,进入下一个循环。

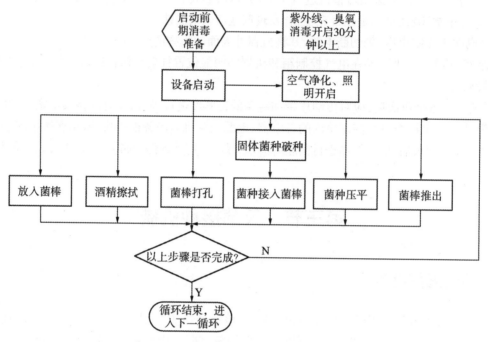

图 5-21　固体菌种自动接种机作业流程

2. 操作使用

(1)安装调试。选择平整的场地,使整机摆放平稳。系统设备试运行前,应对所有设备的安装、连接、紧固等做一次检查,确认安装无误。然后合上电源闸刀,启动系统设备,进行空负载磨合。运转过程中,要注意观察系统设备的运行情况,运行是否平稳,有无卡滞现象,并及时进行调整,使系统设备处于最佳运行状态。

(2)开机工作前,使用酒精或其他消毒药水对设备内部表面擦拭消毒。开启消毒开关,开启时间要达到30分钟以上才可以开机使用设备。

(3)开机工作时,关闭消毒开关,开启空气净化装置。开启电源开关,按下按钮启动设备,在入料口托盘上依次放入经过灭菌并且是按接种机规格要求生产出来的菌棒。

(4)在菌种入料口放入完好无杂菌感染的块状菌种。

(5)菌棒经过消毒液消毒、打孔、菌种碎种、菌种接入、接种口压平几道工序后,菌

图 5-22　接种后的菌棒

棒通过托盘移动到出料工位,由无杆气缸机械臂将接好种的菌棒推出接种机,菌棒接种完成。

（6）打孔时,要确保食用菌基料棒袋打孔后,孔的边缘不会出现撕裂现象;菌种接入时,要确保有效;菌种接入后,封口要到位。接种后的菌棒如图5-22所示。

（7）出现紧急情况请及时按下急停按钮。班次工作结束后,应及时分离电源闸刀。

3. 维护保养

（1）一个班次结束后要及时清理残余料渣,防止交叉感染,并将设备放置在干燥、无腐蚀性的环境中。

（2）设备应配备空气压缩机使用,输出压力不得大于0.8兆帕,严禁过载承压。

（3）每天工作结束后,要对固体菌种自动接种机进行清扫。

（4）经常对设备的连接、紧固情况进行查看,发现有松动等问题,及时紧固。

（5）定期对转动部件加注润滑油。

第四节　食用菌烘干机

食用菌分为鲜品和干品两种,近几年以香菇、灵芝、牛肝菌、黑木耳等菌类为原料开发的食品、营养品、保健品越来越多,相应的对食用菌烘干设备的需求量也就越来越大。食用菌烘干是在确保产品质量的前提下,促使菌体中水分蒸发的工艺过程。现以6CHT-25S双箱式食用菌烘干机为例作简要介绍。

双箱式食用菌烘干机（如图5-23）是对食用菌等农产品进行干燥的一种机器,适用于香菇、木耳等食用菌烘干,也用于对其他食品、药材等农副产品的烘干。该机主要采用热风烘干原理,配置温度控制器,根据不同物料的烘干工艺要求（时间、温度、进排风量等参数）对物料的烘干过程进行有效控制。整机由主机箱（燃烧炉、风机、热交换器）、左右烘箱、温度指示器等部件组成。

1. 工作原理

燃料在燃烧器炉膛内燃烧,产生热烟气,热烟气的温度由炉膛里的燃料量、助燃风机和烟囱中的控制阀门等来调节。热烟

图5-23　双箱式食用菌烘干机

气通过由多根水平、垂直烟管组成的热交换器,最后成为废气经烟囱排出。与此同时,进入热交换器内的空气,在风机的吸力下快速流向聚烟筒预热,然后在垂直和水平导风板的作用下,使气流与烟管形成平等、交叉的流动,进行均衡充分的交换,使气流获得热量变成热风,在风机叶轮作用下送到热风室并进入干燥室,透过烘筛上的食用菌,带走水分,由干燥箱顶部的排湿孔排出。干燥后期的余热由余热回收管回收。

2. 操作使用

（1）打开箱门,将均匀摊放食用菌的筛网依次放入筛网托架上,关闭箱门。

（2）设定温控器温度,温度应不超过80℃,启动加温系统和送风风机,开始运转。

（3）要经常查看温度指示装置，达到设定温度时，加温系统应停止工作。每隔1小时应打开箱门，观察食用菌的干燥情况。

（4）待食用菌干燥完成后，切断电源，依次将筛网取出。待食用菌取尽后，关闭箱门。

3. 维护保养

（1）每班次工作结束后，切断电源，将箱体内部清理干净。

（2）清理干净后，不要将箱门关闭，应留有一条缝隙，使箱内的湿气能自由散发。

（3）经常检查电器、电源线及机器内各连接线，做到连接牢固、可靠。

（4）作业3～5个班次后，应对风机进行检查，并给传动部件加注润滑油。

（5）每季作业完成后，应对机器进行彻底的清理、保养，传动部件加注润滑油。保养完毕，放入有防潮、防雨、防尘措施的库内。

第五节　工厂化生产设备

食用菌工厂化生产是指在人为控制各种环境因素的条件下，进行机械化、自动化的食用菌生产。工厂化生产不受自然条件的影响，是一种高技术含量、高效率运作的集约型生产方式，可周年生产，极大地提高了资源利用率和栽培效益。

一、瓶栽食用菌工厂化生产设备

目前，浙江省瓶栽食用菌工厂化生产的主要有杏鲍菇、金针菇、海鲜菇、蟹味菇、秀珍菇等。现以宁波市慈溪市的蟹味白玉菇工厂化生产基地为例介绍生产设备。

1. 全自动装瓶系统设备

T-5型全自动装瓶系统设备（如图5-24）可将搅拌均匀的培养料上紧下松的装入筐中的25个瓶子中。培养料装好压紧后传递到第二压力机下，可在中间打上一个孔，随后传递给下一套设备——自动压盖机，盖上瓶盖。该设备装瓶速度快，效率高，装瓶量可达7000瓶/时，仅需2～3人即可完成操作。

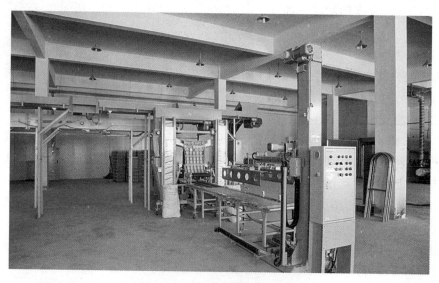

图 5-24　全自动装瓶系统设备

2. 全自动高速接种机

F10000型全自动高速接种机（如图5-25）接种量可达9000瓶/时，仅需1～2人即可操作，该机操作、清洁等比较方便，如出现异常，在触摸屏上会显示异常内容，维修也比较方便。

3. 全自动搔菌机

ST型全自动搔菌机（如图5-26）依次设有去盖清洁装置、搔菌装置、加水装置，采用机械方式对菌瓶进行自动去盖、刷盖、搔菌、加水作业，把25个菌瓶作为一组，将装有菌瓶的塑料筐作为操作对象，能按照设定的要求自动完成以上操作。该机搔菌量可达11000瓶/时，仅需2～3人即可完成操作。

图5-25 全自动高速接种机

4. 智能化的出菇房

智能化的出菇房如图5-27所示，菇房内温、光、水、气等可通过控制箱进行智能化控制。

（1）可实时监测菇房中的温度、湿度和二氧化碳浓度。

（2）可对菇房中制冷设备、内循环、通风、加湿和灯光等进行自动控制。

（3）可以存储菇房中湿度、温度、二氧化碳浓度的设定值及当前数值，可以记录和控制菇房中制冷设备、内循环、通风、加湿和灯光启停的时间点。

图5-26 全自动搔菌机

（4）可实时显示菇房中食用菌的生长情况，并可根据要求选择性记录视频。

（5）可远程查看菇房实时数据、历史数据、历史曲线等。

（6）可对菇房参数运行异常情况进行报警。智能化出菇房的成功使用避免了以往全凭经验调控、产品质量差异大的问题，能够使每一批蟹味白玉菇品质达到一致，使工厂能够稳定生产。

5. 其他设备

主要有基培料搅拌机、挖瓶机、自动输送装置等，这里不再详述。

图5-27 智能化的出菇房

二、菇床栽培食用菌工厂化生产设备与技术

双孢菇味道鲜美，营养丰富，是消费量很大的一种食用菌，具有很大的发展潜力。以双孢菇工厂化生产流水线为例，生产流程为第一次发酵、第二次发酵、第三次发酵（发菌）、覆土、催蕾、出菇，从制作培养料到下料需要预湿2～3天，第一次发酵14天，第二次发酵7天，第三次发酵（发菌）14天，覆土、催蕾、出菇、清房需42～50天，共计79～88天。

1. 第一次发酵

通过预湿、搅拌、翻堆等一系列动作或混料线生产，使各种原料和水混合均匀，第一次发酵是将容易降解的碳水化合物分解，形成复杂的木质素—腐殖质复合物。这种复合物对双孢菇菌丝体具有选择性,不适合其他杂菌的生长。所需设备为装载车(如图5-28)、隧道填料机(如图5-29)、混料流水线(如图5-30)等。

图5-28　装载车　　　　　图5-29　隧道填料机　　　　　图5-30　混料流水线

2. 第二次发酵

第二次发酵可分为高压二次发酵和低压二次发酵,分别在高压二次发酵隧道和低压二次发酵隧道内进行。二次发酵的目的:通过巴氏消毒杀死培养料内残存的有害微生物;通过嗜热微生物的有效繁殖腐熟培养料,提高培养料的选择性;除去氨气,降解容易分解的碳水化合物。经过二次发酵后的培养料参数:水分65%～68%,pH 7.2～7.5,氨气≤$5×10^{-6}$,含氮量在2%左右。高压隧道所需的设备为铲车、隧道填料机、基料运输车(如图5-31);低压隧道所需的设备为中央输送带(如图5-32)、伸缩式隧道填料机(如图5-33)、隧道拖网机(如图5-34)、基料运输车等。

图5-31　基料运输车　　　　　　　　图5-32　中央输送带

图5-33　伸缩式隧道填料机　　　　　　图5-34　隧道拖网机

3. 上料

如图5-35所示,经过运输、散料、布料、压料等一系列动作,将播完菌种的发酵料均匀铺设在菇架上，所需设备为基料运输车、上料机、上料输送带、拉网机、尼龙拖网以及播种机、洗网机（如图5-36）等。

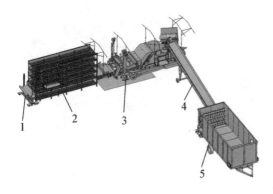

图 5-35　上料设备工作图

1.拉网机　2.菇架　3.上料机

4.上料输送带　5.基料运输车

图 5-36　洗网机

4. 发菌

发菌时在床面盖一层薄膜，薄膜上喷药。菌丝生长期间，料温维持在24～26℃，菇房相对湿度应维持在90%左右。

5. 覆土和搔菌

覆土时pH应在7.3～8.5。培养料上架13天之后，菌丝生长完成，即可掀膜，同时加大内循环风量，使料表积水消失。第二天进行覆土作业，覆土厚度应在4～4.5厘米。覆土之后，料温继续维持在25～26℃，相对湿度继续维持在高位。当覆土之后菌丝长至土层60%～70%时，可以采取搔菌作业。所需要的设备为覆土搅拌机（如图5-37）、上料机、上料输送带、拉网机、搔菌机（如图5-38）等。

图 5-37　覆土搅拌机

图 5-38　搔菌机

6. 催蕾

当菌丝恢复生长之后，土表有较多绒毛状菌丝时，可以进行催蕾。将料温每天均匀地从当时的温度降至20℃附近，将二氧化碳每天均匀地从当时含量降至1‰附近，使绒毛状菌丝逐渐扭结成片状菌丝，让菌丝从营养生长转向生殖生长。当原基长大至黄豆大小左右，可以打水，以降低空气中的相对湿度（83%～85%），维持地表干燥，从而使蘑菇产生蒸腾作用，从料里吸水，吸收溶于水中的养分，促进生长。此过程所需的设备为喷水树（如图5-39）。

图 5-39　喷水树

7. 出菇

通常菇潮在6～7天，一潮可采收4～5天。每潮采菇后注意清床，遗漏在床面已成熟的菇会延迟后面菇潮的发育。一般第一潮菇占总量的40%～50%，第二潮菇占总量的30%～40%，第三潮菇占总量的10%～15%，其间尽可能将二氧化碳浓度维持在1‰～1.5‰，空气相对湿度维持在83%～85%，料温维持在20℃左右，气温维持在18℃左右。为了维持出菇期间的蒸腾作用，每次采菇之后，可以不必清洗地面，只需将土和废料推至菇床底下。此过程所需设备为采菇车（如图5-40）。

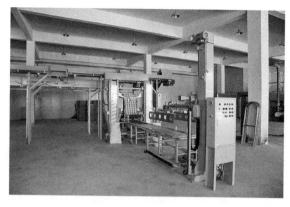

图5-40　采菇车

8. 蒸房

用蒸汽蒸房，温度为70℃，维持8小时。升温和降温时，温度变化不宜超过10℃/小时，防止库板等损坏。

第六章

畜牧水产机械

近年来,浙江畜牧业快速向规模化、标准化、生态化方向发展,整体处在全国领先水平,生猪、家禽、奶牛的规模化程度均达到90%以上。但是,浙江省畜牧业机械化、自动化水平仍有待提高。畜牧业机械化是农业机械化的重要组成部分,科学地使用畜牧机械,可以改善畜牧业生产过程中各个环节的生产手段和环境条件、减轻劳动强度、提高劳动生产率、提高畜产品的产量和质量。畜牧机械是指畜禽饲养、畜产品初加工及饲料加工等相关农事活动的机械设备,主要包括畜禽饲养管理机械、畜产品采集加工机械、病死畜禽无害化处理设备、畜禽舍环境控制设备等。本章以浙江省推广应用的畜牧水产机械为例进行介绍。

第一节 畜禽饲养管理机械

一、孵化育雏设备

现代化养禽业中孵化育雏是一个重要环节,在孵化育雏中,都需要相应的现代化生产设备,其中孵化机、出雏机和育雏设备是主要设备。现以鸡孵化育雏设备为例进行介绍。

(一)孵化机

1.分类

(1)箱式立体孵化机。主要由箱体、风扇、加热系统、加湿系统、翻蛋系统、风门、蛋架车、蛋盘和控制系统等组成。分两种类型:一种是适用于同机分批或整入整出的孵化、出雏两用机,容量一般为几千至1万多枚种蛋;另一种是单用于孵化或出雏的孵化机、出雏机,分置孵化室和出雏室。如图6-1所示,其采用计算机控制系统,具有自动控温、控湿、定时转蛋、低温冷却、报警、应急保护和数字显示以及群控等功能,配以不同规格的蛋盘,可用于鸡、鸭、鹅、鹌鹑、山鸡等的孵化。箱式孵化机按其蛋盘支承部分的结构,又可分为蛋盘架式和蛋架车式两种,蛋架车可在装蛋和运蛋方面节省大

图6-1 箱式立体孵化机

量人力,主要用于大、中型孵化机,并成为孵化机的发展方向。

（2）巷道式孵化机。如图6-2所示,该机是一种房间式孵化机,人可以进入,其内可依次排列十几辆蛋架车,专为大量孵化而设计,尤其适用于孵化商品肉鸡雏。孵化机容量达8万～16万枚,出雏机容量为1.3万～2.7万枚,采用分批入孵,分批出雏。孵化机和出雏机两机分开,孵化机用跷板架车式,出雏机用平底车(底座)及层叠式出雏盘或出雏车及出雏盘。

图6-2　巷道式孵化机

2.结构

孵化机分孵化和出雏两部分。在中小型孵化机中,这两部分安装在同一机体内,而在大型孵化机中,出雏部分单独分开,称为出雏机。

孵化机内部结构如图6-3所示,孵化箱内的蛋盘架主要用来承放蛋盘,蛋盘架用中心管套在均温叶板的轴上,可以利用转蛋机构定时使蛋盘架绕轴回转90°,进行转蛋;有的孵化箱内用蛋架车来代替蛋盘架,全机有多个蛋架车,每车可装2000多枚种蛋。蛋架车可以直接从蛋库推入孵化机内,因此可以提高工效。蛋架车推入以后,通过连接,可由同一转蛋机构使几个蛋架车同时实现转蛋。

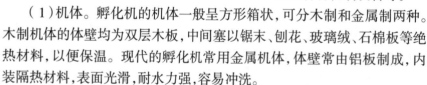

图6-3　孵化机内结构图

1.箱体　2.冷却水管　3.加热板　4.风扇

5.减速器　6.曲柄连杆机构　7.双摆杆机构

8.消毒装置　9.加湿水管　10.水银导电温度计

3.主要部件

孵化机的主要部件包括机体、承蛋与转蛋装置以及各种控制设备等。

（1）机体。孵化机的机体一般呈方形箱状,可分木制和金属制两种。木制机体的体壁均为双层木板,中间塞以锯末、刨花、玻璃绒、石棉板等绝热材料,以便保温。现代的孵化机常用金属机体,体壁常由铝板制成,内装隔热材料,表面光滑,耐水力强,容易冲洗。

（2）承蛋与转蛋装置。孵化机的承蛋装置有蛋盘架和蛋架车两种形式。通常蛋盘架采用八角形,它与方形蛋盘架相比,在转蛋时不易碰到孵化机棚顶或底板,从而能增加其空间利用率。所有承蛋盘都分层插放在蛋盘架的角铁盘托上,并用销钉卡住或用钩子钩住,以防承蛋盘滑出。蛋盘架可以绕轴线回转,以便进行转蛋。蛋盘架的转蛋装置常为蜗轮蜗杆机构,即在蛋盘架轴端固定有蜗轮,蜗轮和蜗杆相啮合,用电动机带动时可通过电路控制,实现定时自动转蛋。蛋随蛋盘架能正反45°倾斜,即每次转蛋为90°。

孵化机的蛋架车结构如图6-4所示,蛋架车底盘支撑在一对前轮和一对后轮上,底盘两侧固定了两根中央支柱,两支柱上端由支杆相连而加固。角钢制的蛋盘托共13对,用销连在此两根支柱上。其中第7对蛋盘托两端安有转蛋连接槽和连接片,用来与转蛋机构的启动板相连接。各

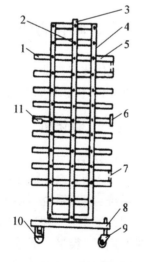

图6-4　蛋架车结构图

1.蛋盘托　2.盘托回转销
3.中央支柱　4.连杆　5.水平
固定片　6.转蛋连接槽　7.蛋
架连接片　8.底盘　9.后轮
10.前轮　11.转蛋连接片

蛋盘托之间由连杆相连,连杆与各蛋盘托皆为销连关系。当转蛋机构起作用时,转蛋机构的启动板通过连接槽和连接片带动第7对蛋盘托,后者又通过连杆带动所有蛋盘托,使蛋盘由某一方向倾斜转到另一方向倾斜,转动90°。

（3）控制设备。

① 温度自动控制和均温装置。温度控制装置包括热源和恒温控制系统。热源常采用电热丝,一台孵化机的总功率为2千瓦左右。大型养鸡场或孵化场还采用电热丝和蒸汽管联合加热装置,这样可以节约用电,降低孵化成本。恒温控制系统是根据孵化机内的温度控制热源的开闭,从而使孵化机内温度保持恒定。均温装置一般是转动的叶板在热源前面转动,搅动空气,达到均温的目的。有的孵化机采用一只低速大直径的混流式风扇,转速为200转/分,置于箱体后侧中央（如图6-3）。有的孵化机在蛋架车的两侧各装一只风扇,使室内温度更均匀。为防止恒温控制系统失灵和自发温度上升影响孵化效果,大部分孵化机都装有超温、低温报警装置。

② 通风装置。用来保证孵化机内有新鲜的空气,包括排气装置和进气孔,前者装在孵化机顶上,后者装于孵化机的右侧下方。排气装置上常装有涨缩饼以自动控制排气门开度。一般在机内温度达到38℃时才开始顶开顶盖进行排气。进气处一般由电热丝或蒸汽管预热新鲜空气。

③ 湿度控制装置。用来保持孵化机内湿度恒定,包括传感元件、控制器及加湿装置,其传感元件、控制器与温度控制装置相同,只是在传感元件上包上纱布,纱布尾端浸入水盂中。孵化机内湿度低时,纱布上水分蒸发快,温度降低,使电路接通;反之,机内湿度高时,纱布上水分蒸发慢,温度升高,使电路断开,从而保持机内湿度基本恒定。控制器使加湿装置工作,实现对孵化机内的供湿。一般孵化机采用自然蒸发供湿,也有用超低量电动喷雾器供湿。孵化机中采用自动喷湿装置。

4.操作使用

（1）试运转前的检查与调整。检查各紧固件是否有松动;各运动部件是否相碰或有卡死的现象;检查蛋架车铰接点是否灵活;风扇叶板有无刮擦;转蛋装置是否灵活,并对各转动部件添加润滑油。

（2）试运转。先要试验和调整温度及湿度控制装置,经过24小时试验孵化后,如温度无大变化,控制装置也处于正常状态,即可将种蛋放入进行正式孵化。

（3）转蛋。在孵化的第2天就要开始转蛋,以后每隔2～3小时转蛋一次,至第19天停止转蛋,并将种蛋移入出雏室或出雏机。

（4）验蛋。在孵化的第2～5天便可进行第一次验蛋,第6～13天进行第二次验蛋,以便选出无精蛋和死精蛋。常用验蛋灯进行验蛋,验蛋时将照蛋孔靠近蛋壳表面即可,不必将蛋从承蛋盘取出。

（5）停电时的处理。在全电力孵化机孵化过程中,如遇到短期停电,则需增加转蛋次数,敞开排气门以避免上部温度过高而烧死种蛋;如长期停电,则需增高室温,保持孵化温度。

5.维护保养

（1）每孵化一批或出雏一批后,要对孵化机或出雏机进行彻底冲刷并消毒一次。然后检查机械部分有无松动、卡碰现象,检查减速器内润滑油情况,并清除电气设备上的灰尘、绒毛等脏物。

（2）在机器搁置长时间不用前,应开机升温烘干机器,将加湿水盆中的水放净烘干,各个运转部位洗净后用润滑脂保护,以防生锈。

（二）育雏设备

雏鸡从出壳到6周龄为育雏期。在这一时期,特别是7～10日龄以前,雏鸡体温调节系统没有形成,体温不稳定,所以需要采用必要的育雏设备进行给热。

1.结构原理

按育雏方式可分为平养育雏设备和笼养育雏设备两大类。平养育雏设备主要有育雏伞和育雏温床,此类设备结构简单,投资较少,目前应用较广。笼养育雏设备为叠层式育雏笼,它能充分利用空间,节约禽舍面积和节省热能,便于饲养管理,有效地提高劳动生产率,但一次性投资大,比较适合于大中型养鸡场。

(1)平养育雏设备。育雏伞是平养育雏的主要设备之一,育雏伞按加温热源可分为电热式和燃气式,以电热式应用较多,9BW-500型电热式育雏伞的结构如图6-5所示。育雏伞的直径为1.5米,可容雏鸡500只。育雏伞内保持的温度可以利用温控仪在20~50℃之间调节,一般常用的调节范围为21~35℃。

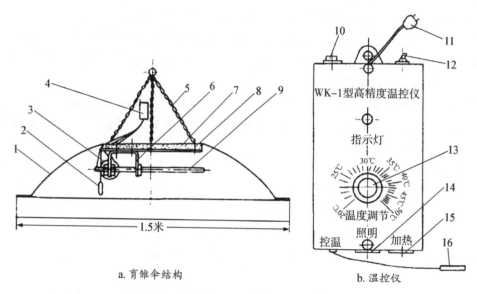

a.育雏伞结构　　　　　　　b.温控仪

图6-5　9BW-500型电热式育雏伞结构图

1.玻璃钢壳体　2.感温头　3.白炽灯　4.温控仪　5.吊链　6.电热管支架　7.隔热板　8.铝合金反射板　9.电热管(1千瓦)
　10.保险管　11.电源插头　12.照明开关　13.温度调节旋钮　14.照明灯插座　15.电热管插座　16.感温头

(2)笼养育雏设备。9LCD型育雏笼如图6-6所示,常采用叠层式笼架,一般采用3~4层重叠式笼养。笼体总高1.7米左右,笼架脚高10~15厘米,每个单笼的笼长为70~100厘米,笼高30~40厘米,笼深40~50厘米。网孔一般为长方形或正方形,底网孔径为1.25厘米×1.25厘米,侧网与顶网的孔径为2.5厘米×2.5厘米。笼门设在前面,笼门间隙可调范围为2~3厘米,每笼可容雏鸡30只左右。在育雏笼内常设有加热器和温度控制装置,以便能在保持一定室温(高于20℃)的情况下保证笼内雏鸡不同时期所需的温度。育雏后期不必用加热器,笼内温度由可调的温度控制器控制。温度传感器头安装在第一组笼内,底网涂塑以提高寿命。各层中的笼子由侧网隔开,侧网可以提起,以便进行雏鸡的水平方向的转群。当一层中各笼的雏鸡日龄相同时也可卸下侧网,使各笼相通,此时雏鸡可统一使用加热器,并加大雏鸡活动范围。雏鸡粪便由笼下的承粪板承接,并由人工定期清粪。饮水器为流水式水槽,饲槽由人工给料,其高低可调节。

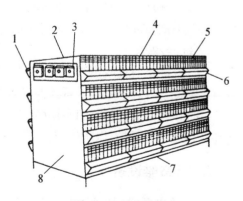

图6-6　育雏笼

1.水槽　2.笼架　3.温控仪　4.加热器
5.鸡笼　6.饲槽　7.承粪板　8.侧板

2.操作使用

(1)从观察孔随时观察雏鸡的活动情况,随着鸡龄的增长,调整育雏笼的容鸡量,防止雏鸡过挤。

（2）通过风门调节笼内的温度、湿度和空气，为保证笼内湿度，加湿水槽中不能断水。

（3）雏鸡在7日龄内，可在底网上铺报纸或用开食盘供鸡采食，以后可以用食槽供料。在停止加温后，可取下侧门，换装侧网，加装食槽。

（4）在1～2周龄时，使用真空饮水器供水，2周龄后应增加侧网和食槽、水槽。

3. 维护保养

（1）要经常检查笼内温度，以便随时调整温控仪，以满足不同日龄雏鸡的生长需要，但育雏室内温度要高于18℃。

（2）为了适应中、小雏鸡的饲养，可以调节侧网上的挡板，便于雏鸡采食，并可防止跑鸡，还要定期打开小门，清除鸡粪。

（3）使用前要进行全面检查，电气部分的开关是否灵活可靠，温控仪、加热器、指示灯、照明灯是否正常。

二、畜禽喂饲机械设备

喂饲畜禽的配合饲料或混合饲料可分干料（含水量20%以下）、稀料（含水量70%以上）和湿拌料（含水量为30%～60%）三种。畜禽喂饲机械设备也相应地分为干饲料喂饲机械设备、湿拌料喂饲机械设备和稀饲料喂饲机械设备三类。干饲料喂饲机械设备主要用于配合饲料的喂饲。由于设备简单，劳动消耗少，特别适于不限量的自由采食，是现代化养鸡、养猪应用最广泛的形式。湿拌料喂饲机械设备，如机动喂料车，可用于采用青饲料的湿混合饲料。在现代化畜牧业中，它主要用于养牛场，用低水分青贮料、粉状精料和预混料混合成细碎而湿度不大的全混合日粮喂牛。稀饲料喂饲机械设备主要为管道喂饲系统，可用于采用青饲料的稀混合料，也可以用于由配合饲料加水形成的稀饲料，用温热的稀饲料喂猪能提高饲料转化率，稀饲料输送性能好，所用设备较简单，但它只能用于限量喂饲。干饲料喂饲机械设备（干饲料喂饲系统）包括储料塔、输料机、喂料机和饲槽。干饲料喂料机可分为固定式和移动式两类。固定式干饲料喂料机（自动喂料系统）按照输送饲料的工作部件可分为链板式、索盘式和螺旋弹簧式；移动式干饲料喂料机主要为轨道车式喂料机（喂料车）。现重点介绍猪场自动喂料系统和鸡场轨道车式喂料机（喂料车）。

（一）自动喂料系统

1. 结构原理

自动喂料系统集成技术是近年发展起来的一项集机械、计算机、自动化、畜牧养殖等多学科交叉的新技术，可实现定时、定点、定量喂料，具有省时、省工以及省料等优点。饲料生产出来后，由散装饲料车运输至猪场的储料塔内，通过输送器将饲料输送到猪舍每个栏的食槽内，主要优点：一是提高劳动生产效率，大幅减少劳动力，克服人工喂料过程中散落造成的饲料浪费，显著节省生产成本；二是实现定时、定点、定量喂料，实现精细化、科学化管理；三是减少饲料在运输和饲喂过程中的二次污染问题，减少人员与猪的接触概率，降低疫病传染的风险。

猪场自动喂料系统主要分为索盘式和螺旋弹簧式两种。索盘式自动喂料系统（如图6-7）具有输送距离长、转弯方便、输料速度快等优点，应用范围广泛，如母猪舍、肉猪舍等，缺点是清理相对麻烦；螺旋弹簧式自动喂料系统具有投资成本低、维护方便等特点，但存在不易转弯、没有回路及输料速度慢等不足，主要适用于短距离的外输送、育肥舍以及保育舍等。

链板式自动喂料系统常用于平养或笼养鸡的喂饲，常和饲槽配合使用。链板通过料箱并在饲槽底上移动，将料箱内的饲料向前输送，链板做环状运动一周后又回入料箱。在链板移动或停止时，鸡可以啄食链板上的饲料。

（1）储料塔。储料塔一般用于大、中型机械化养殖场，主要用来储存干燥的粉状或颗粒状配合饲料，以供舍内饲喂，一般上部为圆柱体，下部为锥形体。附件主要有翻盖、立柱以及透视孔等。根据材料不同，可以分为铁制储料塔、不锈钢储料塔、碳钢储料塔以及玻璃钢储料塔（如图6-8）等。此外，根据储料塔的容积可分为2.5吨、4吨、6吨、8吨和10吨等。

（2）喂料机。喂料机用来将饲料送入畜禽饲槽。喂料机由输料部件、驱动装置、料箱和转角轮等构成。输料部件（如图6-9）有螺旋弹簧、链板和索盘。驱动装置（如图6-10）有螺旋弹簧式驱动装置、链板式驱动装置和索盘式驱动装置。

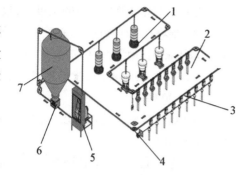

图6-7　索盘式自动喂料系统示意图

1. 料槽　2. 落料管　3. 管路　4. 转角轮
5. 驱动装置　6. 料箱　7. 储料塔

图6-8　玻璃钢储料塔

2. 操作使用

（1）开始工作前，应对系统设备进行巡视，观察系统设备的各部件及连接是否正常。

（2）合上电源闸刀，接通电源。

（3）根据需要设定配量器的下料量。为了减小系统设备的启动负荷，启动前应关闭饲料下料斗闸门。

（4）启动并运行系统设备，观察系统设备的运行情

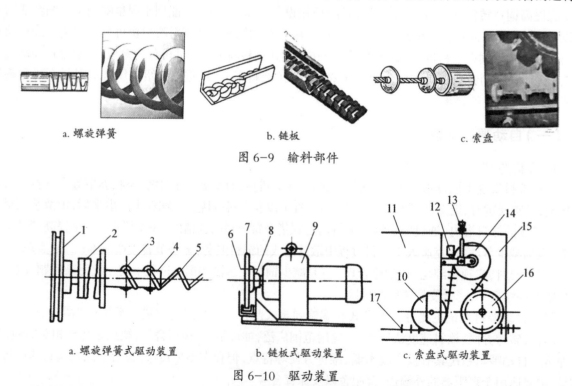

a. 螺旋弹簧　　　　　　　　b. 链板　　　　　　　　c. 索盘

图6-9　输料部件

a. 螺旋弹簧式驱动装置　　　b. 链板式驱动装置　　　c. 索盘式驱动装置

图6-10　驱动装置

1. 皮带轮　2. 机头壳体　3. 钩头螺旋　4. 驱动轴　5. 螺旋弹簧　6. 安全销　7. 驱动链轮　8. 传力套　9. 减速器
10. 导向轮　11. 料箱　12. 行程开关　13. 张紧轮弹簧　14. 张紧轮　15. 传动箱　16. 驱动轮　17. 索盘

况、有无异常声响现象,运行正常后,开启饲料下料斗闸门,投入正常作业。

（5）当最后一个配量器的饲料加满时,停止运行系统设备,开启配量器的释放装置,通过垂直输送管道将配量器中的饲料释放到定位猪栏的料槽中。

（6）饲料下料斗配有强制输料或回料系统,可防止系统溢料。

（7）工作结束后,应及时分离电源闸刀。

3. 维护保养

（1）自动喂料设备的维修与保养应由专人负责,猪场自动喂料系统工艺相对比较复杂,应由专人负责维护、操作,猪场其他人员不得随意操控,以免发生意外。

（2）要注意做到日常检查与维护,如经常检查皮带是否松动、电机是否出现异常情况。自动喂料机上面不能放置重物,否则会在喂料机开动的时候因为电机承受的压力太大而导致烧坏,这大大影响了喂料机的寿命和使用效果。

（3）每个养猪周期结束后,要对系统设备做一次全面的维护和保养:清除配量器中结垢的饲料,使其配量设定更精准;清除输送索盘中的饲料结块,以确保其饲料的输送能力;清除输送管道中各下料口的结垢,使其下料通顺;打开90°转角轮壳体的检视盖,清除饲料结块,减少弯道阻力,使其输送更畅快;打开驱动装置的防护罩壳,对转动部件加注润滑油;对系统设备的连接、紧固及固定、吊挂情况进行一次巡视,发现有松动等问题,及时进行紧固和处置。

（4）全面的维护、保养完成后,启动系统设备进行空载运转,观察系统设备的运行是否平稳、流畅,有无卡滞现象,并及时进行调整,使系统设备处于最佳运行状态。确认正常后,分离电源闸刀,切断所有电源。

4. 示范应用

近年来,浙江省共有300余家规模猪场安装自动喂料系统4000多套,自动喂料系统（如图6-11、图6-12）的推广和应用,大大减少了饲料浪费情况,降低了排泄量和污染量,减少了人与动物接触的次数,降低了养殖场的防疫风险。

图6-11　母猪自动喂料系统

图6-12　肉猪自动喂料系统

（二）轨道车式喂料机

轨道车式喂料机如图6-13所示,又称喂料车,是一种移动式喂料机,常用于鸡舍,可分为地面轨道式、跨骑式和行车式。工作时,喂料机移到输料机的出料口下方,由输料机将饲料从储料塔送入小车的料箱,当小车定期沿鸡笼移动时,将饲料分配入饲槽进行喂饲。轨道车式喂料机与固定式喂饲机相比,优点是机械设备不需分布在整个鸡舍长度上,结构相对比较简单,不需转动部件,设备投资小;缺点是出料口较长，占了部分鸡笼长度，降低了鸡舍面积利用率，自动化程度比较低。鸡笼顶部装有型钢制的轨道，其上有四轮小车，小车车架两边有数量与鸡笼层数相同的料箱，跨在笼组的两侧，各料箱上下相通。鸡舍外储料塔内的饲料由输料机输入鸡舍高处，经落料管落入各列鸡笼组上的喂料机料箱。喂饲时，钢索牵引小车沿笼组以8～10米/分的速度移动，饲料通过料箱出料口流入饲槽。料箱出料口上套有喂料调节器，它能上下移动，以改变出料口底距饲槽底的间隙，以调节配料量。饲槽由镀锌铁皮制成，有时在饲槽底部加一条弹簧圈，以防鸡采食时挑食或将饲料扒出。

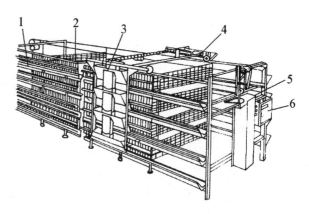

图 6-13　轨道车式喂料机

1.饮水槽　2.饲槽　3.料箱　4.牵引架
5.驱动装置　6.控制箱

三、畜禽废弃物收集处理设备

（一）畜禽粪便清除设备

畜禽粪便清除是将畜禽粪便从排粪处移向收集点的过程。粪便清除主要有机械式清粪设备、自落积式清粪设备、自流式清粪设备和水冲洗式清粪设备。机械式清粪设备有清粪车、刮板式清粪机、链板式清粪机、输送带式清粪机和螺旋式清粪机。自落积式清粪设备除粪是通过畜禽的践踏，使畜禽粪便经漏缝板进入粪坑，可用于鸡、猪、牛各种畜禽舍。自流式清粪设备是在漏缝板下设沟，沟内粪尿定期或连续地流入室外贮粪池。水冲洗式清粪设备是以较大量的水流同时流过一带坡的浅沟或通道，将畜禽粪便冲入贮粪坑或其他设施。现介绍浙江省广泛应用的刮板式清粪机。

1. 结构原理

如图6-14所示，刮板式清粪机由驱动单元、刮粪板、转角轮、传动链条和控制系统等部分组成。驱动单元是整个系统的动力部分，为系统提供动力源；刮粪板是实现系统功能的具体执行部件；转角轮在系统中起运动传递和定位的作用；传动链条用于封闭整个回路并可靠、有效地传递动力；控制系统控制电机的起停、转向、暂停等功能，提供和用户沟通的菜单式界面并存储整个系统的工作记录。以组合式刮板构成的典型系统为例，一个驱动电机通过链条或钢绳带动两个刮板形成一个闭合环路，由电机驱动，经减速装置减速后传递给传动链条，链条拖动其中一个刮板前进清粪，主刮板与地面垂直，而另一个刮板依靠后退滑块翘起不清粪，主刮板与地面平行。

2. 操作使用

（1）驱动单元。驱动单元（如图6-15）的驱动电机采用减速电机，减速电机的输出速度可调节，从而使清粪系统可以针对不同的畜禽设置不同的运行速度。而且速度可检测，可形成故障智能识别系统。

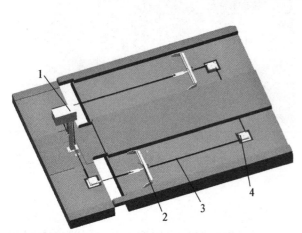

图 6-14　刮板式清粪机结构示意图

1.驱动单元　2.刮粪板　3.链条　4.转角轮

（2）转角轮。转角轮（如图6-16）上的转角轴采用自润滑轴套，轴套具有自润滑效果，免于维护，延长了设备的使用寿命。

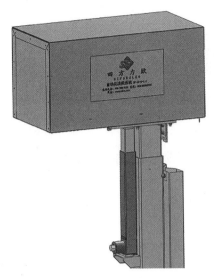

图 6-15　驱动单元

图 6-16　转角轮

（3）刮粪板。刮粪板（如图6-17）采用整体热镀锌，耐磨、耐腐蚀，主刮板与地面接触的地方采用可更换的耐磨块，能够有效地保护地面，同时能够有效地保护刮板，延长刮板寿命。后退时耐磨的后退滑块接触地面，使刮条与地面的间隙大于50毫米。

（4）控制箱。控制箱（如图6-18）提供窗口菜单式操作界面，含时间、温度显示装置，能设置各种操作参数，从时间、空间上控制刮板的运行。还可设置刮板自动操作的时间序列表，含自动报警系统。

图 6-17　刮粪板

图 6-18　控制箱

（二）畜禽粪便抽排机械

1. 尿泡粪＋虹吸管道清粪系统

尿泡粪是一种能够有效收集猪场废弃物的清粪方式，如图6-19所示，主要是将猪舍漏缝地板下的粪池分成几个区段，猪舍粪便通过水泥漏缝漏到地板下的储存空间。每个区段粪池下安装一个接头，接头连接粪池下的主管道，粪池接头处配备一个排粪塞，以保证液体粪便能存留在猪舍粪池中。经过一段时间的储存后，当要排空粪池时，可将排粪塞子用钩子提起来，这时利用虹吸原理形成的自然真空，将粪池内的粪水从排粪管道中排走（如图6-20）。

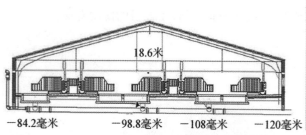

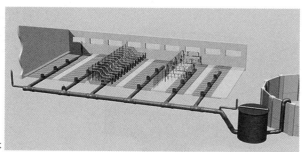

图 6-19　猪舍尿泡粪清粪工艺横截面图　　　图 6-20　虹吸管道清粪系统示意图

安装运行中,应注意以下几个方面:

（1）根据不同清粪面积选择不同的清粪管件,并合理划分清粪区域。

（2）注意猪舍粪池底水平控制,并预留长1米,宽1米,高0.1米的排粪坑。

（3）严格要求粪池防渗设计,池底、池壁均按现浇混凝土施工。

（4）首、末端安装排气阀。

（5）设计施工时保证清粪管道铺设坡度,坡度为5°。

（6）控制猪舍清粪时间,配套环境控制系统。

（7）选择合理的排放顺序,先排距离集粪坑最远的猪舍,也就是位置最高的猪舍。

（8）配套水泥漏缝地板,要求地板做工严谨、精细。

2. 回冲泵

回冲泵属于离心式粪泵,其结构如图6-21、图6-22所示。由传动轴与万向节传递电机旋转机械能至叶轮叶片,叶轮高速旋转,叶轮壳中的液体随着叶片一起旋转,在离心力的作用下,飞离叶轮向外射出,射出的液体在泵壳扩散室内速度逐渐变慢,压力逐渐增加,然后从泵出口扬水管流出。此时,在叶片中心处由于液体被甩向周围而形成低压,在大气压作用下池内液体补充,液体就是这样连续不断地从液池中被抽吸上来又连续不断地从扬水管流出。

回冲叶轮壳入口配备的四块铰刀片对传输介质有一定切割、搅拌作用,可以处理污水池中含有一定量秸秆的污水。

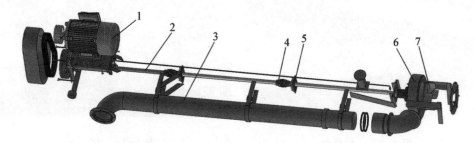

图 6-21　回冲泵

1.电机　2.传动轴　3.出水管　4.联轴器　5.轴承　6.泵壳　7.叶轮

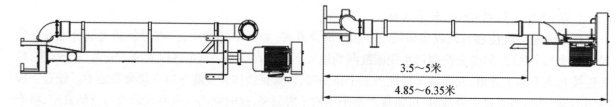

3.5～5米

4.85～6.35米

图 6-22　回冲泵结构示意图

在使用中,应注意泵的维护和保养:

(1)每运转150小时,检查泵运转噪声与振动是否异常;检查电机电流是否超过额定电流范围。

(2)每运转300小时,拆除皮带罩并检查皮带磨损状况,如果皮带出现严重磨损或破损情况,应进行整套更换。避免新旧皮带混用,因为新旧皮带受力不均会导致新皮带快速磨损失效。使用V带松紧测试仪进行皮带的松紧度检测。如果条件受限无法使用仪器,则用拇指按压皮带中心处,下沉量为20～30毫米为宜。顶部座式轴承加注润滑油。

3.混合泵

混合泵由传动轴与万向节传递电机旋转机械能至变速箱总成,如图6-23、图6-24所示。变速箱为双输出轴,横向带动搅拌叶轮对污水池内液体、纤维进行切割并搅拌均匀;同时竖向输出轴带动叶轮叶片,叶轮高速旋转,叶轮壳中的液体随着叶片一起旋转,在离心力与轴向推力的作用下,飞离叶轮向外射出,射出的液体在泵壳扩散室内速度逐渐变慢,压力逐渐增加,然后从泵出口扬水管流出。此时,在叶片中心处由于液体被甩向周围而形成低压,在大气压作用下池内液体补充,搅拌均匀的液体就是这样连续不断地从液池中被抽吸上来又连续不断地从扬水管流出。混合泵搅拌叶轮采用表面淬火工艺,可以有效切割纤维物;回冲叶轮壳入口配备的四块铰刀片对传输介质有一定切割、搅拌作用,可以处理污水池中秸秆纤维较多的情况。

图6-23　混合泵

1.电机　2.出水管　3.传动轴　4.联轴器　5.轴承　6.搅拌叶轮　7.齿轮箱　8.泵壳

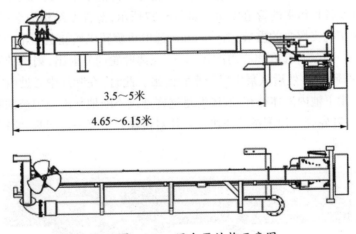

图6-24　混合泵结构示意图

4.搅拌器

搅拌器由传动轴与万向节传递电机旋转机械能至变速箱总成,如图6-25、图6-26所示。变速箱为90°输出,传递扭矩至搅拌叶轮对污水池内液体、纤维进行切割并搅拌均匀;搅拌叶轮采用表面淬火工艺,可以有效切割纤维物;回冲叶轮壳入口配备的四块铰刀片对传输介质有一定切割、搅拌作用,可以处理污水池中秸秆纤维较多的情况。

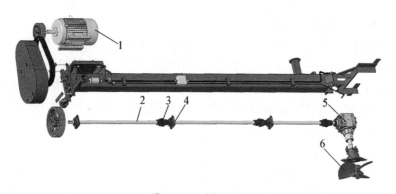

图 6-25　搅拌器

1. 电机　2. 传动轴　3. 联轴器　4. 轴承　5. 齿轮箱　6. 搅拌叶轮

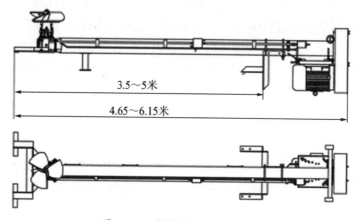

3.5~5米

4.65~6.15米

图 6-26　搅拌器结构示意图

5. 悬浮泵

悬浮泵能漂浮于池子水面,可随水面上升、下降,并能持续将池中水向外抽送,用于含固率不高于4%的污粪液体的回冲以及各种污水的管道传输。如图 6-27 所示,悬浮泵结构为立式离心泵,泵基础采用下层两浮筒,上层钢架结构支撑泵的重量。由传动轴传递电机旋转机械能至叶轮叶片,叶轮高速旋转,叶轮壳中的液体随着叶片一起旋转,在离心力的作用下,飞离叶轮向外射出,射出的液体在泵壳扩散室内速度逐渐变慢,压力逐渐增加,然后从泵出口扬水管流出。此时,在叶片中心处由于液体被甩向周围而形成低压,在大气压作用下池内液体补充,液体就是这样连续不断地从液池中被抽吸上来又连续不断地从扬水管流出。悬浮泵叶轮壳入口配备的四块铰刀片对传输介质有一定切割、搅拌作用,可以处理污水池中秸秆纤维较少的情况。

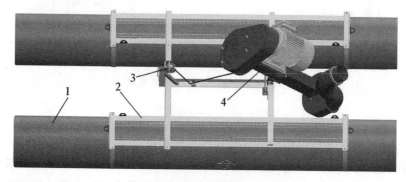

图 6-27　悬浮泵结构示意图

1. 浮筒　2. 泵架　3. 绞盘　4. 泵

（三）畜禽粪便处理设备

畜禽废弃物的处理方法可分为以下几种：一为物理处理，主要改变粪便的物理性质，所用的设备有固液分离机、干燥设备；二为生物处理，是利用细菌分解来减少畜禽粪便的生化需氧量（BOD），使其成为稳定化的肥料或净化的废水，所用的设备为有机肥发酵一体机、沼气池等；三为化学处理，主要用来对处理的废水进行消毒等。

1. 固液分离机

固液分离机是针对含固率较小、含水率较大的污水、粪水、沼液等原料进行大规模固液分离的设备。用于猪场、牛场等规模养殖场及屠宰场等场所，可将颗粒较大、含水率较高的污水混合物进行固液分离。

（1）结构原理。如图6-28所示，圆筛式固液分离机由电机、筛网、圆筒、螺旋叶片、重锤等组成，通过配套输送泵将集中于粪池中的粪水抽取进入固液分离机，由机体内的圆筛网进行初步过滤，经由筛网内螺旋输送至挤压部件进行螺旋挤压、固液分离。

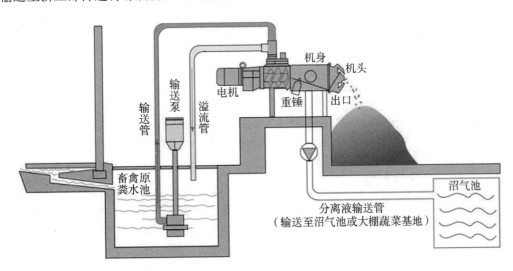

图6-28 圆筛式固液分离机工作示意图

（2）维护保养。每班下班前，清洗固液分离机进料夹层，以免粪渣淤塞影响分离效果。如发现出液口流出液体少，可单独做几次停、开动作，如果没有效果表示筛网需要清洗，一般情况下使用15～20天需清洗一次；累计运行720小时后，检查轴承并加注润滑油，如轴承过度磨损应立即更换；电子元件等损坏后，更换原型号的电子元件；参照机电设备完成其他的常规维护保养工作。

2. 有机肥发酵一体机

畜禽粪污有机肥发酵一体机（如图6-29）是针对养殖场畜禽粪便、动物园粪污、餐厨垃圾、污水处理厂剩余污泥等有机肥废弃物进行高温好氧发酵，对废弃物中的有机质进行生物降解，最终形成一种类似腐殖质土壤的高品质有机肥产品的一体化处理设备。

有机肥发酵一体机（如图6-30）由喂入装置、搅拌装置、热源设备、提升输送设备及电控装置等组成。处理含水率低于70%的原料时不需要水分调整材料，可将养殖场的新鲜粪便通过提升斗投入发酵罐，罐体内保留有发酵菌床，搅拌叶片自动启动进行搅拌；搅

图6-29 有机肥发酵一体机

拌叶片内部空腔设有通风管道，风机启动通过搅拌叶片风道对罐体内部送风，菌种好氧发酵；还可以根据发酵状态调整送风量，创造出好氧性微生物适宜繁殖的良好环境，通常运行时温度在65℃左右。经过多天发酵后，原料成为优质有机肥，并通过罐体下方出料口送出。处理周期为10～15天，出料直接为有机肥，含水率约为30%，可直接装包、销售。

3. 活氧水减臭技术

利用先进水处理技术——活氧水技术对养殖场供养殖饮用和冲洗猪舍的水进行处理，将猪场内原有的普通水处理成健康活

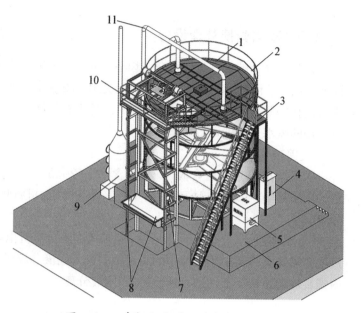

图6-30 有机肥发酵一体机结构示意图

1. 罐体 2. 护栏 3. 楼梯 4. 微电脑控制箱 5. 液压驱动装置
6. 发酵罐平台 7. 供氧风机 8. 提升架组 9. 除臭塔 10. 主轴
11. 除臭塔管道

图6-31 活氧水技术应用

氧水。经过活氧水处理设备处理后的水，由于水分子团带有极强的氧化性，能够在较短时间内杀灭细菌，减少恶臭，清洗污染物能力极强。同时作为畜牧饮用水，可排除畜禽体内的杂质，使畜禽在不用药或者少用药的情况下处于更为健康的状态。自2012年以来，浙江省已有浙江加华种猪有限公司等20余家单位应用活氧水技术（如图6-31），取得了良好的效果。

第二节 畜产品采集加工设备

一、挤奶机

挤奶机主要有移动式挤奶车、桶式挤奶机、管道式（含管道计量式）挤奶机、厅式挤奶机四类。厅式挤奶机是专门安装在挤奶间使用的一种管道式挤奶装置，除了管道式挤奶装置所包括的设备外，还配备了挤奶台、乳房清洗设备、挤奶栏门启闭机构、喂精料的装置等多种辅助设备。

挤奶机械的种类和样式很多，但基本结构和工作原理相似，主要由真空系统、挤奶杯组、脉动器、牛奶收集系统和清洗系统等组成（如图6-32），其工作原理概括如下：

（1）利用真空系统在整套设备作业过程中建立起稳定的真空环境。

（2）通过脉动器，将真空系统提供的稳定真空转换为脉动真空，并传送到乳头杯的脉动室，使乳头杯有规律地吮吸和挤压。

（3）通过集乳器将从4个乳头吸出的牛奶汇集起来，由牛奶收集系统输送到贮奶罐内，做暂时保存。

真空泵：真空泵是挤奶机的真空动力源。挤奶机上常用的真空泵有旋片泵、水环泵、活塞泵。现多为旋片式油环泵和无油泵配套变频电机。旋片泵是目前国外使用最多的真空泵，它的结构简单、造价低。水环泵的结构比旋片泵复杂一些，造价也高，但使用寿命长，可靠性好一些，所以，近几年来挤奶机厂家多采用水环泵。活塞泵相当于一个抽气筒，结构更简单，活塞式挤奶机上用的就是这种泵。常用的润滑方式有虹吸式和滴油式两种。

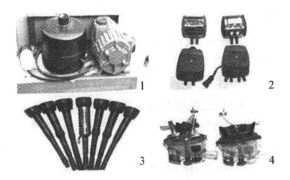

图 6-32　挤奶机主要部件

1.真空泵　2.脉动器　3.挤奶杯　4.集乳器

挤奶杯组：挤奶杯组共有2个或4个奶杯外壳，每个奶杯外壳都由外套和内套（奶衬）组成，奶杯奶衬都接到集乳器上。外壳由不锈钢制造。奶衬是奶杯的内衬，是易损件，但对于挤奶机又是非常重要的零件，材质为橡胶，用于和牛乳头接触，通过脉动真空形成模拟吮吸动作，完成挤奶作业。奶杯奶衬对橡胶的机械强度、曲折次数、拉伸率、抗变形、抗老化等指标都有较高的要求。

集乳器：集乳器是牛奶被挤出后接触的第一个收集牛奶的部件，其作用是汇集并输出4个奶杯挤出来的奶，它由上盖和下盖组成。上盖多为卫生级不锈钢制品，下盖有不锈钢和塑料两种材质，而塑料以其轻便、透明、成本低的优点为各大制造商和牧场所采用。

脉动器：脉动器是产生真空和大气的交替动作的部件，其功用是将真空泵形成的固定真空变为挤奶杯所需要的可变真空，使奶杯奶衬产生有规律的开合，它被称为挤奶机的心脏。一般分为气脉动器和电子脉动器，气脉动器相对来说价格低，但稳定性不如电子脉动器，所以未来的发展趋势是以电子脉动器为主。

稳压罐：它相当于气泵的气罐，主要起稳压的作用（微观调压）。其结构要求：一要有一定的内积，不小于15升；二要防止奶和水进入真空泵，有气水（或气奶）分离的作用；三是下边最低处有个自动排污阀，当真空泵停止转动，阀门能自动打开放出里面的污水（或奶液）。

真空调节器：它的作用是能使真空系统的真空度稳定在所需要的工作值内，真空度为±2千帕，当系统的真空度大于这个值时，阀门的开度加大，使进入系统的空气增加从而使真空稳定不变，当系统的真空度减小时，阀门的开度减小，进入的空气量减小（起宏观调压的作用）。

现重点介绍浙江省推广应用的管道计量式挤奶机。

1. 结构原理

管道计量式挤奶机是在管道式挤奶机的基础上增加了计量装置，安装在连接奶杯与输奶管道的长奶管上，可以精确监控每一头牛的挤奶量，有利于奶站和牧场对奶牛的产奶量有效监控和分群管理。无论是计量瓶式、分流计量式还是电子计量式都属于这种形式，挤奶机的其他部分与管道式挤奶机均一致（如图6-33）。

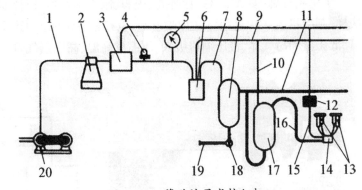

图 6-33　管道计量式挤奶机

1.主真空管道　2.隔离罐　3.稳压罐　4.调节器　5.真空表

6.气液分离器　7.过桥　8.集乳罐　9.挤奶真空管道　10.挤奶真空管

11.输奶管道　12.脉动器　13.奶杯　14.集乳器　15.长脉动器

16.长奶管　17.计量瓶　18.排奶泵　19.排奶管道　20.真空泵

2. 维护保养

（1）检查真空泵油量，不足应按说

明书要求加注润滑油。

（2）清洁集乳器进气孔。如果集乳器进气孔堵塞，集乳器中的奶就不能顺利排出，将导致变质，并且伤害乳房。

（3）检查、更换磨损或漏气的橡胶部件。

（4）更换破损的奶杯奶衬。发现奶杯奶衬与外壳间有水或奶，表明奶衬或者脉动系统有破损，应当更换奶衬。一般奶杯奶衬每用2500头次奶牛或750小时后应更换一次。更换奶杯奶衬时，应把奶杯奶衬装入不锈钢奶杯内。

（5）检查真空表读数。套杯前与套杯后，真空表的读数应当相同。摘取杯组时真空会略微下降，但5秒内应上升到原位。

（6）发现真空调节器无明显的放气声，说明真空储气量不够，需调整维修。

（7）清洗。一是每次挤完奶后，应及时清洗牛奶通过的有关部件。方法是选用清水冲洗，再放入70℃的热洗涤剂（含1%的碱），用毛刷进行洗涤，最后用80℃的热水清洗干净，晾干备用。二是奶杯内的橡皮套应拆出清洗，防止水温过高而变形。

二、牛奶储藏运输罐

牛奶储藏运输罐（如图6-34）主要由罐体、罐盖、不锈钢阀体、清洗装置及人梯、护栏、座体等部分组成。罐体的内胆采用奥氏体304食品级不锈钢焊接，罐体保温层采用聚氨酯整体发泡技术填充，主要用于鲜奶的保温、运输及储存。

牛奶储藏罐的工作原理是利用内胆与外壳之间设有聚氨酯硬质泡沫保温材料的保温性能，将冷却的牛奶放在罐内，在一定时间内保持温度稳定。

图6-34　牛奶储藏运输罐

三、牛奶制冷罐

牛奶制冷罐（如图6-35）由外壳、内胆、制冷蒸发器、搅拌器、入孔盖、温度计、进料口、透气孔、蝶阀、扶梯、制冷机组、CIP进程口、CIP喷淋头、电控柜等组成。工作原理（如图6-36）是利用制冷系统内的低温、低压氟利昂气体，被压缩机吸入，压缩成高温、高压蒸气，进入冷凝器被风冷却为高压饱和液体，再进

图6-35　牛奶制冷罐

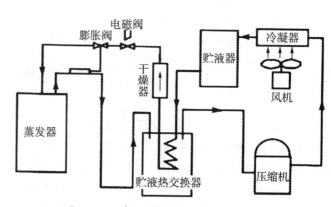

图6-36　牛奶制冷罐工作原理示意图

入贮液器,经干燥过滤器,通过膨胀阀节流降温、降压后分配进入蒸发器,在蒸发器内吸收罐内奶液的热量,蒸发为低压蒸气。蒸发后低压蒸气再被吸入压缩机,如此进行反复循环,使罐内奶液达到冷藏保鲜所要求的温度。

四、鸡蛋收集及处理设备

（一）集蛋设备

集蛋设备可分为平养集蛋设备和笼养集蛋设备。平养鸡舍的产蛋箱均成排安置,底网都朝通道一边倾斜,鸡蛋也滚向靠通道的槽内,常利用小车人工捡蛋。笼养鸡舍也可采用小车人工捡蛋,但人工捡蛋层数一般为三层以下。

1. 结构原理

叠层式笼养集蛋设备（如图6-37）除有鸡笼集蛋带及集蛋台或总集蛋带外,还有垂直向上或向下的输蛋机。垂直向上输蛋机如图6-37a所示,工作时,鸡笼集蛋带将蛋向左输送,再由垂直向上输蛋机提升落入集蛋带或总集蛋带上,由人工装盘或装箱。垂直向下输蛋机如图6-37b所示,工作时,输蛋机将各层输蛋带上的鸡蛋向下送给横向输送器进行收集。该

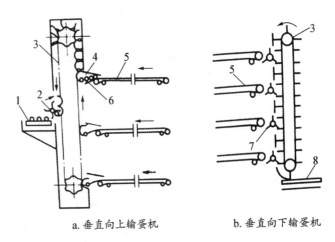

a.垂直向上输蛋机　　　b.垂直向下输蛋机

图 6-37　叠层式笼养集蛋设备

1.总集蛋带　2.拨蛋叉　3.垂直输蛋机　4.传送栅格
5.鸡笼集蛋带　6.栅栏　7.传递轮　8.横向输送器

设备无总集蛋带,而用杆式横向输送器代替。其优点是蛋在其上不滚动,破损的鸡蛋可从杆间漏下。

2. 维护保养

（1）为确保设备使用寿命,在使用时每月一次定期对传动箱传动链轮及齿轮等传动部件加注润滑油,对中央集蛋机各传动链轮加注润滑油,对中央输粪系统及中央输蛋系统加注润滑油。

（2）及时清理输蛋辊及输粪辊表面,防止杂物积压使输粪带胀裂或使辊轴断裂。

（3）及时清理软、破蛋收集盘中的杂质。

（4）通风系统应根据季节的不同对侧墙通风和屋顶通风进行适当调整。

（5）应经常保持照明灯泡的清洁,以防影响光照强度。

（二）鸡蛋处理设备

鸡蛋需经过处理加工,才能给予消费者高品质的鸡蛋。鸡蛋处理的工艺流程如图6-38所示,有的鸡蛋还采用红外线杀菌处理或消毒剂杀菌处理。首先将各层各排或各栋的鸡蛋集中后输送到后续的相关处理作业场所,为进蛋作业,再将鸡蛋包装、装箱,由冷藏车运送至加工处理场所,经吸盘式供蛋装置取蛋后送入洗

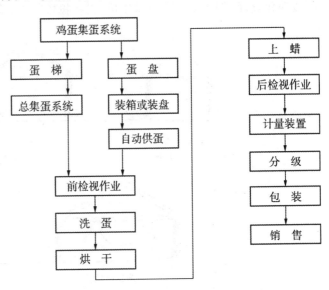

图 6-38　鸡蛋处理工艺流程图

选机械，或直接由总集蛋系统送入，然后经人工或以视觉系统配合相关捡蛋机械来完成，后经洗蛋机进行清洗，最后经烘干、上蜡、后检视作业、计量、分级、打包销售。

鸡蛋在处理时，应注意以下几个方面：

（1）清洗后的鸡蛋，需要经过干燥设备进行干燥，以避免因潮湿而引起细菌滋生，热风的温度高于鸡蛋的温度，再配合软刷去除大水珠，以进行干燥作业。

（2）鸡蛋经清洗烘干后，表面受损坏，需上蜡来保护，以避免细菌与空气进入，从而延长鸡蛋的储藏期限并确保其品质。

（3）经清洗、烘干与上蜡的鸡蛋，仍然有未清洗洁净，或是有破损、裂痕，需要挑选出来，以确保鸡蛋的品质。

（4）每一个符合品质要求的鸡蛋，都需要经计量装置进行重量的计算，以达到分级的目的。

第三节　畜禽舍环境控制设备

畜禽舍环境控制就是控制影响畜禽生长、发育、繁殖、生产产品等的所有外界条件。畜禽舍空气环境因素，主要包括温度、湿度、气流、光照、有害气体、灰尘等，它们共同决定了畜禽舍的小气候环境。畜禽舍环境设备主要有畜禽舍降温设备、畜禽舍加热设备、采光与照明的控制设备和畜禽舍环境综合控制器等。

一、畜禽舍降温设备

（一）机械通风

机械通风的主要形式包括正压通风、负压通风和联合通风（如图6-39），其作用主要是增加对流散热、蒸发散热和气体交换，改善空气质量，进行通风换气和温度调控。正压通风一般用离心式风机将空气压入舍内，造成舍内气压高于舍外，舍内空气则由排风口自然流出。正压通风可对空气进行加热、降温或净化处理，但不易消除通风死角，设备投资较大；负压通风一般用轴流式风机，将舍内空气排出舍

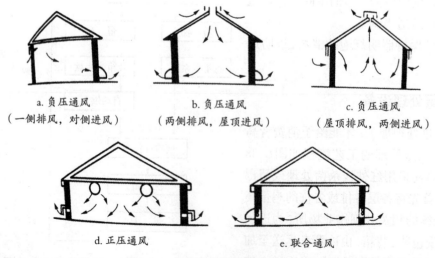

图 6-39　机械通风的主要形式

外,造成舍内气压低于舍外,舍外空气由进风口自然流入;联合通风则是进风和排风均使用风机,一般用于跨度很大的畜禽舍。

机械通风在实际应用中,应注意以下几个问题:

(1)对于横向通风,跨度小于12米的畜禽舍通常采用一侧排风、对侧进风的负压通风,风机数量需根据夏季所需通风量和每台风机的风量确定。

(2)横向通风一侧进风另一侧排风时,风机宜设置于一侧墙下部,进风口均匀布置于对侧墙上部。风机口应设铁皮弯管,进风口应设遮光罩以挡光避风。相邻两栋畜禽舍的风机或进风口,应相互错开设置,以免前栋畜禽舍排出的污浊空气被后栋畜禽舍的进风口吸入。

(3)采用上排下进时,两侧墙上的进风口位置不宜过低,并应装导向板,防止冬季冷风直接吹向畜体。

(4)畜禽舍内的空气要随季节不同、空气环境不同而适当开启风机,保证合理的通风换气,还要注意节能,降低生产成本。实际生产中,采用畜禽舍风机控制器进行自动控制。

(二)风机湿帘降温设备

现代集约化畜禽舍多采用风机湿帘降温设备(如图6-40),该设备包括水箱、水泵、水分配管、湿帘、水槽、回水管等。湿帘设在畜禽舍一端的侧墙或端墙上,水箱设在靠近湿帘的舍外地面上,水箱有浮子装置,使水面保持固定高度。水泵将水输入湿帘上方的水分配管内,水分配管是一根带有许多细孔的水平管,它将水均匀分配使水沿湿帘淋下,通过湿帘的水被收集在水槽内再回入水箱。畜禽舍另一端侧墙或端墙的排气风机开动,使畜禽舍形成一定的负压,室外空气就通过湿帘进入舍内,在通过湿帘的同时水蒸发吸收热量,从而降低了进入空气的温度。为了避免出现不断的水蒸发而使水中盐分累积,水平管末端有排流细管,水不断从此排出,排出的水量约为水蒸发量的20%。

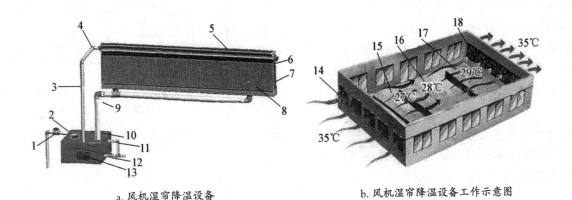

a.风机湿帘降温设备　　　　　　b.风机湿帘降温设备工作示意图

图6-40　风机湿帘降温设备

1.进水调节阀　2.观察口　3.给水管　4.冲压阀　5.水分配管　6.维修口　7.不锈钢外框　8.湿帘
9.回水管　10.水箱　11.溢水管　12.清洗阀　13.水泵　14.水帘墙　15.厂房水帘降温
16.厂房水帘降温　17.室内温度　18.负压风机

二、畜禽舍加热设备

人工采暖的方式有集中采暖和局部采暖两种,前者是由一个热源将热媒(热水、蒸汽或热空气)通过管道送至各房舍的散热器;后者是在需要采暖的房舍或地点设置火炉、火坑、保温伞、红外线灯。

（一）热水式供热系统

热水式供热系统是以水为热媒的设备，与暖气供热相似。按照水在系统内循环的动力可分为自然循环和机械循环两类。自然循环热水供热系统（如图6-41）由热水锅炉、管道、散热器和膨胀水箱等组成。锅炉和散热器之间用供水管连接，系统水满后，水被锅炉加热升温，密度减小，而在散热器中的水热量散发，温度降低，密度加大，冷却后又回流至锅炉被重新加热，形成循环。膨胀水箱用来容纳或补充系统中的膨胀或漏失。散热器串联为单管系统，并联为双管系统，前者用管较省，流量一致，但温度不均；后者流量不均，但温度一致。机械循环热水供热系统比自然循环热水供热系统多设一台水泵，一般安装在回水管路中，适用于管路长的大中型供热系统。

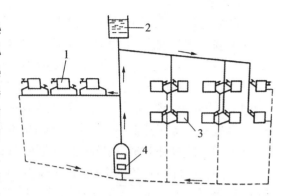

图 6-41　自然循环热水供热系统

1. 散热器（单管系统）　2. 膨胀水箱
3. 散热器（双管系统）　4. 热水锅炉

（二）热风式供热系统

热风式供热系统常用于幼畜禽舍，由热源、风机、管道和出风口等组成，空气通过热源加热后由风机经管道送入舍内。根据热源的不同，此系统可分为热风炉式、蒸汽（或热水）加热器式和电热式。蒸汽加热器式热风供热系统（如图6-42）的加热和送风部分由气流窗、气流室、散热器、风机和吸风管等组成。散热器是由散热片组成的成排管子，锅炉蒸汽或热水通过管内。室外新鲜空气通过可调节气流窗被风机吸入气流室，经过滤后进入散热器受到加热，最后沿暖管进入舍内。电热式热风供热系统与蒸汽加热器式类似，区别是用电热式空气加热器代替蒸汽式空气加热器。电热式空气加热器制作简单，在风道中安上电热管即可，设备投资较低，但耗电量大，使用费用高，生产中应慎重选择。

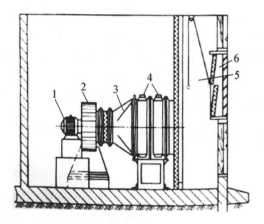

图 6-42　蒸汽（或热水）加热器式
热风供热系统

1. 电动机　2. 风机　3. 吸风管　4. 散热器
5. 气流室　6. 气流窗

（三）局部供热式供热设备

局部供热式供热设备用于幼畜禽舍，主要包括育雏伞、红外线灯、锯末灯、加热地板等。育雏伞是在地上或网上平养雏鸡的局部加热设备。红外线灯用于产崽母猪舍的崽猪活动区和雏鸡舍的局部加热，有250瓦和650瓦两种，视舍内温度情况而定。崽猪舍灯高距地面45厘米以上，雏鸡舍为25厘米以上。加热地板主要用于产崽母猪舍和其他猪舍，由于其易引起水的蒸发增加舍内湿度，应使饮水器远离加热地板，母猪活动区不应设加热地板。加热地板有热水管式和电热线式两种，二者所用控制温度传感器应位于加热地板地表面下25厘米处，距热水管100～150毫米或距电热线50毫米。热水管式是用水泵将热水从热水锅炉中抽出，通入地板下的加热水管，再流入加热器，水管中的热水对地板进行加热。控温仪器根据地板下的传感器所测温度来启动或停止水泵。

三、畜禽舍采光控制

为使舍内得到适当的光照,畜禽舍必须进行采光控制。光照的时间、强度及光的颜色都会影响畜禽的生长发育、性成熟等生产性能,因此,光照是畜禽舍小气候环境的重要因素。畜禽的种类不同,光照的影响程度也不同。采光控制主要是光照时间控制和光照强度控制。

(一)自然采光的控制

自然采光取决于通过畜禽舍开露部分或窗户透入的太阳直射光和散射光的量,而进入畜禽舍内的光量与窗户面积、入射角、透光角等因素有关。采光设计的任务就是通过合理设计采光窗的位置、形状和面积,保证畜禽舍的自然光照要求,并尽量使照度分布均匀。

(二)人工照明

人工照明即利用人工光源发出的可见光进行照明,多用于家禽,其他畜禽使用较少,要求照射时间和强度足够,且畜禽舍内各处照度均匀。

1. 操作使用

(1)畜禽舍应选择可见光区400～700纳米的光线,鸡舍内白炽灯以40～60瓦为宜,不宜过大。

(2)灯的高度直接影响地面的光照强度,灯越高,地面所接受的光照强度就越小,一般灯具的高度为2～2.4米。有条件的畜禽舍最好安装灯罩,可使光照强度增加30%～50%,灯罩一般采用伞形或平形。

(3)灯泡与灯泡之间的距离,应为灯高的1.5倍。为加强人工照明效果,建舍时最好将墙、顶棚等反光面涂成浅颜色,饲养管理过程中要经常擦拭灯泡,避免灰尘减弱光照强度。

(4)灯光控制器要安装在干燥、清洁、无腐蚀性气体和无强烈震动的室内,阳光不要直射灯光控制器,以延长其使用寿命。同时,要合理设置灯光启闭时间。

2. 维护保养

灯光控制器使用一段时间(2～3个月)后,要检查电源线的接线情况、时钟显示的时间、定时的程序、光敏的灵敏度、电池的好坏、手动开关的好坏等情况,有的需调整,有的需更换,光敏探头的灰尘一定要擦干净。另外,实际使用中鸡舍灯的总功率最好小于控制器所标定功率的70%,用铜塑线接线,这样才能有效延长其使用寿命。

四、畜禽舍环境综合控制系统

畜禽舍环境综合控制系统介绍详见第八章相关内容,这里作简要介绍。目前,许多畜牧机械设备企业研制开发了畜禽舍环境综合控制器,可以对畜禽舍内、外的机械设备进行综合控制,如加热、降温、喂料、饮水、清粪、光照等,既可分别控制又可联动控制,并有超限报警等功能。该系统一般由三个部分组成,即远程网络监控中心、计算机终端和畜禽舍环境控制器(如图6-43)。

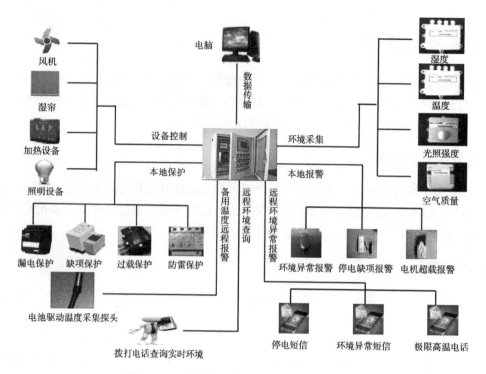

图 6-43　畜禽舍环境综合控制系统示意图

第四节　养蜂机械

养蜂业作为现代农业的重要组成部分,是维持生态平衡不可缺少的链环,不仅能够提供大量营养丰富、滋补保健的蜂产品,增加农民收入,促进人民身体健康,而且对提高农作物产量、改善农产品品质都具有十分重要的作用。我国养蜂业属于劳动密集型产业,因此,推广养蜂机具有利于促进养蜂机具研发,降低养蜂者劳动强度,提高养蜂业规模比重。

一、分蜜机

（一）弦式分蜜机

蜜脾在分蜜机中,脾面和上梁均与中轴平行,是一类呈弦式排列的分蜜机。目前,我国多数养蜂者使用两框固定弦式分蜜机（如图6-44）,特点是结构简单、造价低、体积小、携带方便,但每次仅能放2张脾,需换面,效率低。

（二）辐射式分蜜机

辐射式分蜜机（如图6-45）多用于专业化大型养蜂场。蜜脾在分蜜机中,脾面与中

图 6-44　两框固定弦式分蜜机

1.桶盖　2.桶身　3.框笼　4.传动机构　5.摇柄

轴在一个平面上,下梁平行于中轴,呈车轮的辐条状排列,蜜脾两面的蜂蜜能同时分离出来。

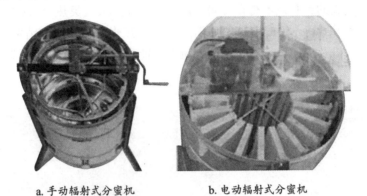

a. 手动辐射式分蜜机　　　b. 电动辐射式分蜜机

图 6-45　辐射式分蜜机

二、移虫机

移虫机主要用于取代人工移虫生产蜂王浆,实现蜂王浆生产移虫的机械化,在减轻劳动强度的同时提高了蜂王浆生产移虫的效率。

1. 结构原理

移虫机主要由机架、吹气管、变压器、电路、气路和空气泵等组成(如图6-46)。机架有放置台基条和组合式子脾的装置,使放置其上的子脾和台基条能面对面,从而使子脾上的产卵穴和台基条上的穴孔相对。机架上、下部设置阀组用于控制上、下吹气管组成的吹气管组。吹气管组中吹气管吹气端移虫工作头的排列方式与台基条的穴孔对应,且吹气端向着子脾放置的位置弯转,使子脾和台基条面对面,吹气口处在子脾的产卵穴中,能吹向处在产卵穴孔底处的蜜蜂幼虫,工作时,能将幼虫吹向台基条,从而完成移虫。

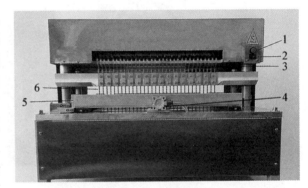

图 6-46　移虫机

1. 开关　2. 子脾固定架合拢开关　3. 吹气管　4. 气缸
5. 子脾固定架　6. 吹气端移虫工作头

2. 操作使用

(1)移虫机需配套专用组合式子脾、割台机、台基条使用。

(2)移虫机的安装。解开包装箱下方四直档上的木螺栓,向上提起箱体,将箱体平放在地上,需平稳、无跷脚;将移虫机连箱底木板抬起并放置在箱体上即可;转地饲养时用包装箱包装好移虫机后再运输。

(3)移虫机工作环境需保持干净卫生,空气泵每5天放水一次。移虫时,精密压力调节表显示的空气压力应保持在0.07～0.08兆帕之间。

(4)移虫操作。首先将孵化完成的专用组合式子脾从蜂箱取出,再将每条子脾分开从孵化框中拿出,如图6-47a所示;把待移虫的专用组合式子脾条放置在移虫机固定架指定位置,如图6-47b所示;把待移虫的台基条放入移虫机台基条固定架指定位置,如图6-48所示。通过相关操作按钮即可移虫,每根专用组合式子脾条可移两根台基条的幼虫。

（5）移虫注意事项。边挖蜂王浆边移虫，每次挖蜂王浆30～50根台基条，刚挖净蜂王浆的台基条应立即移虫。移虫完成的台基条不得在蜂箱外超过20分钟，天气炎热时，应在10分钟内放入蜂箱。移虫机出气口一般在移虫30～50根台基条后需用毛刷蘸热水清洁一次。清洁完成后继续移虫。移虫完成后必须清洗移虫机及出气口。左右精度导轨上不能有水和其他污物，每2天在导轨上均匀涂抹一次白油。

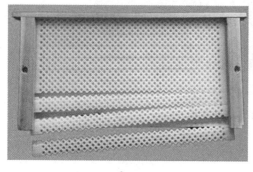
a

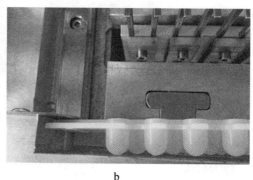
b

图 6-47　专用组合式子脾

a

b

图 6-48　移虫机台基条固定架

三、钳虫机

钳虫机是用于取代人工钳虫的机械，可实现蜂王浆生产过程中钳虫机械化。该机能一次性钳取浆碗中的幼虫，且钳虫爪基本不带浆，钳出幼虫完整，在减轻蜂农劳动强度的同时，提高了蜂王浆的产能。

1. 结构原理

钳虫机包括钳虫操作平台、连接装置和踏板装置等（如图6-49）。钳虫操作平台由工作台面、支撑架、导向轴、固定轴、钳虫装置、台基条定位杆、动作上限位器、动作下限位器、台基条固定滑板、台面支撑架、集虫槽组成，其中钳虫装置由钳虫爪、钳虫爪连接簧、钳虫爪固定栓、钳虫动作滑块组成；连接装置由动作连接杆、动作连接块、动作连接轴承、动作连接轴组成；踏板装置包括踏板固定座、踏板固定轴、踏板等。

2. 操作使用

（1）钳虫机的安装。将木箱体平放在地上保证箱体放置平稳、无跷脚，然后将钳虫机连同箱底板抬起放置在箱体上即可使用。

（2）台基条的准备。将已泌满蜂王浆的台基条从蜂箱内取出，用割台机割净台基条四周的蜂蜡，并用专用清台器把赘蜡清理干净。

（3）将钳虫机移动板拉出，把台基条放入正确位置。右上向前推动移动板至指定位置。

（4）左手压下钳虫架，使钳虫爪正确进入台穴内。左手压住不动，右手放开移动板，握住钳虫杆向左移动钳虫。右手保持钳虫状态不动，左手放开钳虫架，然后拉出移动板，右手放开钳虫杆，把钳完幼虫的台基条拿出，完成钳虫动作。

（5）右手压下脱虫杆上下活动，使钳虫爪上的幼虫落入集虫槽内，重复以上动作即可钳虫。

（6）将集虫槽抽出，并把幼虫倒出。

3. 维护保养

（1）钳虫完毕立即用清水灌入喷壶冲洗钳虫爪上残余的王浆。钳虫爪必须冲洗干净，否则下一次钳虫时会带出王浆。

（2）右手将脱虫杆上下活动，冲洗脱虫架中残余的王浆，必须冲洗干净（否则残余王浆会黏住钳虫针导致钳虫针损坏）。若第二天脱虫时感觉重，说明前一次钳虫后未将脱虫架中残余王浆清洗干净，必须立即停止使用脱虫杆。使用热水和牙刷将脱虫架中残余王浆清洗干净后再继续使用。

（3）钳虫机精确导轨的保养。打开左右导轨盖板，把导轨上的污物擦干净后，在导轨上均匀涂抹润滑脂，涂完后盖上盖板，即可使用，每3天清理一次。

图 6-49　钳虫机

1. 钳虫架操作杆　2. 脱虫杆　3. 钳虫杆　4. 集虫槽

5. 台基条　6. 移动板　7. 钳虫爪

四、挖浆机

挖浆机主要用于取代人工挖取蜂王浆，可以实现蜂王浆挖取机械化，在减轻广大蜂农劳动强度的同时，大大提高了蜂王浆的产能。

1. 结构原理

挖浆机由电机、输入槽、输送轮、挡浆条、挖浆片、刮浆板、集浆槽等组成，如图6-50、图6-51所示。挖浆机能模仿手工挖取王浆模式，通过控制机构，使机械手按照一定的顺序做出多种动作，如伸、挖、取、排等，使其整体形成类似智能化机器人所进行的机械化、自动化挖浆操作。

2. 操作使用

（1）产浆框。挖浆机必须使用

图 6-50　挖浆机

1. 输入槽　2. 故障排除拉手　3. 输送轮
4. 离合器　5. 手轮

图 6-51　挖浆部分

1. 输送轮　2. 挡浆条　3. 挖浆片
4. 挖浆轴

配套的台基条和专用浆框,每框5条台基条(如图6-52)。

图6-52 产浆框

(2)蜂王浆挖浆机的安装。解开包装机箱的四只卡扣,向上提起箱体即可。将箱体平放在地上即是工作台,要使箱体放置平稳、无跷脚,将挖浆机连同箱底板抬起放置在箱体上,将集浆槽口端露出箱体边缘,以便在集浆槽的下方放置王浆瓶(如图6-53);当转地饲养时需用包装箱包装好挖浆机后再运输。

(3)割台机的使用。将已泌满蜂王浆的台基条从蜂箱内取出,用割台机一次性割净台基条四周的蜂蜡。割台时先在割台机刀口上喷少许清水,然后将台基条放入割台处,快速割净台基条四周的蜂蜡,然后钳去蜂王幼虫,并将没有接受的王台内赘蜡用清台器清除干净。

(4)刮浆板的位置。检查刮浆板是否在刮浆基板上,用力向下按动,放手后刮浆板会自动弹起,如不能弹起,说明刮浆板未安装到位,需重新安装;检查挡条是否已安装好;检查左右两个插销是否插入挡条的两个孔内。

图6-53 集浆槽

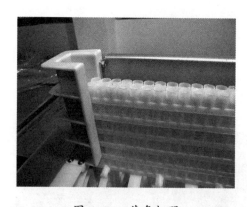

图6-54 基条机器

(5)挖浆操作方法。将已处理干净的待挖台基条集中放在机器旁,有王浆的台口朝上放入机器两端的输入槽内(如图6-54)。第一条台基条要平稳地放置在输送轮上,必须放平,不然会卡住,然后逐条放入其他的待挖台基条,当输入槽内放满时会有6条台基条。

(6)手动挖浆。将离合器柄放在手动位置,将摇手柄和手柄轴用螺栓刀固定在手轮上。此时用水壶在整排挖浆头上一次性喷少许清水,保证挖浆头不易损坏,顺时针转动手轮,台基条会自动一条一条地进入输送轮中,此时可将待挖的其他台基条放入输入槽内,要保持输送槽内不少于2条台基条。

(7)电动挖浆。机器正常运转后如需电动,此时可将离合器柄按箭头方向扳动,使离合器柄处在电动位,再开启电机,机器就会自动挖取王浆,此时需不断在输入槽内添加待挖台基条。

(8)使用完毕后,用热水或医用酒精清洗挡浆条、刮浆板、集浆槽,再用卫生毛巾擦干备用。每次生产完毕都要清理,保持设备卫生。

3.注意事项

(1)台基条在机器中卡住时,手轮会明显地感觉沉重,或者电机驱动轮发出"咔、咔"的响声,或者台基条不能进入输送轮,这是因为没有将台基条上的残蜡清除干净或者是第一条放入时不够平直,造成台基条不能顺畅地进入输送轮,此时需立即关闭电机或者停止转动手轮,将已卡住的台基条用手拉出,或者将其夹断取出,故障即可排除。

（2）有些台基条内的王浆未完全挖净或者未挖到现象出现时,这可能是因为挖浆片松动、弯曲变形、断裂或磨损,需换上新的挖浆片。

（3）挖浆片有时断裂,这是因为挡浆条上有上次挖浆时王浆干固后的残留物,应用温湿毛巾擦拭。

五、养蜂专用平台

养蜂专用平台与养蜂车结合（如图6-55）,集养蜂、运输、生活于一体,提高了养蜂机械化水平和工作、生活环境。养蜂车车厢的两侧为多层框架结构,可以固定饲养80～110个蜂群。两侧蜂箱之间的空间为工作场所,在车厢上完成蜂群管理、蜂产品采集等工作。车厢前部设置了独立的生活空间,配套了各种养蜂机械。储存箱在车厢下部,可储存2～3吨蜂蜜,还可安放各种生产、生活用具,适合养蜂专业户在野外作业。

图6-55 养蜂专用平台及养蜂车

第五节 病死畜禽无害化处理设备

病死畜禽及畜禽产品携带病原体,如未经无害化处理或任意处置,不仅会严重污染环境,还可能传播重大动物疫病,危害畜牧业生产安全,甚至引发严重的公共卫生事件,因此必须高度重视病死畜禽无害化处理工作。基于掩埋处理法、焚化处理法、化尸窖处理法存在一定的缺陷,现简要介绍技术相对比较先进的高温生物降解法、化制生物处置法和动物尸体气化焚烧技术。

一、高温生物降解法

高温生物降解法的原理:先由切割粉碎机将病死畜禽切割、粉碎成尸体碎片,然后加入适宜的菌种,投入一定量的木屑、麸皮等作为辅料,通过高温生物发酵设备自动加热以及搅拌叶搅动,使病死畜禽碎片与基质充分混合,在密闭环境中实现病死畜禽的高效分解。尸体在搅拌过程中快速降解,经24～48小时发酵处理,在生物酶的作用下,有机物料的大分子物质（蛋白质、纤维素）被降解成小分子物质（氨基酸、糖类）,从而达到分解有机物的目的,最终达到批量环保处理、循环利用,实现"源头减废,消除病原菌"的功效。

据试验应用,高温生物降解法一是处理成本低,该设备每批次处理1.4吨畜禽有机废弃物,需要添加1.5千克有益菌,经过36～48小时处理,需耗费200～300元用电成本和90元益生菌使用成本,锯末等辅料成本100元,可以产生800千克左右的有机肥原料,若有机肥原料按1元/千克计算,销售收入为800元,考虑到人工成本,收支基本平衡;二是使用方便,采用电脑控制模式,投猪、出料及设备运行全程实现现代化,被处理病死猪及副产品无须肢解、搬运,省时省工,可防止疫情传播;三是无害化,将生物灭菌和高温灭菌复合处理,处理物质和产物均在机器内完成,所产生的气体经过消毒过滤,无异味,具有占地少、安装方便、易操作等特点。但实际生产过程中也存在一定的问题,如病死动物高温降解过程中,各种病原菌可能未彻底杀灭,产物可能含有少量的杂质,处理过程中产生的尾气可能带来二次污染。该设备每批次处理量仅为1～2吨,适用于中、小规模养殖场。

二、化制生物处置法

化制生物处置法的原理:病死动物通过高温灭菌、熟化粉碎后作为基质,添加生物菌种和其他辅料作为蝇蛆的饲料,蝇蛆成为优质蛋白质饲料,残渣处理后成为有机肥料。主要处理流程:病死动物收集→高温灭菌(熟化)、粉碎→辅助处理(菌种、辅料)→自动铺料→生物处理→生物学分离→蝇蛆、有机肥的资源化利用。

桐乡恒生动物处理厂采用物理方法与生物方法相结合的处理手段,将病死猪投入到有机废弃物处理机内密封,首先切割、粉碎,经140℃以上高温、0.5兆帕高压熟化4小时以上,添加菌种等辅料作为蝇蛆的饲料,通过微生物和蝇蛆的生物处理,最终收获蝇蛆和有机肥。蝇蛆作为优质蛋白质饲料,用来喂鸡、喂养特种水产等,有机肥实施还田。生产过程中出现的废渣、废液用作蝇蛆生长的饲料,而废气则通过管道排到菌种培养池,通过培养池底部镂空的设计让废气慢慢渗透到上层的菌种当中,再适时喷洒水以增强菌种的吸附能力,既促进了菌种的生长,也杜绝了废气的外泄。这种无害化处理病死畜禽模式,不产生废渣、废液、废气,实现了零污染、零排放。

三、动物尸体气化焚烧技术

动物尸体气化焚烧技术适用于病死动物尸体及相关动物产品的无害化处理。原理与方法以9QFL-1000型动物尸体气化焚烧炉(如图6-56)为例,将病死动物尸体在密封筒体内轧碎,直接落入炉内密封的高温气化装置,动物尸体在高温缺氧的条件下,利用尸体自身的热量气化成可燃气体而完全燃烧,解决处理成本高的难题,避免尸体在处理过程中对大气环境的污染,达到无烟、无味、无污染的目的。

图6-56 动物尸体气化焚烧炉

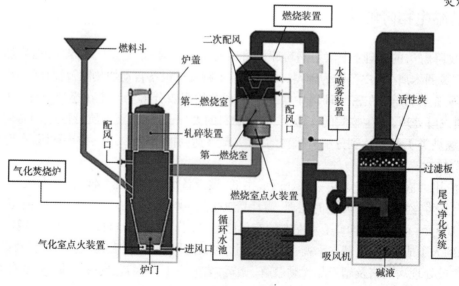

图 6-57 动物尸体气化焚烧示意图

　　动物尸体气化焚烧炉（如图6-57）包括气化炉筒体、炉盖、点火装置、喷火口等。在气化炉筒体的点火装置上面铺设薄薄的一层煤炭，煤炭上面放上动物尸体，在尸体周围沿炉膛内壁再放入一圈煤炭填充，关上顶盖，向炉膛底部的点火装置电炉盘通电，点火，点火成功后即把电热管电源切断，让其退出工作，接着，动物尸体利用自身的热量进行气化、焚烧，尾气通过尾气净化系统进行净化，达到气体排放标准。

第六节　水产机械

　　我国是世界水产养殖第一大国，淡水、海水养殖产量达到世界养殖总量的一半以上。水产养殖业要持续稳定地发展，离不开水产养殖机械。水产机械是指用于水产养殖、捕捞及其初加工等相关农事活动的机械设备。本节重点介绍浙江普遍应用的水产养殖与初加工机械设备。

一、挖塘清淤机

　　鱼塘使用一段时间后，由于死亡生物、鱼类粪便的沉积，会形成恶化水质的淤泥，因此要定期进行清淤作业。挖塘一般采用推土机、挖掘机等通用机械，本节仅仅介绍可兼用的水力挖塘清淤机。水力挖塘清淤机一般由高压泵冲水系统、泥浆泵输送系统和配电系统组成。其工作流程是先用水泵产生的高压水冲击拟挖或清淤的塘底，使之成为泥浆，再由泥浆泵吸送提升到塘外的适宜处。使用该机组具有工效高、成本低、适应性强等优点。

　　（1）高压泵冲水系统。高压泵冲水系统由高压泵、输水管和水枪组成，高压水泵的工作原理与选用原则与普通水泵相同，输水管要采用阻力小、耐高压、重量轻的锦塑管，并配快速接口，水枪要采用射水密集性强、水柱压力大的开关水枪。

　　（2）泥浆泵输送系统。泥浆泵输送系统由泥浆泵、浮体和输泥管组成。泥浆泵为单节立式离心泵，主要由蜗壳、叶轮、泵座、轴、联轴节、电机及输出管组成。与普通离心泵相比有如下特点：叶轮为三片单圆弧叶片，采用半封闭式，具有良好的通过性；电动机与泵体的距离较长，以保证浸入水中时，电动机不与水接触；结构密封性好，能防止泥水污损零部件。浮体采用并联的双体浮筒，其功用是浮托支撑泥浆泵，保持泥浆泵吸泥的适当深度，浮体、泥浆泵和输泥管连为一体，可在作业区内移动。

　　（3）配电系统。配电系统由电缆、支杆和配电箱组成。

二、增氧机械

　　水产养殖应用增氧机械，可以有效提高水体溶氧量，解析水中的有害气体，防止因缺氧而发生鱼虾"浮头"甚至死亡。目前，常用的增氧机械有叶轮式（如图6-58）、水车式（如图6-59）、涌浪式（如图6-60）、曝气式、喷水式等。

图 6-58　叶轮式增氧机　　　　图 6-59　水车式增氧机

图 6-60　涌浪式增氧机

（一）叶轮式增氧机

　　叶轮式增氧机（如图6-61）由电动机、减速器、叶轮、机体支架和浮球组成。其工作原理是通过高速旋转的叶轮，将其下部的贫氧水吸起来，在水面激起水跃和浪花，形成能裹入空气的水幕，不仅扩大了气液界面的比表面积，并且加快了空气中氧的溶解速度，同时还有搅水和解析有毒气体的作用。

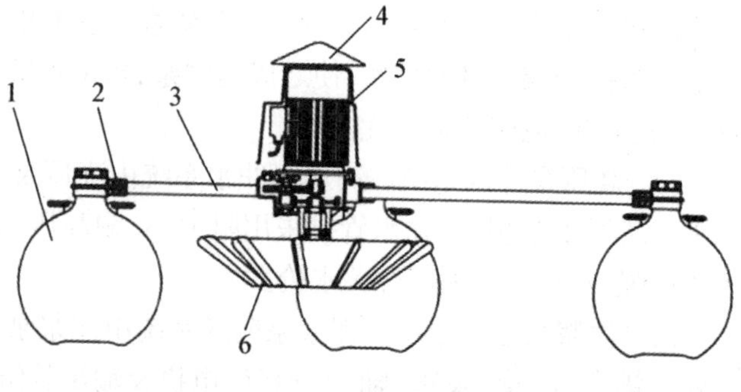

（二）水车式增氧机

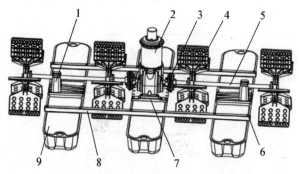

图 6-61　叶轮式增氧机结构示意图

1.浮球　2.固定圈　3.撑杆　4.防水罩　5.电动机　6.叶轮

　　水车式增氧机由电动机、减速器、叶轮、机体支架和浮箱组成，如图6-62所示。也有采用皮带传动，并将电动机置于浮箱内，使结构更为紧凑。工作时，叶片刚好浸没水中，为减少运动阻力和增加淋水效果，整个叶片开有很多小孔，并将叶片形状设计成蹼状，每只叶轮的叶片数一般为8片或更多。

图 6-62　水车式增氧机结构示意图

1.轴承座　2.电动机和减速器　3.活动接头　4.叶轮　5.传动轴　6.螺栓　7.底座　8.方管　9.浮箱

水车式增氧机工作时,电动机通过减速器或皮带输出动力,带动叶轮做单向转动,转速一般为80转/分。当叶片入水时冲击水面激起水花,把空气带入水中,并产生一个作用力,一方面把表层压入下层,另一方面促使水向后流动。当叶片离开水面时,在离心力的作用下,叶片背面会形成负压,使下层水上升。当叶片转离水面时,在离心力的作用下,叶片上的水被抛向空中,激起强烈的水跃,增加水与空气的接触面。同时,由于叶片转动而形成气流,可以加速空气在水中的溶解。

(三)涌浪式增氧机

涌浪式增氧机(如图6-63)由电动机、减速箱、浮体叶轮盘、叶片等组成。浮体叶轮盘带动叶片旋转,产生强大的波浪向四周扩散,提高了水体与空气的接触面积,并通过曝气空气接触和藻类光合作用、紫外线辐射等作用,使整个水体溶氧量增加,改善水质,减少污水排放。同时,具有强大的提水能力,可把底层水换到表面并沿表面流出,有效降低水中有害物质及气体的含量,可调节上下水温,更有利于水质调制。

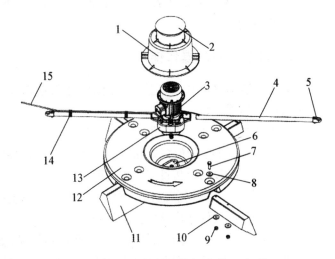

图 6-63 涌浪式增氧机结构示意图

1. 防水罩 2. 盖子 3. 电动机 4. 固定杆 5. 吊环
6. 法兰盘 7. 螺栓 8. 圆垫片 9. 螺母 10. 圆垫片
11. 叶片 12. 浮体叶轮盘 13. 减速箱 14. 电缆夹 15. 电缆

(四)曝气式增氧机

曝气式增氧机(如图6-64)也叫充气式增氧机、微孔曝气增氧设备。如BQ-2.2曝气式增氧机,配套动力2.2千瓦,额定风压40千帕,额定风量2.3立方米/分,曝气盘(管)规格圆盘800毫米,曝气管内径8毫米、外径15毫米,主要由电动机、压气机和主气管、分气管、曝气管等组成。工作时,动力机带动压气机(现多为罗茨风机),使空气在一定的压力下沿着总管、分管到曝气管(微孔管),曝气管能以小气泡的形式喷送到贫氧水中,气泡越多、越小,则水与气体的接触面积就越大,加速空气在水中的溶解,达到水体增氧的目的。

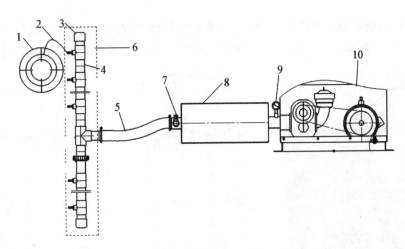

图 6-64 曝气式增氧机结构示意图

1. 曝气盘(管) 2. 分气管 3. 堵帽 4. 连接管 5. 主气管 6. 虚线内为管道总成
7. 排气阀 8. 储气罐 9. 压力表 10. 主机

（五）喷水式增氧机

喷水式增氧机（如图6-65）也叫射流式增氧机，主要由浮力圈、潜水电泵、射流器、分流器、吸水罩组成。其工作原理是水泵吸入贫氧水后将水压进喷嘴，并使水从喷嘴高速射入射流器的进气室内，从而在进气室内形成负压，使空气同时被压入进气室，贫氧水和空气充分搅动和混合使大部分空气溶于水中，随后又进入射流器的扩容室内。在扩容室内空气进一步在水中溶解，最终排入贫氧水中，如此循环，以达到增氧的目的。

（六）增氧机的操作使用

（1）安装增氧机时，一定要切断电源，电缆线在池中不可受张力，切不可将电缆线当做绳子拉。

（2）增氧机入池后扭力很大，要加以固定。

（3）叶轮在水中的位置要和"水线"对准，如无"水线"，一般上端面要与水面平行，不能过深，以防过载而烧坏电机。

（4）增氧机工作时若发出"嗡嗡"声，应检查线路，看是否缺相运行，如是，应切断电源，接好保险丝后再重新开机。

（5）增氧机启动时，要密切观察转向及运转情况，如有异常声响、转向反向、运转不平稳等情况，应立即停机，排除异常情况后再开机。

（6）增氧机的工作条件恶劣，应配备热断电器、热敏电阻保护器等电气保护装置。

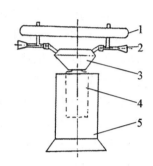

图 6-65　射流式增氧机
结构示意图

1. 浮力圈　2. 射流器
3. 分流器　4. 潜水电泵
5. 吸水罩

（7）平时要注意叶轮上是否有缠绕物或附着物，如有，应及时清除。每年要检查浮体，以免因浮体磨损降低浮力，致使负荷增大而烧坏电机。

（8）增氧机下水时，整体应保持水平，或以较小的角度移入水中，以防止减速器通气孔溢油。严禁电机与水接触，以免因水侵入烧坏电机。

三、自动投饵机

自动投饵机（如图6-66）可用于直径2～8毫米的硬颗粒饲料的定时、定量自动投饵。主要由料斗、输料器、抛料盘、主副电机、微电脑控制器和箱体组成。工作原理是输料器将料斗中的颗粒饲料引入

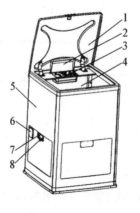

图 6-66　自动投饵机简图

1. 箱盖　2. 控制器保护盖　3. 控制器　4. 饲料箱　5. 机壳　6. 接线盒　7. 提手　8. 固定环　9. 调节器

抛料盘,在抛料盘高速旋转产生的离心力作用下,颗粒饲料被抛散于养殖水面。养殖鱼种需从小驯化,定时喂食,投饲量和投饲距离可在微电脑控制器中预先设定。

自动投饵机维护要点:

(1)每月定期检查投料工作台是否坚固安全,电源线是否破损,螺栓是否松动。

(2)定期清理饲料箱、送料振动槽,以防饲料结块、堵塞。

(3)若长期不用,应清洗干净,运动部位应加润滑油,放置在室内通风干燥处。

四、池塘循环流水养殖设施与装备

池塘内循环流水养殖技术是由美国的Jesse Chappell等提出的历经10余年研发与应用的一项低碳环保、节水节能、高产高效的循环经济型水产养殖新技术。浙江省近年来引进了该项技术,养殖效果十分显著。现以杭州万爵农业开发有限公司的试验与应用情况为例,介绍配套的设施与装备。

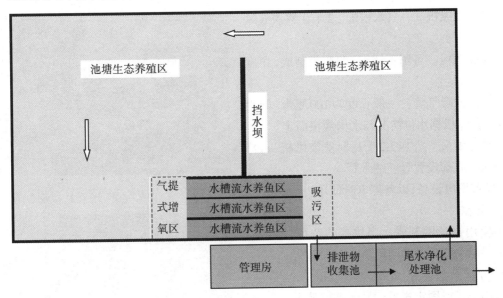

图 6-67　池塘循环流水养殖示意图

以30亩池塘为例,池塘循环流水养殖如图6-67所示。将池塘平均分隔,并保持水体循环相通,在池塘一侧设置水槽,水槽底部、墙面可用钢筋混凝土等材料制成,进水与出水两端用金属网片、聚乙烯网片等材料隔离,并与池塘相通,水槽进水口设置纳米管气提式增氧系统,出水口设置吸污区并配置沉淀池,池塘配备叶轮式、水车式、涌浪式等增氧机械。

1.水槽基本结构(如图6-68)

(1)边墙长约26米,高度2米(具体根据池塘深度而定)。

(2)内墙长约23米。

(3)前端挡水墙高0.8～1米,后端挡水墙高0.8米左右。

(4)槽净宽5米。

(5)墙宽一般为30厘米,便于行走。

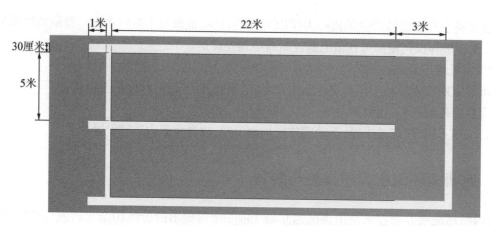

图 6-68　水槽基本结构

2. 增氧机械设备（如图 6-69）

（1）罗茨鼓风机。一只水槽配 2.2 千瓦罗茨鼓风机 1 台。

（2）气提挡板。可用不锈钢、塑胶板制成，角度为 40°～45°。

（3）气提式曝气管。一般长度为 100 厘米，间距为 10 厘米，具体根据水位情况与水槽规格而定。

（4）底部增氧。外加 2.2 千瓦罗茨鼓风机一台，并沿水槽池壁底部设置曝气纳米管。

（5）配备发电设备，以备停电时使用。

图 6-69　增氧机械设备

3. 拦鱼栅

拦鱼栅用钢丝网制成。当放养的苗种较小时，应添加一层尼龙网或设置网箱。

4. 吸污区（如图 6-70）

可用移动式或固定式吸污设备进行吸污。

五、初加工机械

（一）对虾自动分级机

图 6-70　吸污区

对虾自动分级机（如图 6-71）工作时需在储料池中加入清水和碎冰块，保持水温低于 3℃。分级过程中调整进水和出水的流量，保证冰水混合物的总量和浊度。一级输送装置由输送带、输送辊及电机组成，由电动机为输送辊提供动力，带动输送带运动；通过二级输送带将对虾均匀输送至分级床上方，在输送带表面布置一定高度的挡板可防止对虾在输送带表面滑落。二级输送带的运动速度大于一级输送带，将落入送料池中的对虾迅速带走一部分，防止对虾堆叠和虾须缠绕。皮带刮板可将粘连在输送带边缘的对虾强制刮下。分级装置主要由分级辊及间隙调节装置、倾角调节装置、传动装置及电机等组成。分级辊分为固定辊和活动辊两种，两种辊交替布置，通过链轮、链条的传动实现反向对转；分级辊呈阶梯状，直径由上到下依次变小，对虾沿导向板落入分级床的分级辊上，在重力和反向转动的辊轴推力作用下沿倾斜的分级辊下滑，下滑到合适间隙处并落至相应级别的分级输送带上，完成分级。分级后对虾输送装置由配套输送带、传动装置及电机等组成，输送带为

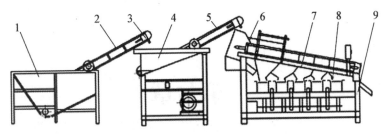

图 6-71　对虾自动分级机结构示意图

1.储料池　2.一级输送装置　3.皮带刮板　4.送料池　5.二级输送装置

6.导料板　7.分级装置　8.分级后对虾输送装置　9.机架

筛网带,可淋去对虾大量水分,将对虾按规格输送至所需位置,等待后续处理。

图 6-72　14 头组合自动称重机

(二)组合自动称重机

14头组合自动称重机(如图6-72),采用触摸式人机界面,可设定相关参数,具有数据统计功能,自动记录每批生产的总重量、总数量、合格率等指标。根据被计量物料的特性,可自由设置电机的开门角度,实现精准称重。组合成目标重量的几个料斗可设置为依次下料,解决物料堵塞问题。具备自动识别和"一拖二"功能的集料处理系统,可直接排除不合格产品,并向处理包装机发出放料信号。接触物料部位采用花纹不锈钢,既可保障食品安全,又易于清洗。

(三)自动包装机

自动包装机(如图6-73)采用伺服电机驱动,PLC控制,触摸式人机界面,可设定相关参数,操作方便。采用PID(比例—积分—微分)自动控制加热,控温精度高。包装机的电控箱体、罩类件、板类件、与产品直接和间接接触件、传动链条等采用不锈钢材料,防锈性能好,易于清洗。

(四)示范应用

图 6-73　自动包装机

杭州萧山农发水产有限公司位于杭州市萧山区,属杭州市级农业龙头企业,现有水产养殖面积1206亩,其中设施化钢丝网大棚276亩,白对虾年加工能力达1000吨。公司在水产品初加工方面拥有对虾自动分级机、14头组合自动称重机及720机型自动包装机等机械设备。公司结合相应的冷冻保鲜设备,以自产和收购的白对虾为原料,先用清水洗净,再通过对虾自动分级机分级,放入14头组合自动称重机储料斗内,并在触摸式人机界面设定好质量参数,称重机自动下料后加水整形摆盘速冻,成片状由自动包装机包装,提高了工作效率,减轻了劳动强度,有效缓解了劳动力紧张等问题。以14头组合自动称重机为例,如按月工资标准3000元/人,一年旺季需工作3个月,按节约6个工作人员计算,可节省人工成本5.4万元。同时,经过自动包装机精美包装后,可使鱼虾类冷冻产品更加卫生、美观、便携、易于保存和运输,直接满足了市场高品质要求,提高了公司的经济效益,也促进了水产业的持续、稳定地发展。

第七章

设施农业装备

设施农业是综合应用工程技术、装备技术、生物技术和环境技术，按照动植物生长发育所要求的最佳环境，进行动植物生长的现代农业生产方式。设施农业涵盖设施种植、设施养殖和设施食用菌等。本章主要介绍设施大棚、设施环境调控设备、设施生产装备与技术、喷微灌与水肥一体化技术。

第一节 设施大棚

设施大棚是以采光覆盖材料作为全部或部分围护结构材料，可供冬季或其他不适宜露地植物生长的季节栽培植物的建筑。

一、常用设施大棚

设施大棚可按多种方式分类。按用途可分为生产性、科研教育性和商业性设施大棚。按平面布局，设施大棚可分为单栋和连栋。按设施大棚主体结构材料分类，由于发展历史较长，大体上可分为金属结构和非金属结构，例如钢结构、铝合金结构等属于金属结构设施大棚，木结构、竹结构、混凝土结构和玻璃钢结构等属于非金属结构设施大棚。按覆盖材料种类分类，一类为软质覆盖材料，如薄膜、网布等；另一类为硬质覆盖材料，如玻璃、阳光板（PC板）、玻璃钢等。在浙江等南方省份，常用设施大棚为钢架大棚、玻璃温室、阳光板（PC）温室、避雨棚、荫棚、特色棚等。

（一）钢架大棚

目前应用最广泛的钢架大棚是装配式热浸镀锌钢管大棚。如图7-1所示为单栋钢架大棚，大棚跨度为6～8米，肩高为1.5～1.8米，顶高为2.5～3.3米，长度为30～70米，其基本骨架组成包括拱杆、拉杆、立杆（两端棚头用）、斜拉撑，简称"三杆一撑"。如图7-2所示为连栋钢架大棚，单个跨度为6～8米，天沟高度为2.5～3米，顶高为4.2～5米，长度为30～60米，有主、副立柱，有的配内、外遮阳保温幕。钢架大棚的管径为22毫米、25毫米、32毫米，管壁厚1.2～1.5毫米，内外壁经热浸镀锌处理，以塑料薄膜作为覆盖材料，棚体现场组装。

图 7-1 单栋钢架大棚

1.套管 2.立杆 3.薄膜 4.拱杆 5.拉杆 6.卡具

图 7-2 连栋钢架大棚

(二)玻璃温室

常用5毫米厚浮法玻璃或双层中空玻璃为透明覆盖材料,玻璃的镶嵌材料采用铝合金型材,玻璃的边缘与铝合金型材连接处采用抗老化橡胶条密封。玻璃温室跨度通常为6.4米、9.6米、12.8米,天沟高多为3～4米,开间多为4米,如图7-3所示。优点是透光性好、保温性较好、积尘易清洗、寿命长,缺点是抗冲击性较差、造价高,结构多为文洛式尖顶形。

(三)阳光板(PC)温室

阳光板是以聚碳酸酯为主要原料的透明覆盖

图 7-3 玻璃温室

材料,包括单层波浪板、双层或三层透明中空阳光板,骨架采用热浸镀锌钢架装配式。优点是保温性好、密封性好、抗冲击性好,缺点是表面易积尘、不易清洗、造价高。阳光板温室如图7-4所示。

图 7-4 阳光板温室

(四)避雨棚

避雨棚(如图7-5)是由水泥柱、钢管等组成,多为"Y"形或"伞"形结构,顶部覆盖材料多为塑料薄膜,四周通风不

203

扣膜或扣防虫网。在多雨的春、夏季，可使作物免受雨水直接淋洗，从而减少病害。避雨棚多用于果树、速生叶菜等的避雨栽培或夏季育苗。

（五）荫棚

荫棚（如图7-6）是为植物生长提供遮阳的栽培设施。支柱和横档用热浸镀锌钢管搭建而成，支柱固定于地面，根据植物的不同需要，覆盖不同透光率的遮阳网，高度为2米左右。简单而言，荫棚的作用是在夏秋强光、高温季节，进行遮阳、降温；在早春和晚秋霜冻季节，对

图 7-5　避雨棚

植物起到一定的保护作用，免受霜冻的危害。

（六）特色棚

特色棚是指专为一些农业生产特别设计、制作的棚，如杨梅钢架网罩棚（罗幔棚、简易网室）、水产设施养殖大棚、枇杷棚等。本节简要介绍钢架网罩棚与水产设施养殖大棚。

1. 钢架网罩棚

杨梅钢架网罩棚既可以控制杨梅果蝇的为害，又能保证杨梅果实的优质丰产，深受广大梅农的欢迎，是近年来推广应用的特色棚。现对台州市黄岩区黄茜斌等研发推广的杨梅钢架网罩棚作简要介绍。

图 7-6　荫棚

（1）构建杨梅单株棚架。用8根热镀锌钢管，弯曲成一定弧度，顶部以一热镀锌链接套连接，根据杨梅树冠大小搭建棚架。通常棚架顶部离杨梅树冠0.5米以上，离周边树冠也要0.3米以上，方便棚架内农事操作；上坡面钢管需短截，下坡面钢管应加长，力求棚架顶部端正。

（2）覆盖防虫网帐。如图7-7所示，在杨梅果蝇开始进入杨梅园取食为害之前（约采收前40天），用40目防虫网制作的网帐进行杨梅全株覆盖，可以有效地构建隔离屏障，阻止包括杨梅果蝇在内的绝大部分害虫为害杨梅果实。防虫网一侧有1.5米长的拉链，双面开启，便于农事操作及杨梅采收时进出网帐，拉链应及时关闭，以免果蝇成虫飞进网帐，降低防治效果。

图 7-7　杨梅钢架网罩棚

（3）覆盖避雨膜。防虫网帐虽然可以控制害虫对杨梅的为害，也能减轻雨水的影响，但是由于杨梅采收期与梅雨季完全吻合，往往会遇到十几天甚至几十天的连续阴雨天气，单一的防虫网帐栽培不能解决连续阴雨的影响。为提高设施抗雨水能力，在采收前10天，用避雨膜或防雨布对杨梅进行顶部覆盖，可以大大减轻雨害对杨梅果实的影响（如图7-8）。防虫网帐的遮光作用，会让杨梅成熟期延迟2～3天，覆盖避雨膜基本不会再推迟成熟，但覆盖白色防雨布会使杨梅的成熟期再延迟2天。

图 7-8　覆盖避雨膜

2. 水产设施养殖大棚

目前,浙江省水产设施养殖大棚主要有钢架大棚(如图 7-9)、钢丝网大棚(如图 7-10)。钢丝网大棚是近几年的发展重点,直接以池塘四周底部为起线进行搭建,水泥或塑膜扶坡。南美白对虾养殖棚内池塘面积一般为 5～10 亩。钢丝网大棚主要构件有立柱、横梁、锚固梁、钢丝拉绳、塑料薄膜、网片等,用水泥杆或水泥桩加镀锌钢管作立柱,镀锌钢管或加圆钢焊接作横梁,钢筋混凝土作锚固梁,钢丝绳作牵绳,塑料薄膜作覆盖,尼龙网作保护,做成人字形或圆弧形。

图 7-9　水产养殖钢架大棚

图 7-10　水产养殖钢丝网大棚

二、评价指标与结构参数

1. 主要性能评价指标

(1)透光性。设施大棚是采光建筑,透光性能的好坏直接影响作物的光合作用。其基本评价指标为透光率,透光率是指透进设施大棚内的光照量与室外光照量的百分比。其影响因素主要来自覆盖材料、结构形式、骨架阴影率等,随不同季节、不同时刻和太阳高度角的变化而变化。一般玻璃温室的透光率在 60%～70%,连栋塑料温室的透光率在 50%～60%。

(2)保温性。衡量保温性的一项基本指标是保温比,指热阻较大的围护结构覆盖面积和地面积之和与热阻较小的透光材料覆盖表面积的比值。保温比越大,说明保温性能越好。提高设施大棚的保温性,既有利于节能减排,也有利于节省运行费用。

（3）耐久性。设施大棚的使用寿命直接影响到每年的折旧成本和生产效益,其决定因素主要有材料的耐老化性能、主体结构的承载能力等。其中覆盖材料的耐久性除了自身强度外,还表现在其透光率随时间的衰减程度上,往往透光率的衰减是影响覆盖材料使用寿命的决定性因素。设施大棚运行长期处于高温、高湿环境,构件的表面防腐也是影响使用寿命的一个重要因素。由于温室的受力主体结构一般采用薄壁型钢,其自身抗腐蚀能力较差,因此需要进行热浸镀锌表面防腐处理,镀锌层厚度不宜少于0.07毫米,钢管热镀锌后增重6%～13%。在浙江省,钢架大棚与玻璃温室主要构件耐腐蚀时间不少于10年。

2. 主要结构参数

（1）风荷载。风荷载是指作用在设施大棚表面上的风压,受压方向垂直于作用面,表现形式为正压力或负压力（吸力）。在浙江省,钢架大棚与玻璃温室抗风等级一般要求不小于10级。

（2）雪荷载。雪荷载是指作用在设施大棚屋面上的雪压,作用方向是温室水平投影方向。在浙江省,钢架大棚与玻璃温室要求抗雪能力达到20厘米厚度。

（3）组合荷载。组合荷载是指风荷载和雪荷载同时出现的荷载,一般来说最大的风与最大的雪不会同时出现。

（4）矢跨比。矢跨比=（顶高−肩高）/跨度,在北纬30°以南地区,考虑到太阳直射角的周年变化,矢跨比一般以0.25～0.3为宜,但需要结合建造地点的多年平均风速、风向、降雨量、降雪量等气候条件做适当调整,也应充分考虑机械和人操作的适宜性。

三、维护保养

1. 主体结构维护

恶劣环境应对,当遇到暴风雨时,要随时监控温室,发现异常情况应采取措施保护骨架,可以破坏覆盖材料以减轻骨架压力。当遇到暴雪时,必须组织人员清理屋面积雪来减轻骨架的压力。对于基础沉降之类的问题可以采取修复基础、加固骨架的方法处理。

使用中应保证构件不受到强烈的冲击或碰撞,也避免在不承受吊挂荷载的构件上吊挂重物。若搬运机械碰撞了骨架,需要及时修复使其复位,并同时检查相关配套设施能否正常运行。骨架在长期使用过程中不可避免地会发生一些微小的变形,这种变形也许不会影响到骨架本身的支撑作用,但对配套设施如拉幕系统、开窗系统等的正常运行却极为不利,应引起重视。一般应以1年为周期,对骨架进行一次全面的维护保养,检查重点部位构件有无生锈、是否发生变形、紧固件有无松动、各连接部位是否牢固等,发现问题要及时处理。设施大棚的主体结构材料多为金属材料,在高温、高湿的设施大棚内,金属材料棚架、联结螺栓等容易锈蚀,所以在使用、维护时,要注意防锈处理,可用废润滑油（脂）涂抹在螺帽丝杆处,对因磕、碰、刮、划造成的热镀锌表面的锈迹进行局部喷锌处理,若发现紧固件锈蚀,需及时更换。温室内尽量限制杀虫剂、除草剂、生物处理制品的最大使用量,控制硫氢混合物的浓度,在使用杀虫剂后,尽可能快地对温室进行通风处理。带有自动控制的温室中传动机构,如开窗机、遮阳幕等,无人值守时需调至自动,紧急情况时需调到手动,人工控制。冬季为了防止室内设备冻坏,根据当地气温,适当采取加温措施,使室内温度保持在10℃以上。

2. 覆盖材料维护

（1）塑料薄膜。塑料薄膜过紧、过松,都会影响其使用寿命,也会影响设施大棚内的正常采光。在使用一定的时间或大风过后,由于老化和压力的作用会引起薄膜拉长,这时需要重新安装卡簧,以保证薄膜张紧,若有破损,要及时修补。

（2）玻璃。在日常维护清洗玻璃时,应使用中性清洁剂进行玻璃清洗。应注意保护玻璃硅酮密封胶和镶嵌玻璃的铝合金框,防止玻璃破碎和铝合金框变形。

（3）阳光板。阳光板若表面积尘时,使用低于60℃的温水进行清洗,不能用对阳光板有侵蚀作用的洗涤剂。

（4）遮阳网。使用时不要用重物钩挂或拉坠;有掉线时,可用剪刀将掉线头剪断,不要人为抽拉织线;如破损过大,可人工修补,用线顺式编缝。

3. 配套设备的使用维护

（1）电控箱。电控箱是集各类电气开关、指示灯、控制变压器、接触器、各电气连接导线于一体的箱体。在使用前,要注意检查箱体是否安全接地;输入、输出电源导线绝缘层是否有破损或有断路、短路现象;输入电压是否在安全使用范围内。在这些都确定无误后,才能正式使用。

（2）电动卷膜器和拉幕电机。电动卷膜器和拉幕电机在高温、高湿的环境中工作,导线极易损伤和老化,所以要及时检查电动机的导线是否完好。在可能的情况下,可使电机空载转动或用手盘动电机转轴,以确认电机转动部分有无锈蚀、咬死;检查润滑油是否在正常标定内;检查传动轴及负载部分（遮阳网或塑料薄膜）有无阻碍物或转动位置是否改变。只有在这些都无误时,才能启动电机。

（3）手动卷膜器的维护。手动卷膜器为塑料制品,使用时,避免用金属物敲打,更应避免从高处突然坠下,注意防酸、防碱,不宜用油类物质进行保养或润滑。

4. 在雪天的使用维护

安排专人负责巡视,开启屋顶除雪装置或人工定期清理温室顶部积雪,尽量减少有效积雪的聚集,以减轻结构压力;由于应对下雪天气的特殊性,很可能会引起温室内温湿度异常,随时进行必要调节。

有加温设备的温室,在下雪天要增加供热,必要时可以打开内保温幕,快速提高温室内温度,加快顶部最下层积雪的融化速度。

随时注意天沟两侧的积雪不要过多,必要时开启融雪装置,加快天沟附近的积雪融化速度,或采取人工清除,尽量减小积雪在此局部压力的增加。

非加温温室需采用临时加温设备,如热风机、热风炉或其他能起到加温作用的设备,以提升温室内的温度,但应注意对有毒气体的防范,防止对作物、设施、人产生危害。

在清除屋顶积雪的同时,一定要同时注意对侧面积雪的清理,不要形成过高侧压。

无论是积雪过厚或覆盖保温被,都会直接影响温室内的透光率,对部分喜光植物,一定要采取一些必要的补光措施,如打开补光灯等。

第二节 设施环境调控设备

在动植物生长过程中,温度、光照、水分、气体、土壤起到非常重要的作用。按照动植物在不同的生长阶段对环境的要求,科学调控环境参数,达到最佳状态,可实现高产、高效、高收入的目标。本节介绍设施环境调控相关设备与技术,基于农业物联网的智能化控制技术参见第八章。

一、自然通风系统

自然通风系统是温室通风换气、调节室温的主要方式,一般分为顶窗通风、侧窗通风和顶侧窗通风三种方式。侧窗通风有转动式、卷膜式和移动式三种类型,玻璃温室多采用转动式和移动式,薄膜温室多采用卷膜式,卷膜器有手动与电动(如图7-11)之分。屋顶通风,其天窗的设置方式有肩开启、半拱开启、顶部单侧开启、顶部双侧开启等形式,浙江地区温室常采用顶部双侧开启方式。

图 7-11 电动卷膜器应用

二、温度调节设备

1.加温系统

加温系统与通风系统结合,可为温室内作物生长创造适宜的温度和湿度条件。目前冬季加温方式多采用集中供热、分区控制方式,主要有热水管道加温、热风加温、LED灯等。此外,有条件的地方还可利用工厂余热、太阳能集热加温器进行加温。由于加温系统在第六章已有阐述,在此不再重复介绍。

2.降温系统

温室夏季热蓄积严重,降温可提高温室利用率,实现周年生产。降温系统主要有弥雾降温系统和风机湿帘降温设备(如图7-12)。因风机湿帘降温设备在第六章已有介绍,现主要介绍弥雾降温系统。

弥雾降温系统是利用加压的水,通过喷头以后形成直径为30微米以下的细雾滴,与温室内的空气发生热湿交换,达到蒸发降温的效果。适用于相对湿度较低、自然通风好的温室,不仅降温成本低,而且降温效果好,其降温能力在3 ~ 10℃,结合机械通风系统使用效果更为突出。该系统也可用于喷农药、施叶面肥、加湿等。

图 7-12 风机湿帘降温系统

三、农用水源热泵冷(热)水机器

农用水源热泵冷(热)水机器是一种利用浅层地热资源(也称地能,包括地下水或地表水等)的既可供热又可制冷的节能设备,如图7-13所示。JSJS-20LKW型农用水源热泵冷(热)水机器在杭州杰虹养殖有限公司甲鱼养殖中应用,农用水源热泵冷(热)水机器比燃煤加温系统节约成本60%左右,效果十分明显。

1.结构原理

机组主要由冷热水主机、风盘和控制系统组成。冷热水主机主要由压缩机、蒸发器、冷凝器和节流装置四部分组

图 7-13 农用水源热泵冷(热)水机器

成。如图7-14所示,加温时,通过让液态工质(制冷剂或冷媒)不断完成压缩→冷凝→节流→蒸发→再压缩的热力循环过程,从而将地表或地下水中热量转移到环境里。在这个过程中,压缩机起着压缩和输送循环工质从低温、低压处到高温、高压处的作用,是热泵(制冷)系统的心脏;冷凝器是输出热量的设备,从蒸发器中吸收的热量连同压缩机消耗功所转化的热量在冷凝器中被冷却介质带走,达到对环境制热的目的;节流装置对循环工质起到节流降压作用,并调节进入蒸发器的循环工质流量;蒸发器是输出冷量的设备,作用是使经节流阀流入的制冷剂液体蒸发,从地表水或地下水中吸收热量。通过控制系统转换后,冷凝器与蒸发器功能互换,可实现降温。以蝴蝶兰花卉种植温室为例:加温时,压缩机把高温、高压的气体输送到冷凝器中,在冷凝器中,把热量交换到循环水里,把循环水加热后,再通到室内的加温系统,加热温室内的空气。降温时,在蒸发器中,把循环水中的热量吸收到制冷系统中,把循环水降温,再通到室内的降温系统,降低温室内的空气。

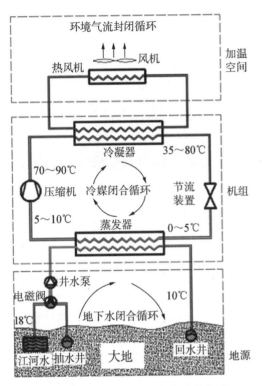

图7-14　农用水源热泵冷(热)水机器加温工作原理

2. 维护保养

(1)使用期间冷凝机组每年清洗一次。

(2)环境恶劣的情况下,必须每月用软丝刷清理翅片,以免影响机器使用效果。

(3)检查接地线是否完好、线路连接是否完好。

(4)避免腐蚀性化学物质接触机器。

四、幕帘系统

幕帘系统包括帘幕系统和传动系统,帘幕系统依安装位置可分为内遮阳和外遮阳两种,如图7-15、图7-16所示。

1. 内遮阳保温幕

内遮阳保温幕一般是采用铝箔条或镀铝膜与聚酯线编织而成。按保温和遮阳不同要求,嵌入不同比例的铝箔条,具有保温、节能、遮阳、降温、防水滴、减少土壤蒸发和蒸腾从而节约灌溉用水的作用。夜间覆盖因其能隔断红外长波辐射从而阻止热量散失,故具有保温的效果;白天覆盖可反射光能95%以上,因而具有良好的降温作用。

2. 外遮阳保温幕

外遮阳保温幕一般是利用遮光率为70%或50%的遮阳网或缀铝膜(铝箔条比例较少),覆盖于温室顶上30~50厘米处,比不覆盖的温室可降低室温4~7℃,最多时可降低10℃;同时也可防止作物日灼伤,提高品质。

3. 传动系统

传动系统分钢索轴拉幕系统和齿轮齿条拉幕系统两种。前者传动速度快,成本低;后者传动平稳,可靠性高,但造价略高,两者都可自动或手动控制。在日常维护中,操作人员应定期检查紧固件是否有松动,对齿轮齿条副、链轮链条副、滚轮座、轴支座定期加油维护。

图 7-15 内遮阳保温幕

图 7-16 外遮阳保温幕

五、人工补光系统

人工补光系统（如图7-17）主要是为了减轻冬季连续阴雨天气时光照不足对温室作物的不利影响。目前温室人工补充光源主要有荧光灯、高压钠灯、低压钠灯和金属卤化物灯等，悬挂的位置一般为植物顶端和株间。由于是作为光合作用能源，补充阳光不足，因此要求光强在1万勒克斯（lx）以上。近年来一些发达国家陆续开发出温室专用发光二极管（LED）来补充光源，寿命显著提高，节能效果明显。

图 7-17 人工补光系统

六、温室气体调节系统

二氧化碳是植物光合作用的主要原料，在温室环境下，一般白天通风1小时后即会出现二氧化碳不足的情况，需要人工增施二氧化碳气体，但应注意适量、适时，更应注意安全。

一般在较大面积的连栋温室内，应安装环流风机，通过环流风机可以促进室内温度、相对湿度分布均匀，从而保证室内作物生长的一致性，并能将湿热空气从通气窗排出，实现降温的效果，如图7-18所示。

图 7-18 环流风机

七、冷库

冷库是一种制冷设备，是保鲜库、冷藏库、冷冻库的统称，但是这三者之间还是有很大区别的。保鲜库的库温一般在0～5℃，主要用来保鲜，即在较长时间内最大限度地保持农产品原有的品质和新鲜度；冷藏库的温度一般为-18～-15℃。一般是不定期地、逐步地将食品放入冷库，经过一段时间，冷库的温度达到-18℃，取货也是不定期、不定时的。冷冻库的库温一般在-40～-35℃，作为物料的快速冻结以及速冻后的物料长时间的储存使用。

1. 库体

冷库的库体一般有两类：一是土建库房内加保温材料，二是用内夹保温层的成型板材直接构建。

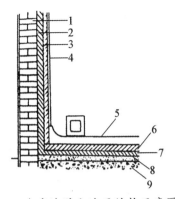

图 7-19　冷库墙壁和地面结构示意图

1. 砖墙　2. 水汽封锁层　3. 隔热材料层
4. 水汽封锁层　5. 钢筋混凝土地面
6. 隔热材料层　7. 水汽封锁层　8. 水泥层
9. 煤渣石子层

为了降低冷库的冷损耗量,一般把冷库开关设计成正方形或缩小长宽比,同时选用导热系数小、无味无毒、质量轻、抗腐蚀、不变形、不吸湿的隔热材料。目前常用的隔热材料有聚氨酯和聚苯乙烯泡沫塑料等,前者为首选,后者正被逐渐淘汰。另外,在隔热层的两面还需要加衬防潮层,否则,隔热层受潮后会降低隔热性能,防潮层常用材料有油毡、塑料薄膜或金属板。冷库墙壁和地面结构示意图如图7-19所示。

2. 制冷系统

制冷系统(如图7-20)是冷库的核心,主要由压缩系统、冷凝系统、蒸发系统和调节阀四大部分组成,此外还有风扇、导管和仪表等辅件。整个制冷系统是一个密封的循环回路,制冷剂在该密封系统中循环,可根据需要控制供应量和进入蒸发器的次数,以获得适宜的低温条件。压缩机是制冷系统的核心,它推动制冷剂在系统中循环。冷凝器的作用是排除压缩后的气态制冷剂中的热量,使其凝结成液态制冷剂。冷凝器的冷却方式有空气冷却、水冷却、空气与水相结合冷却三种,空气冷却只限于小型冷库制冷设备中应用。蒸发器的作用是向冷库内提供冷量,蒸发器安装在冷库内,利用鼓风机将冷却的空气吹向库内各个部位,大型冷藏库常用风道连接蒸发器,延长送风距离,使库温下降更加均匀。为了达到最佳效果,制冷系统的大小应根据冷库容量和所需的冷藏要求来确定,使制冷剂被压缩产生的热量恰好在所配的冷凝器中散发,其液态制冷剂通过节流阀后进入蒸发器,能完全蒸发而达到最大吸热量。目前的制冷设备都安装了微机控制系统,可自动监测和记录库温的变化,并根据设定温度启动或停止制冷机的运转。

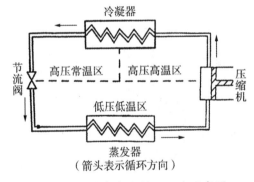

图 7-20　制冷系统循环回路示意图

3. 开机前的准备

开机前,应检查冷却水水源是否充足。接通电源后,根据要求设定温度。冷库制冷系统一般为自动控制,但首次使用时应先开冷却水泵,运转正常后再逐一启动压缩机。

4. 运转管理

制冷系统正常运转后要注意以下几点:一是听设备在运转过程中是否有异常声音;二是看库内温度是否下降;三是触摸冷凝器前、后铜管冷热是否分明,判断冷凝器冷却效果是否正常。

第三节　设施生产装备与技术

我国设施农业机械化水平于大田农业而言,还有一定的差距。到2016年年底,设施农业耕地环节机械化水平为70.6%,种植环节机械化水平为15.2%,采运环节为7.7%,水肥环节为54.6%,相对于荷兰、加拿大等发达国家的设施农业,差距更远。因此,实现设施农业机械化生产,是今后的发展方向,且任重而道远。本节简要介绍设施生产装备与技术,对于其他章节已经有的机械不再赘述,如设施养殖机械、设施农业中的种植与收获机械等。

一、土壤处理机械

土壤处理机械主要为碎土筛土机、土壤肥料搅拌机和土壤消毒机械等，现作简要介绍。

（一）碎土筛土机

碎土筛土机（如图7-21）是一种由旋转碎土刀与振动筛组合而成的组合式机具。主要功能是进行土壤粉碎筛选，以便获得育苗用的细碎土壤。工作原理是发动机的动力经过皮带传动，使碎土滚筒旋转；同时，通过曲柄摆杆机构带动筛子摆动。土壤经过喂料斗进入粉碎室，在高速旋转的滚筒碎土刀打击下，通过碎土刀与凹板的挤搓作用后，抛向碎土板上撞击破碎。破碎的土壤通过振动筛分离后，细碎的土壤通过筛网落到滑土板上滑出机外，而未被粉碎的大土块，则经筛面从大杂质出口送出机外。

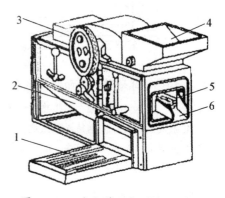

图7-21　碎土筛土机结构示意图

1. 发动机底座　2. 滑土板
3. 碎土滚筒皮带轮　4. 喂料斗
5. 筛子　6. 大杂质出口

（二）土壤肥料搅拌机

土壤肥料搅拌机（如图7-22）用于将土壤和肥料搅拌均匀。工作时，电动机通过传动箱内的皮带带动搅拌滚筒旋转，搅拌滚筒轴上装有一定数量交错排列的钩形刀，滚筒在料斗内旋转时，可进一步松碎土壤和肥料，并进行搅拌。混合均匀后，转动料斗将土壤肥料倒出斗外。

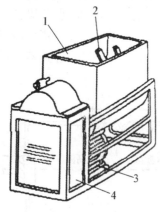

图7-22　土壤肥料搅拌机结构示意图

1. 料斗　2. 搅拌滚筒
3. 电动机　4. 传动箱

（三）土壤消毒机械

土壤消毒就是用物理或化学的方法对土壤进行处理，消除线虫或其他病菌的危害。目前，有的土壤消毒机可以把液体药剂注入土壤达一定深度，并使其汽化扩散，如注入棒式土壤消毒机（如图7-23）、手持式土壤消毒器等。还有一种火焰土壤消毒机能杀死土壤中的各种病原微生物和草籽，也可杀死害虫，而土壤有机质并不燃烧。

图7-23　注入棒式土壤消毒机

二、动力与耕作管理机械

设施大棚内由于空间和区域狭窄，使得普通大田农机具进出以及作业很不方便，所以需要小型农机具，以确保设施大棚内也能实现机械化精耕细作。

（一）动力机械

适合于设施大棚内的动力机械主要有"大棚王"系列拖拉机（如图7-24）。"大棚王"系列拖拉机是专门为棚内作业设计的四轮拖拉机，其特点是小巧玲珑、结构紧凑、转弯半径小，动力大于手扶拖拉机或微耕机。"大棚王"系列拖拉机可配备不同的农具,适用于设施园艺的耕地、施肥、喷雾等田间作业。

图7-24　"大棚王"拖拉机

(二)微耕机

微耕机比较适合于设施大棚内作业。微耕机是指功率不大于6.5千瓦,可以直接用驱动轮轴驱动旋转工作部件(如旋耕),主要用于水旱田整地、田园管理及设施农业等耕耘作业的机器。微耕机从行走方式上来分,主要有标准型、无轮型、履带型、水田型等四种类型。标准型与小型手扶拖拉机类似,由发动机、底盘和旋耕机等部件组成。无轮型的特点是在驱动轴上对称安装旋耕刀取代驱动轮,在牵引架上挂接阻力铲即可进行旋耕作业。大多数地方使用标准型或无轮型的微耕机,履带型微耕机是专为特别复杂的地块生产的,行动、携带相对受限制。

(三)田园管理机

田园管理机(如图7-25)是指配套发动机标定功率不大于6.5千瓦,有独立的行走驱动装置,具有旱地开沟、起垄、培土、锄草、施肥、覆膜等不少于两种功能的田间管理机械。田园管理机在设施大棚内推广应用,使设施农业的机械化田间管理水平得到了很大的提高。

三、植保机械

植保机械在其他章节已有介绍。现主要介绍设施大棚内专用的一些植保机械。

图7-25　田园管理机

(一)烟雾机

烟雾机(喷烟机)产生直径为1～50微米的固体或胶态悬浮体。烟雾的形成分为热雾、冷雾和常温烟雾三种方法。热雾是将很小的固体药剂粒子加热后喷出,粒子吸收空气中的水分,使之在粒子外面包上一层水膜。冷雾则是液体汽化后冷凝而产生的烟雾。常温烟雾是指在常温下利用压缩空气使药液雾化成5～10微米的超微粒子。常温烟雾机由于在常温下使农药雾化,农药的有效成分不会被分解,并且水剂、乳剂、油剂和湿剂等均可使用,与热烟雾机相比,不苛求某种特定的农药,无须加扩散剂等添加剂,故可扩大机具的使用范围。热烟雾机采用高速气体的动能和热能使油烟剂雾化,脉冲式烟雾机是其中的一种,用脉冲喷气式发动机为动力,具有结构简单、重量轻、操作容易的特点。烟雾机主要用于防治温室作物的病虫害。

现以6HY-25型脉冲式烟雾机(如图7-26)为例进行介绍。烟雾机由脉冲喷气式发动机、供药系统、操作部件及机架四部分构成。工作原理如图7-27所示,由化油器引压管引出一股高压气体,使它经增压单向阀、药开关,在药箱液面上产生一定压力。同时,喷管中的高速燃气在喷药嘴处产生一定压力。药液即在压差的作用下,经吸药管、药开关、喷药嘴量孔流入喷管内。在高温、高速气流作用下,药液中的油烟剂被蒸发(汽化),从喷管喷出,在大气中冷凝成烟雾,并迅速扩散弥漫。当防治对象接触到烟雾时即被触杀或啮食喷覆有含杀虫农药的烟雾粒子的茎、叶时产生胃毒作用,从而达到防治效果。

烟雾机使用时,应注意以下问题:加注混合药液时应确保药阀处于关闭状态;配制的混合药液要经过滤网过滤才能注入,否则易造成药液管路堵塞;向药箱内加注混合药液量一般不要超过药液箱容积的2/3,加完混合药液后适当旋紧药箱盖;烟雾机工作时,应尽量使机身保持水平,若需要倾斜时,角度一般不要大于60°;一个棚室作业结束要闷棚40～60分钟后放风,闷棚时间过长影响棚内作物生长,过短则达不到防治效果;作业时烟雾机的喷口要对着温室大棚的后墙或远离作物的空地,不能直对着作物,以免灼伤作物,喷烟方向要与作业者的行走方向相反;喷烟不能过浓,过浓会影响作物生长,也容易发生火灾。喷烟结束后,应将烟雾机拿出棚室外,人若进入棚室内一定要打开天窗通风,以防中毒。长期不用时应将多余药液倒出,洗净药箱中残留药液,晾干水分,外部擦洗干净,置于平坦、干燥、阴凉通风处,以备下次使用。

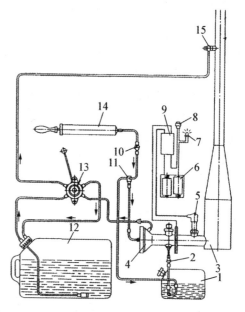

图7-27　烟雾机工作原理图

1.油箱　2.供油单向阀　3.燃烧室　4.化油器　5.火花塞
6.电池　7.发光二极管　8.点火开关　9.高压发生器
10.启动单向阀　11.三通阀　12.药箱　13.药开关
14.打气筒　15.喷药嘴

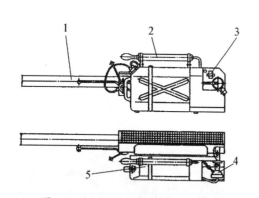

图7-26　6HY-25型脉冲式烟雾机

1.燃烧室　2.打气筒　3.高压发生器　4.化油器　5.药箱

(二)温室病害臭氧防治机

温室病害臭氧防治机(如图7-28)是以温室内的空气为原料,通过高压放电技术实现空气的臭氧化。臭氧具有强氧化特性,达到一定浓度时,可对温室内空气、植株表面有害细菌、真菌、病毒等快速杀灭。完成杀菌消毒过程后,由于臭氧的还原特性,常温下几十分钟臭氧又还原成氧气,是一种绿色灭菌消毒技术。

(三)温室电除雾防病促生器

如图7-29所示,温室电除雾防病促生器以绝缘子挂在温室棚顶的电极线为正极,植株、地面以及墙壁、棚梁等接

图7-28　温室病害臭氧防治机

地设施为负极,当电极线带有高电压时,正、负极之间的空间产生电场。通过空间电场作用,能净化温室空气,有效去除雾气,预防气传病害,抑制根系周围土传病害的发生和发展,并能预防多种农作物病害,促进农作物生长,提高果实的品质和产量。

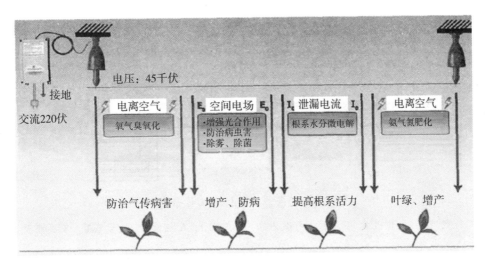

图 7-29　温室电除雾防病促生器的作用

四、自动化嫁接

嫁接技术可有效防治多种土传病害，克服设施连作障碍，并能利用砧木强大的根系吸收更多的水分和养分；同时，增强植株的抗逆性，起到促进生长、提高产量的作用。传统的人工嫁接方法虽然不少，但费时费工、操作难度大、速度低、成活率不高。工厂化育苗中，采用自动化嫁接可实现苗的抓取、切削、结合、固定全过程自动化，使作业效率成倍地提高。自动化嫁接中常用的设备有自动嫁接机（如图7-30）和嫁接苗培育设施。

大量生产嫁接苗时，砧木苗在穴盘内育成，与培育好的接穗苗通过自动嫁接机实现自动化嫁接。嫁接后的嫁接苗被放在嫁接苗培育设施内进行培养。嫁接苗培育设施能够根据嫁接苗成活所需要条件，自动调控温度、湿度、光照、通风和二氧化碳补给等，使嫁接苗在几天内愈合接口开始成活，不会出现萎蔫等现象，不需要烦琐的人工管理，成活率可达95%以上，比常规手工作业成活率提高1～2倍。

图 7-30　自动嫁接机

五、无土栽培

无土栽培是一项农业高新技术，它可以代替土壤，向作物根系提供良好的水、肥、气、热等环境条件。具有提高作物的产量与品质，减少农药用量，节水、节肥、省工和利用非可耕地生产蔬菜等特点。

目前使用较多的无土栽培方式有水培、雾培和基质栽培三种。水培又称营养液栽培，其特点是完全不需要土壤，而是将植物生长所需的各种营养配成营养液供作物利用。雾培是让植物的根系离开了基质与水，把根系置于气雾环境下进行生长发育的一种新型栽培模式，通过雾化的水汽满足植物根系对水肥的需求，并具有充足的氧气与自由伸展的空间，使根系在无阻力的情况下生长。基质栽培是作物通过基质固定根系，并通过基质吸收营养液和氧的方法。如图7-31所示为营养液栽培的工作示意图，由栽培床、储液罐、水泵和管道等设备组成。栽培设备用沙砾支撑蔬菜，补液设备安装在栽培床排液设备的相反位置，用循环营养液方式补充营养液和营养液中的氧气。可以用来栽培各种蔬菜。

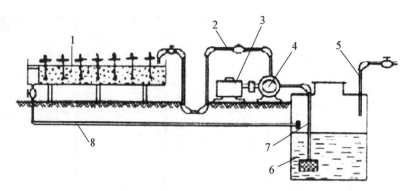

图 7-31　营养液栽培的工作示意图

1.栽培床　2.供液管　3.电动机　4.水泵　5.加液管　6.储液罐　7.吸液管　8.回液管

第四节　喷微灌与水肥一体化技术

农业灌溉方式一般可分为地面灌溉、喷灌以及微灌等。本节主要介绍喷灌、微灌与水肥一体化技术。设施大棚内是高湿环境,为便于控制湿度,减少病害发生,常采用微灌方式进行灌溉。水肥一体化技术是指通过灌溉系统施肥,作物在吸收水分的同时吸收养分,常与微灌相结合,又称为肥水同灌、灌溉施肥、随水施肥等。

一、喷微灌系统

喷微灌系统包括喷灌系统与微灌系统。

(一)喷灌系统

喷灌是把具有一定压力的水喷到空中,散成小水滴或形成弥雾降落到植物上和地面上的灌溉方式。一般来说,其明显的优点是灌水均匀、少占耕地、节省人力、对地形的适应性强。主要缺点是受风影响大,设备投资高。喷灌几乎适用于除水稻外的所有大田作物,对地形、土壤等条件适应性强。但在多风的情况下,会出现喷洒不均匀、蒸发损失增大的问题。与地面灌溉相比,大田作物喷灌一般可省水30%～50%,增产10%～30%。最大优点是使农田灌溉从传统的人工作业变成半机械化、机械化,甚至自动化作业,加快了农业现代化的进程。主要喷灌类型有以下几种:

(1)固定式管道喷灌。干、支管都埋在地下(也有的把支管铺在地面,但在整个灌溉季节都不移动),这种方式更省人力,可靠性高,使用寿命长,但设备投资较高。

(2)半移动式管道喷灌。干管固定,支管移动,这样可大大减少支管用量,从而使得投资成本为固定式的50%～70%,但是移动支管需要较多人力,如管理不善,支管容易损坏。为了避免或减少因支管移动带来的费工、易损等不足,通过机械移动支管的方式,可以克服部分缺点。

(3)中心支轴式喷灌。将支管支撑在支架上,支管的一端固定在水源处,支架可自己行走,整个支管就绕中心点绕行,像时针一样,边走边灌,可以使用低压喷头,灌溉质量好,自动化程度很高。适用于大面积的平原(或浅丘区),要求灌区内没有任何高的障碍(如电杆、树木等)。其缺点是只能灌溉圆形的面积,边角要用其他方法补灌。

(4)滚移式喷灌。将喷灌支管用法兰连成一个整体,每隔一定距离以支管为轴安装一个大轮子。

在移动支管时用一个小动力机推动,使支管滚到下一个喷位。每根支管最长可达400米。适用于矮秆作物,如蔬菜、小麦等,要求地形比较平坦。

（5）大型平移式喷灌。为了克服中心支轴喷灌机只能灌圆形面积的缺点,在此基础上,研制出可使支管做平行移动的喷灌系统,这样灌溉的面积成矩形。其缺点是当机组行走到田头时,要牵引到原来出发地点才能进行第二次灌溉,而且平移技术要求高。适用于推广的范围与中心支轴式相仿,但没有中心支轴式喷灌机使用广泛。

（6）绞盘式喷灌。用软管给一个大喷头供水,软管盘在一个大绞盘上。灌溉时逐渐将软管收卷在绞盘上,喷头边走边喷,灌溉一个宽度为两倍射程的矩形田块。这种系统,田间工程少,机械设备比中心支轴式喷灌机简单,从而造价低一些,工作可靠性高一些。但一般要采用中高压喷头,能耗较高,适合于灌溉粗壮的作物,如玉米、甘蔗等。同时,要求地形比较平坦。

（二）微灌系统

微灌（如图7-32）是利用微灌设备组装成微灌系统,将有压水输送分配到田间,通过灌水器以微小的流量湿润作物根部附近土壤的一种灌溉方式。微灌可以非常方便地将水灌到每一株植物附近的土壤中,能最大限度地减少灌溉水的损失,节省灌溉用工,提高管理水平和产出效益。微灌与地面灌溉相比,缺点是投资较大,维护成本较高。同时,由于微灌灌水器出口很小,易被水中的杂质堵塞,严重时会使整个系统无法正常工作,对水源过滤要求较高。

图7-32　微灌系统

1. 微灌系统组成

微灌系统由水源工程、首部枢纽、输水管网和灌水器等组成,如图7-33所示。

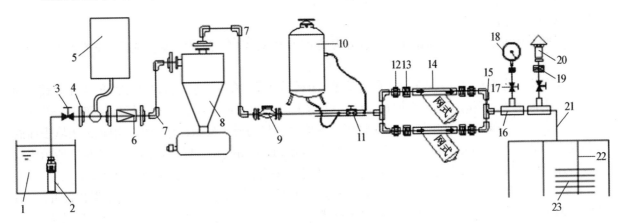

图7-33　微灌系统结构示意图

1.水源　2.水泵　3.闸阀　4.法兰盘　5.变频系统　6.止回阀　7.弯头　8.过滤器　9.水表　10.施肥装置
11.施肥阀　12.活接头　13.内丝接头　14.筛网过滤器　15.正三通　16.异径三通　17.球阀　18.压力表
19.外丝接头　20.进排气阀　21.干管　22.支管　23.毛管及灌水器

（1）水源工程。河流、湖泊、水库、渠道、井、泉等均可作为微灌水源,但其水质需符合微灌要求。当这些水源不能满足微灌要求时,需要修建引水、提水、蓄水等工程,统称为水源工程。

（2）首部枢纽。首部枢纽包括水泵、动力机、肥料和化学药品注入设备、过滤设备、控制阀、进排气阀、流量压力仪表、控制系统等。其作用是从水源取水增压并将其处理成符合微灌要求的水流送到微灌系统,同时,通过测量设备监测系统的运行情况。

① 水泵与动力机。微灌常用的水泵有潜水泵、深井泵、离心泵等,动力机可以是柴油机、电动机等。对于供水量需要调蓄或含砂量很大的水源,常要修建蓄水池和沉淀池。沉淀池用于去除灌溉水源中的大固体颗粒,为了避免在沉淀池中产生藻类植物,应尽可能为沉淀池或蓄水池加盖。

② 过滤设备。过滤设备的作用是将灌溉水中的固体颗粒滤去,避免污物进入系统,造成系统堵塞。过滤设备应安装在输水管道之前。

③ 肥料和化学药品注入设备。用于将肥料、除草剂、杀虫剂等直接施入微灌系统,注入设备应设在过滤设备之前。

④ 流量压力仪表。流量压力仪表用于测量管线中的流量或压力,包括水表、压力表等。水表用于测量管线中流过的总水量,根据需要可以安装于首部,也可以安装于任何一条干、支管上,如安装在首部,需设于施肥装置之前,以防肥料腐蚀。压力表用于测量管线中的内水压力,在过滤器的前后各安设一个压力表,可观测其压力差,通过压力差的大小能够判定过滤器是否需要清洗。

⑤ 阀门。阀门是直接用来控制和调节微灌系统压力流量的操纵部件,布置在需要控制的部位上,其种类有闸阀、逆止阀、空气阀、水动阀、电磁阀等。

⑥ 控制系统。控制系统用于对微灌系统进行自动控制,一般控制系统具有定时或编程功能,根据用户给定的指令操作电磁阀或水动阀,进而对微灌系统进行控制。

（3）输水管网。输水管网是将首部枢纽处理过的水按照要求输送分配到每个灌水单元和灌水器。输水管网包括干管、支管和毛管三级管道。毛管是微灌系统的最末一级管道,其上安装或连接灌水器。各级输水管的首端一般配有控制阀,有的支管控制阀前装有网式过滤器。

（4）灌水器。灌水器是微灌设备中最关键的部件,是直接向作物施水的设备,其作用是将水流变为水滴或细流,以喷洒状施入土壤,灌水器多数是用塑料注塑成形。按结构和出流形式不同,灌水器主要有滴头、滴灌管、滴灌带、微喷头、渗灌管和涌水器等。

2.微灌系统分类

根据所采用的灌水器类型,微灌系统可分为滴灌、微喷灌、渗灌、涌泉灌等。温室中主要为滴灌与微喷灌。

（1）滴灌。滴灌是通过末级管道（称为毛管）上的灌水器,将压力水以间断或连续的水流形式灌到作物根区附近土壤表面的一种灌水形式,流量一般为 1～12 升/时,可结合灌水进行施肥和施农药。

（2）微喷灌。微喷灌（如图7-34）是将压力水以喷洒状的形式喷洒在作物根区附近的土壤表面的一种灌水形式,简称微喷。微喷灌还具有提高空气湿度,调节田间小气候的作用。如图7-35所示为双轨全自动遥控自走式喷灌机,由于移动比较方便、作业效率高,在连栋育苗大棚中使用较多。

（3）渗灌。渗灌又叫地下滴灌,将水直接施到地表下的作物根区,其流量与地表滴灌相接近,可有效减少地表蒸发,是目前最为节水的一种灌水形式。渗灌不破坏土壤,方便耕作和抗老化,但易堵塞,维护困难。

（4）涌泉灌。涌泉灌又叫小管出流灌溉,是管道中的压力水通过灌水器,即涌水器,以小股水流或泉水的形式施到土壤表面的一种灌水形式。特点是抗堵能力强,水质净化处理简单,操作简便,适用于果树灌溉。

图 7-34 微喷灌　　　　图 7-35 双轨全自动遥控自走式喷灌机

3.微喷灌水器

微喷系列的灌水器是微喷头,按其工作原理,常用的微喷头可以分为射流式(如图7-36)、折射式(如图7-37)、离心式(如图7-38)和缝隙式四种。射流式微喷头工作时转轮旋转洒水,习惯上也称为旋转微喷头;后三种微喷头都没有运动部件,在喷洒时整个微喷头各部件都是固定不动的,因此统称为固定式微喷头。其他微喷灌水器如果树灌水器、微喷带等。

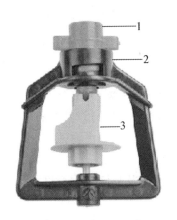

图 7-36 射流式微喷头　　图 7-37 折射式微喷头　　图 7-38 涡流雾化喷头工作实景

1.喷嘴　2.支架　3.转轮　　1.喷嘴　2.支架　3.折射锥

(1)果树灌水器。果树灌水器(如图7-39)以射流式为主,连接在长50厘米、直径5毫米毛管上使用,安装位置灵活可调,灌水量及覆盖范围可调(也可完全关闭),水形(全圆、半圆、伞状、旋流)可依据地形及风力等因素选择,抗堵塞性能优异,可以结合施肥实现水肥一体化。此外,该灌水器还非常适合于盆栽植物的灌溉。

(2)微喷带。如图7-40所示,微喷带又称多孔管、喷水带、喷灌带、微喷灌管,是在可压扁的塑料软管上采用机械或激光直接加工出小水孔,进行微喷灌的节水灌溉设备。将每组3个出水孔、5个出水孔或更多出水孔的微喷带直接铺设在地面,直射

图 7-39 果树灌水器　　图 7-40 微喷带应用实景

219

在空中的水流就能形成类似细雨的微喷灌效果。微喷带安装、拆卸方便,可移动性能好,价格低廉,成本投入低,但其壁薄,使用寿命短。

4. 滴灌灌水器

滴灌灌水器是滴灌系统中关键的部件,是直接向作物施水、肥的设备。其作用是利用灌水器的微小流道或孔眼消能、减压,使水流变为水滴均匀地施入作物根区土壤中。常用的滴灌灌水器有滴灌带、滴灌管、管上式滴头(如图7-41)、内嵌式滴头、滴箭(如图7-42)。

图7-41 管上式滴头   图7-42 滴箭

5. 过滤设备

灌溉系统要求灌溉水中不含造成灌水器堵塞的污物和杂质,而实际上湖泊、库塘、河流等水源,都不同程度地含有污物和杂质,因此要对灌溉水进行严格的过滤。常用的过滤设备有砂石过滤器、离心过滤器、筛网过滤器、叠片过滤器等。在选配过滤设备时,主要根据灌溉水源的类型、水中污物种类、杂质含量等,同时考虑所采用的灌水器的种类、型号及流道断面大小等来综合确定。

(1)砂石过滤器。砂石过滤器(如图7-43)主要用于水库、塘坝、沟渠、河湖及其他开放水源,可分离水中的水藻、漂浮物、有机杂质及淤泥。

过滤原理:砂石过滤器是通过均质颗粒层进行过滤的,其过滤精度视砂粒大小而定。过滤过程为水从壳体上部的进水口流入,通过在介质层孔隙中的运动向下渗透,杂质被隔离在介质上部。过滤后的净水经过过滤器里面的过滤元件由出水口流出,即完成水的过滤。选用时,可以单独使用,也可和其他过滤器组合使用。

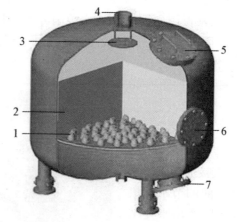

图7-43 砂石过滤器

1. 滤水帽 2. 砂床 3. 配水盘 4. 进水口 5. 添加介质孔 6. 检修孔 7. 出水口

使用中注意事项：要严格按设计流量使用，因过大的流量可造成砂床流道效应，导致过滤精度下降；过滤器的清洗通过反冲洗装置进行，砂床表面的最污染层，应用干净砂粒代替，视水质情况而定，1年处理1～4次。

（2）离心过滤器。离心过滤器（如图7-44）主要用于含砂水流的初级过滤，可分离水中的砂子和石块。

过滤原理：此类过滤器基于重力及离心力的工作原理，清除重于水的固体颗粒。水由进水管切向进入离心过滤器体内，旋转产生离心力，推动砂子及密度较高的固体颗粒沿管壁移动，形成涡流，使砂子和石块进入集砂罐，净水则顺流沿出水口流出，即完成水砂分离。在满足过滤要求的条件下，分离效果为60～150目砂石92%～98%。过滤器需定期进行排砂清理，时间按当地水质情况而定。

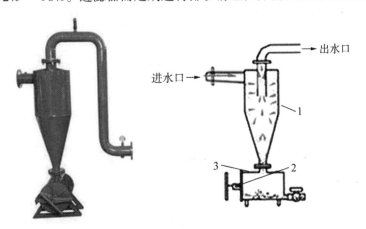

图7-44 离心过滤器

1.加长筒体 2.反冲挡板 3.集砂罐

使用中注意事项：离心过滤器在开泵和停泵的工作瞬间，由于水流失稳，影响过滤效果，因此常与网式过滤器同时使用，效果更佳。在进水口前应安装一段与进水口直径相等的直通管，长度是进水口直径的10～15倍，以保证进水水流平稳。

（3）筛网过滤器。筛网过滤器（如图7-45）是一种简单而有效的过滤设备，造价也较为便宜，在微灌系统中使用最为广泛。筛网过滤器主要由进水口、滤网、出水口和排污冲洗口等几部分

图7-45 筛网过滤器

组成，安装时，应注意水流方向与过滤器的安装方向一致。

筛网过滤器主要用于过滤灌溉水中的粉粒、砂和水垢等污物，尽管它也能用来过滤含有少量有机污物的灌溉水，但有机物含量稍高时过滤效果很差，尤其是当压力较大时，大量的有机污物会"挤"过过滤网而进入管道，造成微灌系统与灌水器的堵塞。

（4）叠片过滤器。叠片过滤器（如图7-46）的外形与筛网过滤器基本相同，主要不同在于过滤芯不同。叠片过滤器是由数量众多的片状滤片叠在一起组成的，每片滤片上有流道，水从两个滤片之间的缝隙穿过，污物挡在滤片外周，从而达到过滤作用。

图7-46 叠片过滤器

（5）自动反冲洗叠片过滤系统。自动反冲洗叠片过滤系统如图7-47所示。设备在工作时，叠片在弹簧和水力的作用下被压紧，水中杂质被截留。反冲洗时，控制器控制专用的三向阀，改变水流方向，需要反冲洗的单体中叠片自动松开并旋转，利用其他单体过滤后的净水将杂质通过排污管冲出。相对于手动清洗的过滤系统而言，自动反冲洗过滤系统无须人工清洗，可根据进出水口压力差（即堵塞程度）或设定的冲洗周期自动反冲洗，避免人为遗忘而影响系统运行情况。

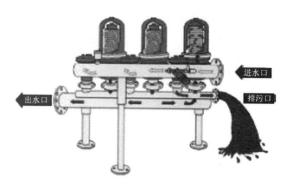

图 7-47　自动反冲洗叠片过滤系统

（6）自动反冲洗砂石过滤系统。砂石过滤器工作状态和反冲洗状态如图7-48、图7-49所示，当过滤器两端压力差超过30～50千帕时，过滤介质被污物堵塞严重，需要进行反冲洗。反冲洗是通过过滤器控制阀门，使水流产生逆向流动，将过滤阻拦下来的污物通过排污口排出。自动反冲洗砂石过滤系统如图7-50所示，为了使灌溉系统在反冲洗过程中也能同时向系统供水，常在首部枢纽安装两个以上的过滤器。

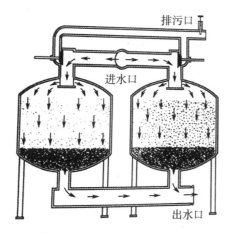

图 7-48　砂石过滤器工作状态

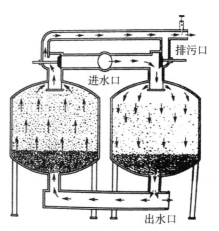

图 7-49　砂石过滤器反冲洗状态

图 7-50　自动反冲洗砂石过滤系统

（7）过滤器选型。过滤设备设计选型时,需结合不同水源的杂质类型、灌水器类型等综合考虑。

① 水源类型。不同的水源所含的杂质类型有很大的区别,比如南方地区常用的沟塘河湖等敞开式水源中,大都含有藻类、草根等有机杂质,就需要采用砂石过滤器作为一级过滤;而北方地区常用的井水通常含有泥沙杂质,需要采用离心过滤器将大量的砂砾分离。特殊情况时,还需通过水质化验来检测杂质的物理、化学特性等特殊指标,以确定是否需要采取曝气、净化等处理工艺。

② 灌水器类型。不同作物需要匹配不同类型的灌水器,不同灌水器的流道有很大差别。比如滴灌带、滴头、滴箭等通常需要三级甚至四级过滤,末级过滤器精度不得低于120目;而微喷系统需要二至三级过滤,过滤精度可降低到100目;喷灌系统则可降低到75目。

③ 轮灌区最大流量。依据上述两点,在确定了过滤器的类型后,再根据轮灌区的最大流量需求或其他最大过流量要求,来确定过滤器的规格型号。

④ 其他因素。比如是采用手动清洗过滤器,还是采用自动反冲洗过滤系统,则通常取决于一次性投资情况、工人状况、项目性质等。

二、潮汐灌溉

我国的潮汐灌溉技术发展起步较晚,潮汐灌溉设备也是以从国外直接引进的方式为主,例如2006年昆明市安祖花园艺公司育苗中心所配置的潮汐灌溉系统就是直接从荷兰引进的。2010年,我国自主研发的潮汐灌溉系统落户银川贺兰园艺产业园。2013年,由农业部颁布的《NY/T 2533-2013 温室灌溉系统安装与验收规范》对潮汐灌溉技术进行了系统的规范。

潮汐灌溉是针对营养液栽培和容器育苗所设计的底部给水的灌溉方式,因为灌溉方法与海水的涨潮落潮相似,所以将这种灌溉方式称为潮汐灌溉,属新型的微灌技术。根据栽培池类型的不同,潮汐灌溉分为植床式潮汐灌溉和地面式潮汐灌溉。植床式潮汐灌溉是指在温室中修建的高出地面一定高度的栽培床等空中栽培设施中实施的潮汐灌溉;地面式潮汐灌溉是指在温室地面上修建的栽培池等在地面栽培设施中实施的潮汐灌溉。如图7-51所示,潮汐灌溉系统主要由栽培床、营养液循环系统(清水池、循环水泵、施肥机、消毒机等)、计算机控制系统和栽培容器四个部分组成,其基本原理是使灌溉水从栽培基质底部进入,依靠栽培基质的毛细管作用,将灌溉水供给植物。在应用时,灌溉水或配比好的营养液由出水孔漫出,使整个苗床中的水位缓慢上升并达到合适的液位高度(称为涨潮),将栽培床淹没

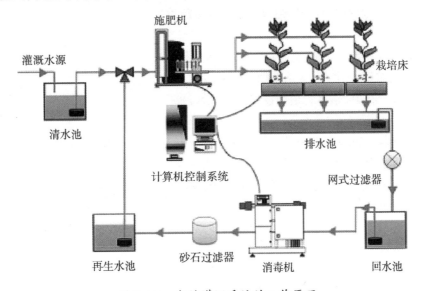

图 7-51 潮汐灌溉系统的工作原理

2～3厘米的深度;在保持一定时间(作物根系充分吸收)后,营养液因毛细作用而上升至盆中介质的表面,此时,打开回水口,将营养液排出,流回营养液池(称为落潮)。

潮汐灌溉是一种高效、节水、环保的灌溉技术。由于潮汐灌溉是底部给水,相比常规的上部喷水的灌溉方式,它创造出了相对湿度低的微环境,可以减少作物病虫害的发生和传播。在节水省肥和作物生长方面,潮汐灌溉方式要优于上部喷水的灌溉方式,并且在一定条件下,也优于滴灌的灌溉方式。

三、水肥一体化技术

与传统模式相比,水肥一体化实现了水肥管理的革命性转变,即渠道输水向管道输水转变、浇地向浇庄稼转变、土壤施肥向作物施肥转变、水肥分开向水肥一体转变。因此,水肥一体化技术是发展高产、优质、高效、生态、安全现代农业的重大技术。目前常用形式是微灌与施肥的结合,微灌系统中通过增加施肥装置,可以将可溶性肥料或农药溶液按一定剂量注入压力管道,使之随灌溉水一起施入田间,实现随水施肥。

1. 施肥装置

微灌系统中常用的施肥装置有压差式施肥罐、文丘里施肥器、比例注肥泵、全自动灌溉施肥机和不锈钢施肥泵。

(1)压差式施肥罐。压差式施肥罐(如图7-52)由储液罐、进水管、输肥管、调压阀等几部分组成。压差式施肥罐施肥工作原理与操作过程是待微灌系统正常运行后,首先把可溶性肥料或肥料溶液装入储液罐内,然后把罐口封好,关紧罐盖。接通输肥管并打开其上的阀门,再接通进水管并打开阀门,此时肥料罐的压力与灌溉输水管道的压力相等。为此,关小微灌输水管道上的施肥调压阀门,使其产生局部阻力水头损失,使阀后输水管道内压力变小,阀前管道内压力大于阀后管道内压力,形成一定压差(根据施肥量要求调整该阀),使罐中肥料通过输肥管进入阀后输水管道中,又造成化肥罐压力降低,因而阀前管道中的灌溉水即由进水管进入化肥罐内,而罐中肥料溶液又通过输肥管进入微灌管网及所控制的每个灌水器,如此循环运行,化肥罐内肥料浓度接近0时,即需重新添加肥料或肥溶液,继续施肥。

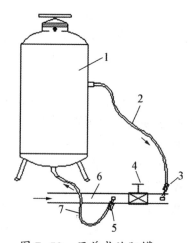

图7-52　压差式施肥罐
1.储液罐　2.输肥管　3.输肥管阀门
4.调压阀　5.阀门
6.输水管　7.进水管

压差式施肥罐的优点是加工制造简单,成本较低,无须外加动力设备。缺点是溶液浓度变化大,无法实时控制;罐体容积有限,添加肥料次数频繁且较麻烦,输水管道因设有调压阀而调压易造成一定的水压损失。

(2)文丘里施肥器。如图7-53所示,水流通过一个由大渐小然后由小渐大的管道时(文丘里管喉部),水流窄部分流速加大,压力下降;当喉部管径小到一定程度时管内水流便形成负压,在喉管侧壁上的小口可以将肥料溶液从一敞口肥料罐通过小管径细管吸上来,文丘里施肥器即按这一原理(射流原理)制成的。文丘里施肥器可与敞开式肥料罐配套组成一套施肥装置,其构造简单,造价低廉,使用方便,主要适用于小型微灌系统。为减小压力损耗,通常安装时加装一个小型增压泵或在管路中并联安装一个文丘里器(如图7-54、图7-55)。

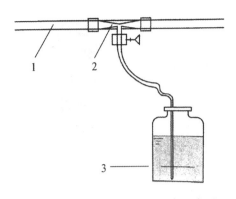

图 7-53　文丘里施肥器工作示意图

1.高压区　2.低压区　3.贮肥桶

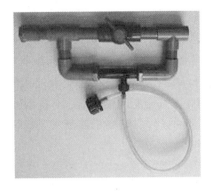

图 7-54　文丘里施肥器

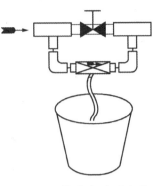

图 7-55　管路中并联安装

（3）比例注肥泵。如图7-56所示，将比例注肥泵直接安装在水管中，管路中水流的动能驱动泵工作，按设定比例定量将较高浓度的药或肥液吸入，与主管中的水充分混合后被输送到下游。而且无论管路中的水压及水量如何变化，吸入的药剂量始终同药泵中水的体积成比例，确保混合液中的比例恒定。施肥比例精准可控，适用于所有对施肥比例要求严格的作物，稳定可靠，但一次性投入较大。比例注肥泵具有以下优点：无须电源，根据水压变化按照比例添加肥料；压力损失小，适用于各种灌溉模式；精确施肥，比例可调，有效节约肥料使用量；可串联、并联使用，不影响使用效果。

图 7-56　比例注肥泵

（4）全自动灌溉施肥机。全自动灌溉施肥机（如图7-57）俗称施肥机，是应用于设施大棚、大田的自动灌溉及施肥控制的成套设备。在实现田间灌溉自动控制的同时，可通过EC/pH值及流量的监控，在可编程控制器控制下，通过机器上的一组文丘里施肥器准确地把肥料养分或弱酸等注入灌溉主管中，执行准确的施肥过程。

用户可通过控制器键盘现场监控和编制，也可通过外接计算机，在办公室内进行远程控制。可通过外界的气象站，实现依据土壤湿度、蒸发量、降雨和太阳辐射等传感器或输入条件，全自动智能调节和控制灌溉施肥。对于小型系统通常采用串联方式，大型系统则采用与灌溉主管并联的方式。适用于大型园艺及农场的自动灌溉施肥控制，实现无人化精确管理。

（5）不锈钢施肥泵。文丘里施肥器、比例注肥泵等施肥设备的肥

图 7-57　全自动灌溉施肥机

料吸入量都很有限,当施肥量较大时,需多个施肥器并联使用,但造价较高,为节省投资,可采用不锈钢施肥泵(如图7-58)进行施肥。在泵房内,灌溉泵旁安装不锈钢施肥泵,配置肥料桶,不锈钢施肥泵出口与灌溉主管相连,施肥时直接将肥料溶解于肥料桶内,用不锈钢泵直接将肥液注入灌溉主管,与水混合后一起输送到下游。采用此方式施肥时需注意:不锈钢施肥泵的流量需结合施肥量选定;不锈钢施肥泵的扬程应略高于灌溉水泵扬程(一般高于10米左右);肥料桶内应配置搅拌装置。

图7-58 不锈钢施肥泵

2. 控制系统

根据控制系统运行的方式不同,可分为手动控制、半自动控制和全自动控制三类。

(1)手动控制。系统的所有操作均由人工完成,如水泵及阀门的开启、关闭,灌溉时间的长短,何时灌溉等。这类系统的特点是成本较低,启闭效率低下,同时骤启骤停,对设备冲击大,故障风险增加。

(2)半自动控制。首部枢纽采用变频恒压供水,田间采用自动阀门。在灌溉区域没有安装传感器,灌水时间、灌水量和灌溉周期等均是根据预先编制的程序,而不是根据作物和土壤水分及气象资料的反馈信息来控制的。这类系统的自动化程度不等,有的一部分实行自动控制,有的是几部分进行自动控制。

(3)全自动控制。系统不需要人直接参与,通过预先编制好的控制程序和根据反映作物需水的某些参数可以长时间地自动启闭水泵和自动按一定的轮灌顺序进行灌溉。人的作用只是调整控制程序和检修控制设备。

3. 运行与维护

要保持灌溉与水肥一体化工程的正常运行,延长工程和设备的使用寿命,关键是要正确地使用和良好的管理。

(1)水源工程。水源工程建筑物有地下取水、河渠取水、塘库取水等多种形式。要保持这些水源工程建筑物的完好,运行可靠,确保设计用水的要求。

对泵站、蓄水池等工程应经常维修养护,每年非灌溉季节应进行检修,保持工程完好。

对蓄水池沉积的泥沙等污物应定期清除洗刷。敞开式蓄水池的静水中藻类易于繁殖,在灌溉季节应定期向池中投放绿矾(硫酸铜),可防止藻类滋生。

灌溉季节结束后应排除所有管道中的存水,封堵阀门、井。

(2)水泵。运行前检查水泵与电机的联轴器是否同心,间隙是否合适,皮带轮是否对正,其他各部件是否正常,转动是否灵活,如有问题及时排除。

运行中检查各种仪表的读数是否在正常范围内,轴承部位的温度是否太高,水泵和水管各部位有没有漏水和进气情况,吸水管应保证不漏气。水泵停车前应先停启动器,后拉电闸。

使用结束后要擦净水迹,防止生锈;定期拆卸检查,全面检修;在灌溉季节结束或冬季使用水泵时,停车后应打开泵壳下的放水塞把水放净,防止锈坏或冻坏水泵。

(3)动力机械。电动机在启动前应检查绕组间和绕组对地的绝缘电阻;铭牌所标电压、频率与电源电压是否相符,接线是否正确;电动机外壳接地线是否可靠;运行中工作电流不得超过额定电流;温度不能太高;电机应经常除尘,保持干燥清洁;经常运行的电机每月应进行一次检查,每半年进行一次检修。

柴油机在启动前应加足润滑油、柴油和冷却水,严禁注入未经过滤的润滑油和柴油;经三次操作不能启动,或启动后运转异常,必须排除故障后再行启动。启动后应逐渐增加转速、负荷,严禁在没有空气滤清器、冒黑烟、超负荷情况下运转;停车时应先逐渐卸去负荷、降速;当环境温度低于5℃时,停车后应放掉冷却水。柴油机入库存放时,应放净润滑油、柴油和冷却水,封堵空气滤清器、排气管口和水箱口,覆盖机体。

（4）过滤器。要得到好的过滤效果,须经常清洗过滤器,否则水头损失明显增大,滤网两边压力差增大会使颗粒通过滤网进入系统中或冲破滤网,引起系统堵塞。

① 网式过滤器。手工清洗时,拆开过滤器,取出滤网,用刷子刷洗滤网上的污物并用清水冲洗干净。自动清洗时,在运行中当过滤器进出口压力差超过一定限度时就需要冲洗,此时打开冲洗排污阀门,冲洗20～30秒关闭,即可恢复正常运行。如压力差仍然很大,可重复上述操作,若仍不能很好解决,可用手工清洗。对滤网要经常检查,发现损坏应及时修复;灌溉季节结束时,应取出过滤器滤网,刷洗晾干后备用。

② 砂石过滤器。砂石过滤器的反冲洗是砂床水流的反洗过程,反向水流使砂床浮动和翻滚,并冲走拦截的污物。反冲洗时,要注意控制反冲洗水流的速度,使反冲洗流速能够让砂床充分翻动,只会冲掉罐中被过滤的污物,而不会冲掉作为过滤用的介质。灌溉季节结束后,要彻底反冲洗,并用氯处理消毒,以防止微生物生长。

（5）施肥施药装置。利用压差式施肥罐进行施肥的缺点是肥液浓度随时间不断变化,当以轮灌方式向各个轮灌区施肥时,存在施肥不均匀的问题,应正确掌握各轮灌区的施肥时间。用注射泵进行施肥时,最重要的是确定化肥罐内需装多少肥料与水混合,还要校核这些肥料是否能全部溶解在化肥罐的水中。注射泵的维修保养与一般水泵基本相同。对于铁制化肥罐在每年灌溉季节结束后要检查内壁,是否发生防腐涂层脱落或腐蚀情况,并及时处理。

（6）管道系统。管道在每次使用时,应打开干管、支管和所有毛管的尾端进行冲洗,冲洗后关闭干管排水阀,然后关闭支管排水阀,最后封堵毛管尾端,以后每工作一段时间冲洗一次。

灌溉季节应经常对管道系统进行检查维护,保证阀门启闭自如,管道和管件完整无损。

每年灌溉季节结束,必须对管道进行一次全面检查、维修,将地面毛管连同灌水器装置卷成盘状,做好标记存放。

（7）灌水器。灌水器堵塞是滴灌系统的主要问题,必须加强以预防为主的维修养护。

① 堵塞的预防。在系统的运行管理中,除了前面提到的定期维修并清洗过滤器、定期冲洗管道等预防堵塞的措施以外,还应经常检查灌水器工作状况并测定其流量,流量普遍下降是堵塞的第一个征兆,应及时处理;同时,加强水质检测,定期进行化验分析,发现问题采取相应措施解决。

② 堵塞的处理方法。

加氯处理法:氯溶于水后有很强的氧化作用,可破坏藻类、真菌和细菌等微生物,还可与铁、锰、硫等元素发生化学反应生成不溶于水的物质,使这些物质从灌溉水中清除掉。对于由微生物引起的堵塞用加氯处理法是比较经济有效的方法。

酸处理法:通常用于防止水中可溶性物质的沉淀,或防止系统中微生物的生长,还可以增加氯处理的效果。

对系统进行化学处理时必须注意到对土壤和作物有一定的破坏和毒害作用,使用不当会造成严重后果,一定要严格按操作规程操作;一定要注意安全,防止污染水源或对人畜造成危害。

第八章

农业物联网与智能装备

农业物联网的研究与应用在世界各国引起了高度重视,美国、日本、德国等国家高度关注物联网技术在精准农业、智慧农业中的应用。我国也密切关注农业物联网与信息化技术的发展,并大力推动我国农业信息化建设进程。在政府、科研机构及农业生产企业等的共同努力下,我国农业物联网与信息化取得了长足的进步。

第一节　农业物联网

一、物联网概念及应用

物联网,即"物物相连的互联网",是以互联网为基础,将通信技术和网络技术相结合并拓展应用的一种新型网络,其核心技术仍然是互联网,但与互联网的不同之处在于,互联网是通信设备的互联,而物联网则是实现物品与物品之间的信息交换和通信,如图8-1所示。因此,物联网的定义是通过射频识别

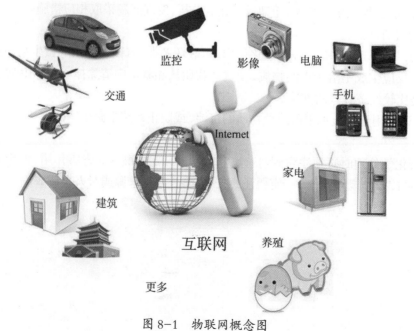

图 8-1　物联网概念图

（RFID）、全球定位系统、红外感应器、激光扫描器等信息传感设备,按照约定的协议,将物品与互联网连接,进行信息交换和通信,以实现对物品的无线感知、精确定位、智能化识别、实时跟踪、智能化科学决策和精确管理。

由以上定义可知,物联网是借助传感设备、互联网、移动通信网联物体,实现物与物、人与物、物与人之间的互联,然而,物是没有主动感知与数据处理能力的,因此需要智能感知技术的支持。拥有了感知技术,还需要连入网络中,在网络中拥有一个能标识唯一身份的ID,物联网中用一个独立的地址标识其身份,有了独立的地址,每一个物体都可以实现互联并通信,计算机可以对物体进行控制,物体与物体之间可以感知与被感知。因此,物联网的工作可以概括为"自主成网、协同感知、有效传输、智能处理",如图8-2所示。

图 8-2 物联网实现物物相连

物联网的创新之处在于实现了物物相连,使没有思想与感知能力的物体能够被感知和控制,拓展了互联网的应用。随着物联网技术的不断成熟,其应用也越来越广泛,主要应用领域有智能工业领域、智能农业领域、智能环保领域、智慧医疗领域、智能交通领域、智能安防领域、智慧建筑领域、现代军事领域等,如图8-3所示。

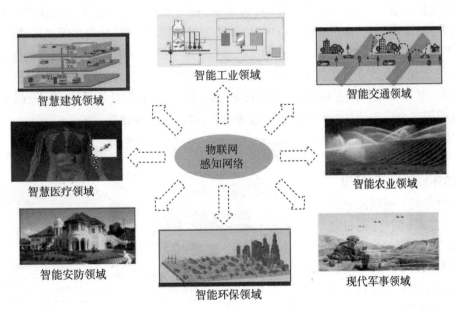

图 8-3 物联网应用领域

二、智慧农业与农业物联网

物联网、云计算等高新技术的兴起,正在引领我国农业迈入智慧农业的发展阶段。智慧农业把农业看成一个有机联系的整体系统,在生产中全面综合地应用信息技术、透彻的感知技术、广泛的互联互通技术和深入的智能化技术使农业系统的运转更加有效、更加智慧和更加聪明,从而实现农产品竞争力强、农业可持续发展、有效利用农村能源和环境保护的目标。智慧农业包括智慧生产、智慧流通、智慧销售、智慧社区、智慧组织以及智慧管理等环节,如图8-4所示。

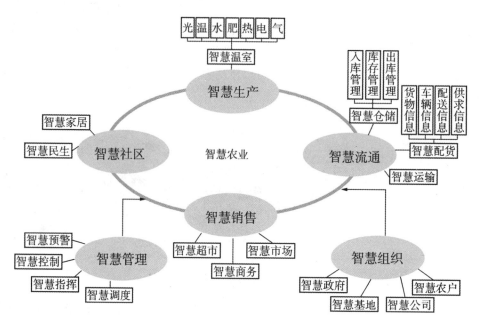

图 8-4　智慧农业框架结构

经过十几年发展,物联网技术与农业领域应用逐渐紧密结合,形成了农业物联网。农业物联网是智慧农业的技术支撑。农业物联网是应用RFID、传感器、视觉采集终端等各类感知技术全面感知采集大田种植、畜禽养殖、设施园艺、水产养殖、农产品物流等领域的现场信息,并利用无线传感器网络、互联网和电信网等多种信息传输通道,实现农业信息多尺度、多维度的可靠传输,并将获取的海量信息进行智能化处理,最终实现农业产业化生产过程中的最优控制、智能化管理,以及农产品流通环节的系统化物流、电子化交易、质量安全追溯等目标。因此,农业物联网是将物联网技术贯穿于农业的生产、加工、经营、管理和流通等各个环节,以达到作物增产、改善品质、提高经济效益的目的。

与传统农业中引入简单信息化手段相比,农业物联网主要是指在相对可控的环境条件下,采用工业化生产,实现集约可持续发展的现代农业生产方式;同时,通过物联网农业信息服务平台,为农民的生产和生活提供配套的农业信息化生产方式,不仅将信息化技术引入到农业生产的各个环节,而且将专家系统等分析和决策系统引入到农业生产中,使农业生产各个环节的决策和运行更加智能化标准化。

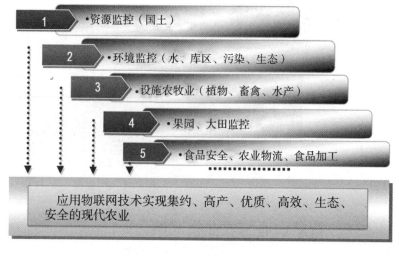

1 ·资源监控(国土)

2 ·环境监控(水、库区、污染、生态)

3 ·设施农牧业(植物、畜禽、水产)

4 ·果园、大田监控

5 ·食品安全、农业物流、食品加工

应用物联网技术实现集约、高产、优质、高效、生态、安全的现代农业

图 8-5　农业物联网技术应用

农业物联网的研究与应用在世界各国引起了高度重视,农业物联网技术作为实现现代农业不可或缺的部分,被高校及农业企业大力开发并应用,取得了一定成效。科学研究与实践应用表明,现代信息技术是改造传统农业,实现农业现代化的重要途径,而物联网技术作为现代信息技术的一支新生力量,是推动农业现代化和信息化融合的重要切入点,也是推动我国农业向"高产、优质、高效、生态、安全"发展的重要驱动力,如图8-5所示。

然而,相比国外发达国家,我国现代农业发展依然处于起步阶段,农业物联网技术的应用也还处于初步应用阶段,农业生产很大一部分依然处于传统操作方式,农业生产与农机化发展还未成熟的现状严重制约着农业物联网技术的发展和实践。要推进物联网技术在农业领域的规模化、标准化、产业化应用,加快发展智慧农业与现代农业道路曲折,任重而道远。

三、体系架构

农业物联网的体系架构一般划分为三层:信息感知层、信息传输层和信息应用层,如图8-6所示。

1. 信息感知层

信息感知层主要由RFID、传感器、视频监控设备等数据采集设备组成,通过自主网、总线等通信模块,实现将数据采集设备获取到的数据传送至物联网智能网关,做到现场数据信息实时采集与检测。同时,通过物联网智能网关,将上层应用系统下发的控制命令传送到控制设备,远程控制农业设施的开关,实现对农业生产过程的控制及对生长环境的改善。

2. 信息传输层

信息传输层中,传感器通过有线或无线方式获取各类数据,并以多种通信协议,向局域网、广域网发布。网络层通过WLAN、LAN、CDMA和3G、4G等的相互融合,对感知层获取的数据信息或控制命令进行实时传输。

3. 信息应用层

应用层主要包括农业生产过程管理、农业生产环境管理、农业病虫害识别与治理等农业应用系统,实现对由物联网感知层采集的海量数据进行分析和处理,以及对农业生产现场进行智能化控制与管理,从而对农业生产提供决策支持。

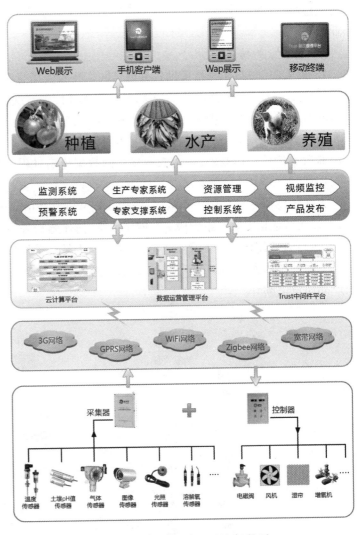

图 8-6　农业物联网网络架构图

四、关键技术

农业物联网关键技术主要包括农业信息感知技术、农业信息传输技术和农业信息处理技术。

1. 农业信息感知技术

农业信息感知技术是实现对物理世界全面感知与识别的基础，主要包括农业传感技术、RFID技术（radio frequency identification）、条码技术、全球定位系统GPS技术（global positioning system）和RS技术（remote sensing）等。

农业传感器主要用于采集和获取各种农业生产或环境信息，如种植业中的光照、温度、湿度等参数，畜禽养殖业中的氨气、二氧化碳、硫化氢等有害气体浓度，水产养殖业中的酸碱度、溶解氧、氨、氮、浊度和电导率等参数。RFID又称电子标签，它是一种利用射频信号通过空间耦合实现无接触信息传递并自动识别目标对象获取相关数据的技术，该技术简单、易操作、成本低，在农产品物流和质量安全追溯等方面有着广泛的应用。GPS技术为全球定位技术，在农业上主要应用于农业机械田间作业和管理，可以实时地对农田水分、肥力、杂草和病虫害、作物苗情、产量等进行描述和跟踪及指导精准施肥等。RS技术为遥感技术，在农业上主要用于对作物在不同生长期的水分、养分、作物长势、产量的监测和农机精准作业等。

2. 农业信息传输技术

农业信息传输技术是指借助各种通信网络将农业信息感知设备接入到传输网络中，并可随时随地进行可靠度高的信息交互和共享，可将其分为无线传感器网络和移动通信技术。

随着互联网、电信网和广播电视网的三网融合，移动通信技术将逐渐成为农业信息远距离传输的重要技术。目前，移动通信网被广泛应用到现代农业种植业、畜禽养殖业、水产养殖业等的数据采集、远距离数据传输和控制中，成为农业物联网数据传输过程中廉价、稳定、高速、有效的主要通道，如图8-7所示。

无线传感器网络（wireless sensor network, WSN）是由部署在监测区域内的大量微型传感器节点组成，通过无线通信方式自组形成一个网络系统，协作感知采集和处理网络覆盖区域中感知对象的各种信息，并进行有效传输。在智慧农业中，ZigBee技术是基于IEEE802.15.4标准的关于无线组网、安全和应用等方面的技术标准，被广泛应用在无线传感器网络的组建中，如大田灌溉、农业资源监测、水产养殖和农产品质量追溯等。

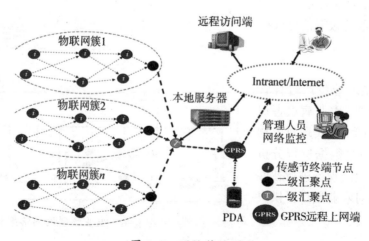

图 8-7 网络传输图

3.农业信息处理技术

信息处理技术不仅是实现农业物联网的必要手段,还是农业物联网智能控制的重要组成部分,主要涉及云计算(gloud computing)、地理信息系统(geographic information system, GIS)、专家系统(expert system, ES)、决策支持系统(decision support system, DSS)和智能控制技术(intelligent control technology, ICT)等。

云计算指将计算任务分布在大量计算机构成的资源池上,使各种应用系统能够根据需要获取计算力、存储空间和各种软件服务。根据美国国家标准与技术研究院(NIST)定义,云计算是一种按使用量付费的模式,这种模式提供可用的、便捷的、按需的网络访问,进入可配置的计算资源共享池(资源包括网络、服务器、存储、应用软件、服务),这些资源能够被快速提供,只需投入很少的管理工作,或与服务供应商进行很少的交互。云计算具有超大规模、虚拟化、通用性、极其廉价和按需服务等特点。物联网与云计算相互促进、协调发展,为我国的物联网等战略性新兴产业的推进与示范应用提供了创新发展的动力。如图8-8所示为浙江大学大数据云平台的示意图。

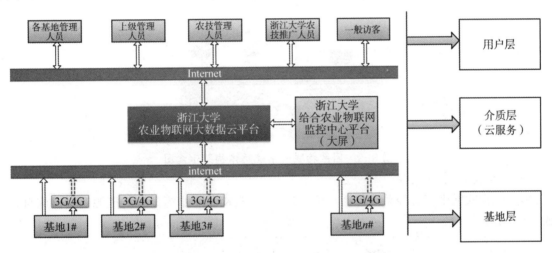

图 8-8　农业物联网大数据云平台

GIS在农业物联网技术中主要用于土地及水资源管理、土壤数据、自然环境与生产条件、病虫草害监测、作物产量预测等空间属性信息的统计、分析处理与多元化的结果可视化输出。专家系统,指运用特定领域的专门知识,通过推理来模拟通常由人类专家才能解决的各种复杂的、具体的问题,达到与专家具有同等解决问题能力的计算机智能程序系统。决策支持系统,是辅助决策者通过数据模型和知识,以人机交互方式进行半结构化或非结构化决策的计算机应用系统。智能控制技术是通过在程序中设置参数以控制生产过程的一种方法,目前比较典型的有神经网络控制、模糊控制和综合智能控制技术等。

第二节　农业物联网技术应用

一、农业综合园区物联网技术应用

随着农业物联网技术、装备不断发展、成熟,农业物联网技术在农业综合园区内得到了大力的推广应用,现以萧山部队农场园区物联网技术应用为例进行介绍。该农场从2008年开始引进了农业物联网技术在农场园区内进行示范应用,并不断整合升级。

通过统一平台项目建设,实现园区农业生产从环境信息采集、传输、控制到农业生产过程的信息化、自动化、智能化的管理和控制,提高了园区生产管理水平。系统总体构架如图8-9所示。

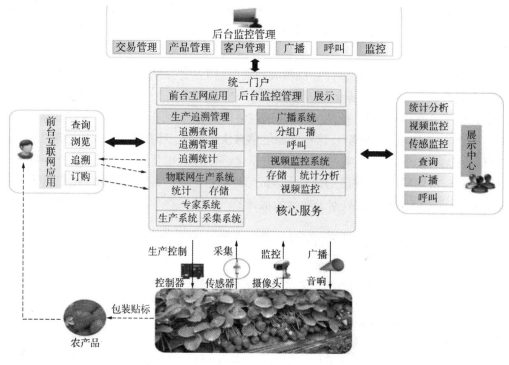

图8-9　园区物联网系统总体构架示意图

1. 物联网生产管控系统

农场园区物联网生产管控系统包括环境信息采集、自动化肥水灌溉和新能源温室设施自动化控制,如图8-10所示。

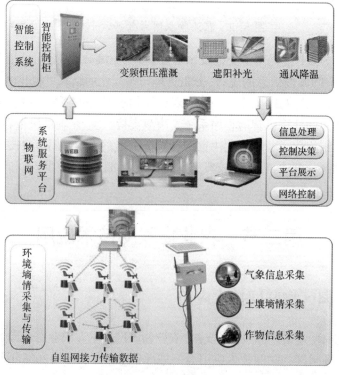

图8-10　物联网生产管控系统示意图

（1）环境信息采集。结合园区具体情况，开展环境信息采集建设，在每个温室内架设一套环境信息采集器，每套环境信息采集设备可自动采集8种环境参数，包括土壤温度、土壤湿度、土壤pH值、土壤盐度、空气温度、空气湿度、光照强度、二氧化碳浓度，如图8-11所示。

环境采集器获取环境信息后通过无线传输的方式将信息实时传回园区的监控中心，经过软件服务平台处理后最终将数据显示在电脑上，供种植管理人员及时地了解园区环境情况，以便对种植气候及土壤环境进行及时调节，满足作物生长对生长环境的需求。

（2）自动化灌溉。智能控制系统根据环境信息采集器采集的数据，基于土壤水分含量与定时灌溉方法，按照设定要求，实现自动化灌溉或肥水同灌；同时，在每个水池泵站内架设灌

图 8-11　环境信息采集

溉变频智能控制柜，在智能控制柜内配备用于节电的变频控制器，在水压不够或水量变化、断水的情况下，变频器会在预先设定好的参数下开始自动调节工作。在用水量变化较大的园区内安置变频器，可以改变水泵的出水量和出口压力从而满足用水要求，达到保护灌溉管网的目的，如图8-12所示。

图 8-12　自动化灌溉

（3）温室设施自动化控制。根据温室内环境信息采集器上传的数据，自动控制系统通过软件平台专家系统对其进行环境参数的分析，然后对园区内设施操作进行智能控制。

2. 生产追溯管理系统

农场出产的农产品在进入用户餐桌前，会经过采收、加工、运输等多个环节，最终到用户使用。为了加强用户对农场农产品的信赖度，提高农产品品牌形象，构建了农产品生产追溯平台。在追溯平台中，用户可以通过产品标识提供的产品编号，在农场提供的互联网查找平台中确认农产品的真伪，查询农产品的生产信息，查看农产品的生产环境等，如图8-13所示。

图 8-13　农产品质量安全追溯流程示意图

3. 视频监控系统

将视频监控系统进行整合,使管理人员可以对生产区域进行可视化监控,消费者也可以通过远程访问视频系统,进行农场基础信息查询追溯以及生产区环境视频监控追溯,为管理人员和消费者提供查看和监管农场生产环境的平台。视频采集系统由各观测点的摄像机组成,主要用于实现对每个采集点的视频图像信号的采集。按照摄像机是否能移动等要求配置云平台装置,可实现较广泛区域的监视。

4. 智能广播系统

智能广播系统主要功能包括定时播放(音乐、技术指导)、生产预警。生产预警将语义、语音识别合成技术结合环境参数(比如水分含量值、实际温度值)转成播音系统的输入流,由广播系统分析处理后,形成预警语音进行播放。

二、设施园艺物联网技术应用

设施园艺在农业上用途很广,花卉、蔬菜和果树的不时栽培,繁殖各种作物,组织培养幼小植株,进行扦插喷雾繁殖等,都可以在设施内进行。现以湖州市德清县一个花卉设施种植基地的物联网技术应用情况为例进行介绍。

该基地的4个温室大棚总面积为1万多平方米,全部布设了物联网系统,实现了对温室大棚空气温度、湿度、土壤水分、光照强度、二氧化碳的自动监测和调控;通过作物本体传感器,还对花卉的叶温、茎秆增长、增粗等花卉本体参数做实时采集,所有数据实时采集后无线传输到服务器,系统软件内置专家决策系统,结合采集的数据,系统诊断后做出远程自动控制,调节和提供花卉生长最适宜的环境。

1. 温室大棚智能环境监测系统

如图8-14所示,在每个花卉温室内安装若干个空气温度、湿度、土壤水分、土壤温度、二氧化碳、光照强度等无线传感器,并为每个大棚配置一个信息传输中继节点,中继节点将前端采集数据通过网络直接上传终端平台。

光照传感器　　　　　　　　空气温湿度传感器　　　　　　　二氧化碳传感器

图8-14　温室大棚智能环境监测系统

2. 花卉本体参数采集系统

对花卉的叶温、茎秆增长、增粗等花卉本体参数做实时采集,采集的数据通过网络直接上传平台,可以与其他参数指标进行叠加分析。图8-15为植物本体监测设备。

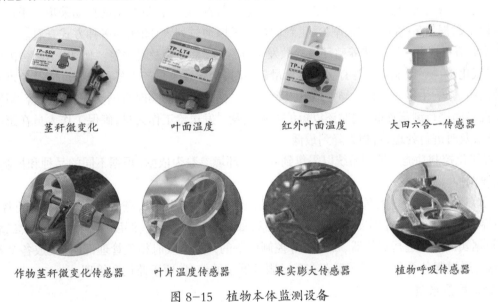

茎秆微变化　　　　叶面温度　　　　红外叶面温度　　　大田六合一传感器

作物茎秆微变化传感器　　叶片温度传感器　　果实膨大传感器　　植物呼吸传感器

图8-15　植物本体监测设备

3. 智能决策控制平台

智能决策控制平台可对花卉种植生产进行全面管控。平台具有温室调控、灌溉、监测、数据查询、报警设置、专家模型、视频监控七大功能。可根据所采集的参数和专家系统对照分析,做出反馈调控温室大棚,以提供最适宜的生产环境。同时将各数据生成图表进行显示、存储,可随时调出查看。平台还可以通过中控台的控制,一键式控制温室大棚内的风机、外遮阳、内遮阳、喷滴灌、侧窗、湿帘等,实现远程管理。管理人员可通过手机App系统远程实时查看农场作物生长情况,监控种植环境,及时得到预警;也可以通过手机App控制温室大棚的浇水、施肥、通风、补光等操作。通过视频监控系统,远程实时查看农场内部各种设备运行状况、施肥灌溉过程、作物生长情况,实现对园区运转情况的远程监管。

三、生猪养殖物联网技术应用

面向生猪养殖领域的应用需求,采用先进传感技术、智能传输技术和信息处理技术,对生猪基础信息、养殖信息、疾病信息、饲料信息等进行智能感知,安全可靠传输后进行智能处理,实现对生猪养殖过程信息的实时监测和管理,为养殖企业营造相对独立的养殖环境,彻底摆脱传统养殖业对人员管理的高度依赖,最终实现生猪养殖集约、高效、优质、安全的目标。生猪养殖物联网主要建设包含养殖环境监控系统、精细喂养系统、育种繁育系统、疾病诊治与预测系统及信息服务管理平台。

1.养殖环境监控系统

利用传感器技术、无线传感技术、自动控制技术、机器视觉、射频识别等技术,通过模拟生态和自动控制技术,每一个养殖场成为一个生态单元,能够实时监测养殖环境,并根据生猪生长需要,自动调节温度、湿度和空气质量,能够自动送料、饮水、产品分拣和运输,有效提高养殖规模,实现自动化养殖。养殖环境监控系统由养殖环境自动控制系统和养殖环境智能监控管理平台组成。自动控制系统用于控制各种环境设备,有自动控制和手动控制功能。养殖环境智能监控管理平台能够实现对采集到的养殖环境各路信息的存储、分析和管理、检索、警示、权限管理以及驱动养殖舍控制系统的管理接口等。养殖环境智能管理平台采用B/S结构,用户借助于互联网可随时随地访问系统。

(1)实时高精度采集环境参数。圈舍内布置各种类型的室内环境传感器,并连接到无线通信模块,智能养殖管理平台便可以实现对二氧化碳数据、温湿度数据、氨气含量数据的自动采集。用户根据需要可以随时设定数据采集的时间和频率,采集到的数据可以通过列表、图例等多种方式查看。

(2)异常信息报警。当生猪养殖环境参数发生异常时,系统会及时报警。例如,当圈舍内温度过高或过低,二氧化碳、氨气、硫化氢等有害气体含量超标时,会导致生猪产生各种过激反应及免疫力下降并引发各种疾病,影响生猪的生长。异常信息报警功能根据采集到的实时数据实现异常报警,报警信息可以通过监视界面进行浏览查询,同时还以短信的形式及时发送给工作人员,确保工作人员在第一时间收到警示信息,及时进行处理,将损失降到最低。

(3)智能化控制功能。控制系统以采集到的各种环境参数为依据,根据不同的品种和控制模型,实现环境在线调控。

(4)互联网访问。管理人员通过计算机、手机、触摸屏等终端设备,查看远程数据并进行控制,通过平台监控界面,可以随时查看实时采集的数据信息,如采集时间、温度、湿度、硫化氢、氨氮、二氧化碳等信息,并根据实际情况进行加热器、加热灯等控制设备的开关。政府相关管理部门,集成各个养殖企业的数据信息,通过服务平台,实时了解存在于云服务器中的信息,便于监控和管理。

2.精细喂养系统

采用动物生长模型、营养优化模型、传感器、智能装备、自动控制等现代信息技术,根据生猪生长周期、个体重量、采食周期、采食情况等信息对生猪的饲料喂养进行科学的优化控制,实现自动化饲料喂养,以确保节约饲料、降低成本、减少污染和病害发生,保证生猪食用安全。

3.育种繁育系统

智能化的动物繁育监控系统,可以提高动物繁殖效率。生猪育种繁育系统主要运用传感器技术、预测优化模型技术、射频识别技术,根据基因优化原理,科学监测母猪发情周期,实现精细投喂和数字化管理,从而提高繁殖效率,缩短出栏周期,降低生产成本。育种繁育系统的功能主要有以下几点:

(1)母猪发情监测。母猪发情监测是母猪繁育过程中的重要环节,错过了时间将会降低繁殖能力。要提高母猪的繁殖率,首先要清楚地监测出母猪的发情期。运用射频识别技术对母猪个体进行标识,通过视频传感器监测母猪行为状态,还可以通过温度传感器测量母猪体温状况。系统根据采集的数据分析判断母猪发情信息。

（2）母猪配料智能化管理。怀孕母猪以电子标签来识别，在群养环境里单独饲养，根据母猪精细投喂模型和实际个体情况来智能自动配料，从而有效控制母猪生长情况。

（3）种猪数据库管理。建立种猪信息数据库，其中包括种猪个体体况、繁殖能力、免疫情况。智能化的种猪数据库可以有效提高母猪的繁育能力和幼崽的成活能力。

4. 疾病诊治与预警系统

利用人工智能技术、传感技术、机器视觉技术，根据生猪养殖的环境信息、疾病的症状信息、生猪的活动信息，对生猪疾病发生、发展、危害等进行诊断、预测、预警，根据状态进行科学的防控，以最大限度地降低由于疫病、疫情引发的各种损失。具体功能模块设计如图8-16所示。

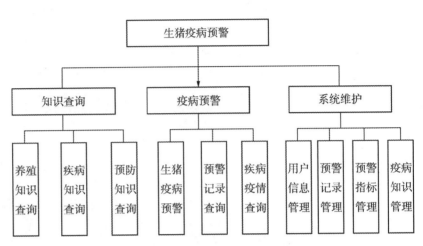

图 8-16　生猪预警系统功能模块

5. 信息服务管理平台

集成生猪养殖过程中的环境自动监控、精细喂养、疾病预测及诊断、育种繁育等子系统，建立生猪养殖物联网软件应用平台，实现生猪养殖全程数字化监控与管理。生猪企业管理平台，集合具体子功能，通过浏览器或者客户端对生猪养殖进行过程控制和监测。政府相关部门从云服务平台中获取区域内所有生猪养殖企业信息以及生猪信息，对养殖企业和生猪进行监管。

四、水产养殖物联网技术应用

水产养殖物联网是现代智慧农业的重要应用领域之一，它采用先进的传感网络、无线通信技术、智能信息处理技术，通过对水质环境信息的采集、传输、智能分析与控制，调节水产养殖水域的环境质量，使养殖水质维持在良好状态。在水产养殖业领域引入物联网技术，改变了我国传统的水产养殖方式，提高了生产效率，保障了食品安全与消费者的人身安全，实现了水产养殖业高效、生态、环保的生产管理和可持续发展。

水产养殖环境智能监控通过实时在线监测水体温度、pH值、溶氧量（dissolved oxygen，DO）、盐度、浊度、氨、氮、化学需氧量（chemical oxygen demand，COD）、生化需氧量（biochemical oxygen demand，BOD）等对水产品生长环境有重大影响的水质参数（如图8-17）和太阳辐射、气压、雨量、风速、风向、空气温湿度等气象参数，在对所检测数据变化趋势及规律进行分析的基础

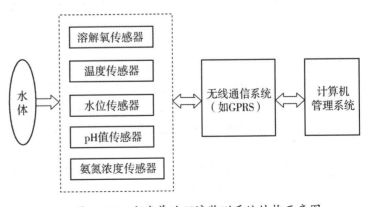

图 8-17　水产养殖环境监测系统结构示意图

上,实现对养殖水质环境参数预测预警,并根据预测预警结果,智能调控增氧机、循环泵等养殖设施,实现水质智能调控,为养殖对象创造适宜水体环境,保障养殖对象健康生长。要实现水产养殖业的智能化,首先必须保证养殖水域的水质,需要各种传感器来采集水质的参数;其次,采集到的信息要实时、可靠地传输回来,需要无线通信技术的支持;最后,利用传输的数据分析、决策和控制,需要计算机处理系统来完成。根据以上所需的技术支持,水产养殖物联网的结构和一般物联网的结构大致一样,即分为感知层、传输层和应用层三个层次,水产养殖物联网系统结构示意图如图8-18所示。

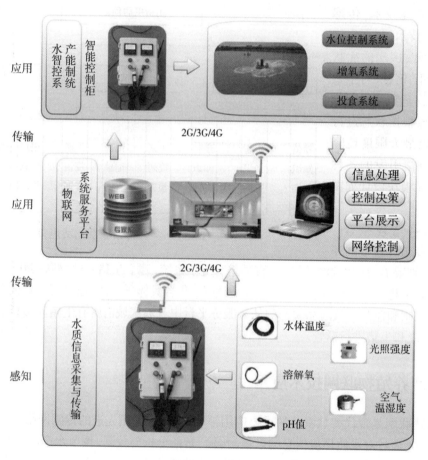

图8-18 水产养殖物联网系统结构示意图

第三节 智能农机装备

农业机械与物联网、大数据、卫星定位等信息技术相结合,使农业机械作业更精确、更轻松,作业效率也更高,实现农机作业自动化、智能化,是农业机械化发展的趋势。

一、农机作业精细化管理系统

北斗农机作业精细化管理系统融合北斗卫星导航定位、物联网传感、地理信息系统、无线通信、信息融合与数据处理等技术,通过在农机具上安装北斗定位设备,实时获取作业农机的相关数据信息,并通过运营商移动网络将农机作业数据传输至后台系统运算分析,最终在北斗农机作业管理平台上进行显示,以信息化的手段实现对作业农机的作业状态集中监管,具备北斗定位、农机作业监控、作业面积统计分析、作业面积和质量核查、农机调度、实时测亩等多项功能。可安装在播种机、插秧机、收割机、秸秆还田机等农机上,已在浙江、河南等地进行了推广应用。

1. 结构体系

北斗农机作业精细化管理系统采用标准的层级结构体系,分为四层,从下至上依次为感知层(北斗农机终端,高清拍照设备)、传输层(移动通信网络)、服务层(通信服务器、应用服务器、数据库服务器)和应用层(平台软件,手机App,微信平台),如图8-19所示。

感知层由北斗农机终端(如图8-20)、高清拍照设备等(如图8-21至图8-23)组成。北斗农机终端与高清拍照设备、定位天线、GPRS通信天线分别相连,电源由农机具提供。采用GPS/BDS双模定位模块,通过移动通信网络传输,可实时获取农机作业位置信息,捕捉农机作业轨迹。

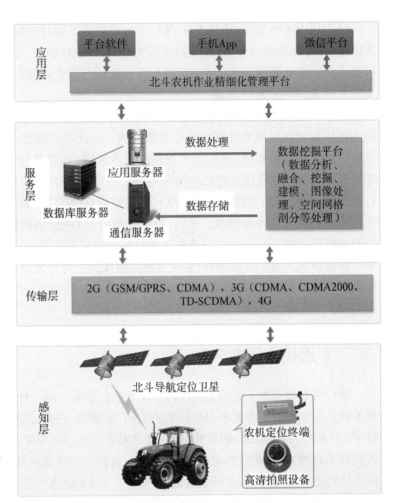

图8-19　北斗农机作业精细化管理系统层级结构体系

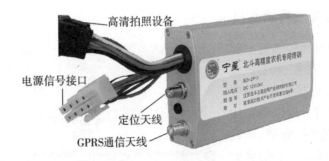

图8-20　北斗农机终端

图8-21　定位天线

图8-22　GPRS通信天线

图8-23　高清拍照设备

应用层由平台软件、手机App、微信平台等组成。通过电脑登录管理平台,可实现北斗定位、农机作业监控、作业面积统计分析、作业面积和质量核查、农机调度、实时测亩等多项功能。通过登录微信平台可快速获取作业面积。手机App可进行作业统计与作业查询。

2. 农机作业面积算法

基于"空间网格剖分的农机作业面积自动统计"算法,通过对农机作业轨迹数据分析处理,能自动识别出作业地块区域和计算出作业地块面积。算法基本原理:首先,在计算机内存中申请一个用于存放栅格矩阵的二维数组,用来表示农机的作业区域,并将其所有元素的属性值初始化为0。其次,对相邻的两个农机作业轨迹点进行连线,并生成一个与之平行的矢量矩形。然后,对矢量矩形和栅格矩阵进行叠置处理,把矩形范围内的栅格单元的属性值修改为1。如果之前的属性值已经是1(针对作业过程中的重叠情况),则不做修改。最后,计算属性值为1的栅格的数量并乘以单个栅格所代表的面积,从而得到农机的实时作业面积。该算法无须对区域边界进行提取,区域面积直接通过被标记的栅格总数和单个栅格面积的乘积计算得到;实现过程方便快捷。可分为以下6个步骤来实现:获取轨迹点坐标→坐标投影转换→初始化栅格矩阵→生成单条线段的矢量矩形→矢量矩形栅格化→统计栅格数量,得到作业面积。

二、遥控飞行喷雾机

遥控飞行喷雾机(植保无人飞机)是用于农业生产的一种以无线电遥控或由自身程序控制为主的无人机。遥控飞行喷雾机不仅可以喷洒农药、叶面肥,还可以辅助授粉、农田信息采集等作业,适用于水稻田、小麦地、高山茶园、烟草地、果树林等农业领域。近年来,与农业物联网紧密结合的遥控飞行喷雾机得到了较快发展。相比普通机械植保作业,遥控飞行喷雾机喷施农药、防治病虫害虽有一些不足之处,但已体现出作业效率高、劳动强度低、适应性广、对人健康危害小等特点。

遥控飞行喷雾机按动力类型可以分为油动和电动。按照旋翼结构可以分为固定翼、单旋翼和多旋翼。固定翼遥控飞行喷雾机载荷大、飞行速度快,但价格高且不能垂直起飞,比较适合平原地区的大面积作业。现主要介绍电动的多旋翼和单旋翼遥控飞行喷雾机。

(一)多旋翼遥控飞行喷雾机

相较而言,多旋翼遥控飞行喷雾机(如图8-24)特点是操控、构造比较简单,便于维护保养,机器整体重量较为轻便,价格相对便宜。现以MG-1P遥控飞行喷雾机为例进行介绍,该机药箱容积为10升,喷幅4～6米,最大功耗6.4千瓦,最大作业速度7米/秒。

1. 结构原理

多旋翼遥控飞行喷雾机(如图8-25)主要由飞行器平台、动力系统、喷洒系统、控制系统、通信链路等部分组成。飞行器平台也就是指整个机身,它提供了飞行器的基本框架,装载各种设备、电池乃至其他机身配件。动

图8-24 多旋翼遥控飞行喷雾机作业图

力系统则由电机、电子调速器、螺旋桨、电池、充电器共同构成,为整个飞行器提供飞行的动力,其中充电器属于地面设备。喷洒系统包括药箱、水泵、水管、喷头等,是实际执行喷洒农药的系统。控制系统由显示系统、操作系统构成,在显示系统里,通信设备将飞行器的高度、速度、电量、位置等各种丰富的信息传达到地面,地面操作人员就可以根据显示系统提供的信息对飞行器进行操纵。而在操作系统里,作业人员能够通过操作设备将控制意图传达到飞行器,实施相应的飞行及操作。通信链路则由地面端与天空端共同构成,正是由于通信链路的存在,才能实现飞行器信息的回传,以及地面人员对飞行器的实时操纵或智能化控制。

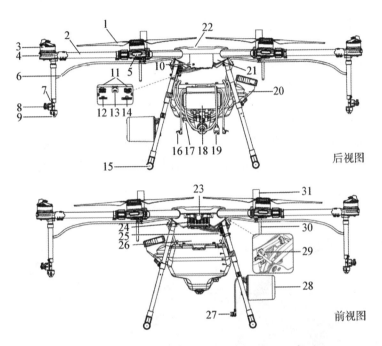

图 8-25　多旋翼遥控飞行喷雾机结构示意图

1. 螺旋桨　2. 机臂　3. 电机　4. 电调 LED 指示灯（机臂 M1-M4 及 M7-M8）　5. 飞行器状态指示灯（机臂 M5-M6）　6. 软臂　7. 喷头　8. 泄压阀　9. 喷嘴　10. 对频按键（机尾方向）　11. 液泵接口　12. 雷达接口　13. 调参接口（Micro USB 接口）　14. 液位计接口　15. 起落架　16. 液泵连接线　17. 液位计　18. 液泵　19. 液位计连接线　20. 作业箱　21. 飞行器主体　22. GNSS 模块　23. FPV 摄像头（机头方向）　24. 空气过滤罩　25. 电源接口　26. 电池安装位　27. 雷达连接线　28. 雷达模块　29. 遥控器挂钩　30. 图传系统天线　31. 机载 RTK 天线

2. 操作使用

做好飞行准备工作,完成指南针校准和流量校准。作业时,多旋翼遥控飞行喷雾机可自主规划航线,先使用遥控器进行航线规划,在规划完之后遥控器的显示屏上会有规划的地块状况以及自动生成的航线和障碍物的标记。接着,根据实际的病虫害情况调整亩施药量、飞行高度、作业速度、喷幅等参数。然后连接电池,调出规划的任务,点击执行任务就可以进行自主作业。同时,遥控飞行喷雾机还具有 AB 点作业和手动作业功能,可以根据实际地况选择合适的作业方式。

3. 维护保养

（1）日常维护。

① 每次起飞前都需要对飞行器的桨叶、机臂、喷洒系统等硬件进行检查,查看有无破损、连接是否牢靠、有无堵塞等情况。

② 检查外部各连接线有无松脱情况。

③ 每天作业完后,需要将喷洒系统用清水加清洗剂冲洗两遍,保证喷洒系统无沉淀、无堵塞。

④ 整机擦拭干净整洁存放,尽量减少农药腐蚀。

⑤ 运输时要确保飞行器摆放稳固,避免因飞行器来回晃动导致机臂、桨叶折损。

(2)定期维护。

① 每月彻底清洗一次喷洒系统。

② 桨叶垫片、电机、电调、药管、水泵等零部件都有使用寿命,根据使用情况定期更换。

③ 电池每月最少使用慢充一次。

④ 每星期对机架做一次全面检查,特别是小臂等容易受损的位置,避免飞行作业中出现意外。

(二)单旋翼遥控飞行喷雾机

单旋翼遥控飞行喷雾机的优点颇多:较高的载重能力,续航时间较长,单一风场,可以有效控制喷洒药剂的飘移问题。由于单旋翼本身是非自稳系统,喷洒农药则要求高精度姿态,因而对于飞控技术的要求更高。现以S40单旋翼电动遥控飞行喷雾机为例简要进行介绍,该机连续输出最大功率6千瓦,药箱容积20升,喷幅7～9米,最大作业速度7米/秒。

如图8-26所示,单旋翼电动遥控飞行喷雾机主要由电池、电机、主旋翼桨、药箱、水泵、喷杆、喷头、尾舵机、尾桨、GNSS天线、飞控等组成。单旋翼电动遥控飞行喷雾机通过地面遥控或RTK厘米级精准定位,来实现喷洒作业。

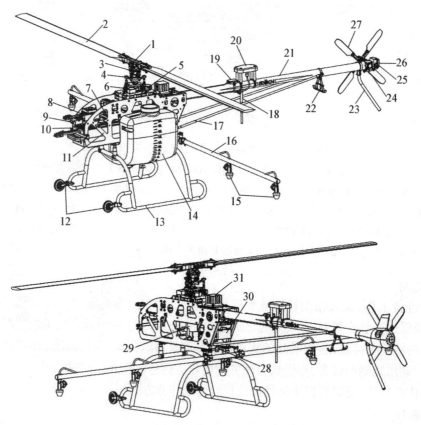

图8-26 单旋翼电动遥控飞行喷雾机

1.主旋翼头 2.主旋翼桨 3.连杆 4.十字盘 5.齿轮箱 6.舵机 7.电机 8.电调 9.低电压报警器 10.电池 11.机身 12.轮子 13.起落架 14.药箱 15.喷头 16.喷杆 17.尾撑 18.鞭状天线 19.地磁模块 20.GNSS天线 21.尾管 22.铭牌 23.尾鳍 24.尾波箱 25.尾舵机 26.风扇 27.尾桨 28.LED灯 29.水泵 30.飞控 31.IMU(惯性测量单元)

（三）载波相位差分技术（RTK）

遥控飞行喷雾机利用GPS定位，缺点是定位误差大，经常出现重喷漏喷现象，无法达到农药喷洒要求。RTK（Real - Time Kinematic）技术是指实时动态载波相位差分技术，使用了GPS的载波相位观测量，并利用基准站和移动站之间观测误差的空间相关性，通过差分的方式除去移动站观测数据中的大部分误差，从而实现高精度（厘米级）的定位。如图8-27所示，遥控飞行喷雾机应用RTK技术进行农药喷洒作业。

图 8-27　遥控飞行喷雾机应用 RTK 技术
进行农药喷洒作业

三、无人驾驶拖拉机

无人驾驶拖拉机田间作业，可以节省劳动力，实现24小时不间断作业，提高耕种作业质量和效率，有效降低农业生产成本的投入。无人驾驶农机正在成为继无人机之后的又一亮点。在目前农业劳动力缺乏和对农机作业效率要求越来越高的今天，无人驾驶农业机械无疑具有很多优越性和良好的市场潜力。虽然目前仍处于试验阶段，但肯定是今后农机发展的一个方向。

无人驾驶拖拉机导航分为卫星定位导航和图像智能导航。利用卫星定位导航系统遥控指挥的无人驾驶拖拉机，工作原理类似于自动飞行作业的遥控飞行喷雾机，是通过自带基站把卫星定位信号经过二次精确定位发射到拖拉机上。耕作前，技术人员把耕作面积、深度等参数输入导航系统，天线接收到信号后，就可以通过导航系统实现自动驾驶。利用图像智能导航的无人驾驶拖拉机，是通过在拖拉机上加装视觉导航系统，基于图像采集、传输与处理，最终控制拖拉机行驶方向实现自动驾驶。以1104图像智能导航轮式拖拉机为例进行简要介绍。图像智能导航轮式拖拉机（如图8-28）由轮式拖拉机加装视觉导航仪组成。视觉导航仪主要由摄像头、信号采集卡、电脑、电机和齿轮箱等组成。拖拉机作业时，摄像头采集前方行走目标线，将所采集图像传输至信号采集卡，通过图像处理技术对路况环境进行分析，然后计算出目标线的参数，并计算出路线，通过数模转换为电子信号，然后通过电机控制方向盘转动，并在行驶过程中依据图像采集所分析的数据变化对于路线进行微调，完全实现模仿驾驶员人工智能的视觉判断和控制，实现拖拉机无人驾驶作业。

图 8-28　图像智能导航轮式拖拉机结构简图

参考文献

［1］杜兵. 大中型拖拉机使用与维修［M］. 北京：中国农业出版社，2003.

［2］付宇超，袁文胜，张文毅，等. 我国施肥机械化技术现状及问题分析［J］. 农机化研究，2017，39（1）：251–255.

［3］蒋恩臣. 畜牧业机械化［M］. 北京：中国农业出版社，2011.

［4］刘开顺. 太阳能杀虫灯安全使用注意的事项［J］. 现代农业装备，2011，9：76.

［5］李庆，罗锡文，汪懋华，等. 采用倾角传感器的水田激光平地机设计［J］. 农业工程学报，2007，23（4）：88–92.

［6］罗锡文，刘云. 水稻精量穴直播机与水田激光平地机［J］. 中国科技奖励，2004（9）：21.

［7］李正鹏，罗倩倩. 太阳能杀虫灯的设计与应用［J］. 湖南农机，2012，39（11）：65–67.

［8］程祥之. 脉冲式喷烟机构造和工作原理［J］. 林业科技开发，1997，5：55–57.

［9］沈瀚，秦贵. 设施农业机械［M］. 北京：中国大地出版社，2009.

［10］田宜水，孟海波. 农作物秸秆开发利用技术［M］. 北京：化学工业出版社，2007.

［11］汪福友. 粮食烘干机建设应用现状与发展对策［J］. 粮食储藏，2013，42（4）：46–47.

［12］王艳. 谷物干燥机常见除尘方式［J］. 现代农机，2018，141（1）：57–58.

［13］夏吉庆，韩豹，周德春. 我国大型连续式谷物干燥机现状及发展趋势［J］. 现代化农业，2003，290（9）：37–38.

［14］夏俊勇. 水稻联合收割机双割刀的使用与调整［J］. 现代农业装备，2007（6）：75.

［15］徐志坚，耿占斌，廖汉平. 对拖拉机采用动力换挡技术的思考［J］. 农机导购，2012：21–23.

［16］浙江省农机管理局. 谷物收获机械［M］. 杭州：浙江大学出版社，1998.

［17］黄丹枫. 叶菜类蔬菜生产机械化发展对策研究［J］. 长江蔬菜，2012（2）：1–6.

［18］孙学岩. 谈蔬菜自动化收获机械研究现状［J］. 农业机械，2008（11）：43.

［19］王芬娥，郭维俊，曹新惠，等. 甘蓝生产现状及其机械化收获技术研究［J］. 中国农机化，2009（3）：79–82，89.

［20］冯泽生. 优质茶园耕作方式及耕作技术［J］. 农技服务，2009，26（5）：153，169.

［21］韩余，肖宏儒，秦广明，等. 国内外采茶机械发展状况研究［J］. 中国农机化学报，2014，35（2）：20–24.

［22］罗学平，赵先明. 茶叶加工机械与设备［M］. 北京：中国轻工业出版社，2015.

［23］邵鑫. 茶叶机械［M］. 北京：中国农业出版社，2011.

［24］肖宏儒，权启爱. 茶园作业机械化技术及装备研究［M］. 北京：中国农业科学技术出版社，2012.

［25］杨拥军，陈力航，喻季红，等. 一种小型茶园中耕机的研制［J］. 茶叶通讯，2011，38（4）：11–14.

［26］李莉. 果园常用机械介绍［N］. 中国农机化导报，2015.

［27］李善军，邢军军，张衍林，等. 7YGS–45型自走式双轨道山地果园运输机［J］. 农业机械学报，2011，42（8）：85–88.

［28］汤晓磊. 7YGD–45型单轨果园运输机的设计［D］. 华中农业大学，2012.

［29］王发明. 如何选用喷雾机［J］. 农业机械，2015（16）：46–47.

［30］王鹏飞,刘俊峰,程小龙,等.乘坐式果园割草机割刀使用性能研究［J］.农机化研究,2015(8):181-183.

［31］张凯鑫,张衍林.2011.牵引式单轨果园运输机的设计和实现［C］//中国农业工程学会2011年学术年会论文集.中国农业工程学会(CSAE).

［32］赵德金,郭艳玲,宋文龙.国内外树木移植机械的研究现状与发展趋势［J］.安徽农业科学,2014,42(18):6064-6067.

［33］周昆.挖树机,该来的总会来［N］.中国花卉报.

［34］林静.食用菌栽培加工生产技术与机械设备［M］.北京:中国农业出版社,2015.

［35］柳琪.食用菌全程机械化发展趋势判断［J］.农机科技推广,2017,5:41-42.

［36］任维民,张振国,王艳艳.食用菌工厂化生产新技术问答［M］.北京:中国农业出版社,2004.

［37］卜利源.池塘循环流水高效养殖技术.2017,11.

［38］余红喜,凌武海,任信林,等.池塘高效循环流水养殖鳜鱼试验[J].水产养殖,2017(9):7-8.

［39］黄涛.畜牧机械［M］.北京:中国农业出版社,2008.

［40］李传友,何润兵,熊波.养殖业畜禽病死尸体处理现状及解决措施——以北京市为例［J］.中国畜牧,2014,50(10):77-80.

［41］李烈柳.水产机械使用与维修［M］.北京:金盾出版社,2005.

［42］陆文聪,马永喜,薛巧云.集约化畜禽养殖废弃物处理与资源化利用［J］.农业现代化研究,2010,31(4):488-491.

［43］农业部农机试验鉴定总站.设施养牛装备操作工［M］.北京:中国农业出版社,2014.

［44］吴宝逊.水产养殖机械［M］.北京:中国农业出版社,1996.

［45］万雪,崔金光,李颖,等.病死动物的无害化处理建议［J］.饲养饲料,2013(4):121-124.

［46］王泽南.畜禽饲养机械使用与维修［M］.合肥:安徽科学技术出版社,2004.

［47］杨淑华,张秀花,弋景刚,等.基于TRIZ理论的对辊式对虾分级机改进设计［J］.食品研究与开发,2017,38(19):221-224.

［48］朱国清.山西省水产养殖管理存在问题及对策［J］.山西水利,2008,24(5):55-56.

［49］曾志将.养蜂学［M］.北京:中国农业出版社,2002.

［50］刘显俊.温室电除雾防病促生系统的原理及应用［J］.农业科技与装备,2015,5:72-73.

［51］邱育群,邱肇光.高精度恒温恒湿空调的研发及试验验证［J］.制冷与空调,2006,6(3):82-85.

［52］沈瀚,秦贵.设施农业机械［M］.北京:中国大地出版社,2009.

［53］秦国成,秦贵,张艳红.设施农业装备技术现状及发展趋势［J］.农业工程,2012,2(3):8-11.

［54］黄茜斌,杨桂玲,刘高平,等.东魁杨梅罗幔(网室)避雨栽培的研究与应用[J].浙江农业科学,2018,59(9):1687-1693.

［55］梁克宏,王允镔,龚洁强,等.东魁杨梅防虫网室栽培的应用[J].浙江柑橘,2018,35(1):30-32.

［56］尹安东,张维标.农用排灌机械使用与维修［M］.合肥:安徽科学技术出版社,2004.

［57］张承林,郭彦彪.灌溉施肥技术［M］.北京:化学工业出版社,2006.

［58］赵鹏程,赵力,丁国良,等.地热热泵循环工质的开发及系统匹配［J］.太阳能学报,2004,25(2):211-216.

［59］陈兵旗,东城清秀,渡边兼五,等.插秧机器人视觉系统研究——土田埂的检测［J］.日本农业机械学报,1998,60(5):63-74.

［60］何勇,赵春江.精细农业［M］.杭州:浙江大学出版社,2010.

[61]胡静涛,高雷,白晓平,等.农业机械自动导航技术研究进展[J].农业工程学报,2015,31（10）:1-10.

[62]李道亮.物联网与智慧农业[J].农业工程,2012,2(1):1-7.

[63]凌云.物联网技术与应用[M].杭州:浙江人民出版社,2012.

[64]张红霞,张铁中,陈兵旗.基于模式识别的农田目标定位线检测[J].农业机械学报,2008,39（2）:107-111.

[65]赵颖,陈兵旗,王书茂.基于机器视觉的耕作机器人行走目标直线的检测[J].农业机械学报,2006,37(4):81-86.

[66]中国电信智慧农业研究组.智慧农业:信息通信技术引领绿色发展[M].北京:电子工业出版社,2013.

[67]丁为民.农业机械学[M].北京:中国农业出版社,2011.

[68]杭州市农业局.农业机械化新技术[M].杭州:浙江科学技术出版社,2004.

[69]李宝筏.农业机械学[M].北京:中国农业出版社,2003.

[70]全国农业机械标准化技术委员会农业机械化分技术委员会.NY/T 1640—2015 农业机械分类[S].北京:中国农业出版社,2015.

[71]舒伟军.农业机械化知识读本[M].杭州:浙江科学技术出版社,2012.

[72]吴尚清,王学才.新型农机驾驶员培训读本[M].北京:中国农业科学技术出版社,2009.

[73]徐莉.农机修理工[M].北京:中国劳动社会保障出版社,1996.

[74]郑先凯,韩李,李振辉.新型农业机械使用与维修[M].北京:中国林业出版社,2016.

致 谢

感谢以下单位为本书提供资料

第一章　粮油机械

第一拖拉机股份有限公司

常州汉森机械有限公司

华南农业大学

河北农哈哈机械集团播种分公司

合肥多加农业科技有限公司

黑龙江省嫩江县长江农机有限责任公司

河南豪丰机械制造有限公司

湖南农夫机电有限公司

杭州精工液压机电制造有限公司

湖州思达机械制造有限公司

久保田农业机械（苏州）有限公司

宁波天海制冷设备有限公司

青岛洪珠农业机械有限公司

山东永佳动力股份有限公司

上海世达尔现代农机有限公司

上海三久机械有限公司

嵊州市科灵机械有限公司

台州市一鸣机械设备有限公司

威而德（日照）园林机械有限公司

星光农机股份有限公司

洋马农机（中国）有限公司

浙江加百列生物科技有限公司

中联重机股份有限公司

中农丰茂植保机械有限公司

重庆鑫源农机股份有限公司

佐佐木爱克赛路机械（南通）有限公司

第二章　蔬菜机械

宝鸡市鼎铎机械有限公司

常州亚美柯机械设备有限公司

井关农机（常州）有限公司

上海康博实业有限公司

上海矢崎机械贸易有限公司

山东青州市重信农机制造有限公司

山东省临沂市亿卓机械设备有限公司

无锡悦田农业机械科技有限公司

洋马农机（中国）有限公司

浙江博仁工贸有限公司

第三章　茶叶机械

福建佳友茶叶机械智能科技股份有限公司

杭州千岛湖丰凯实业有限公司

宁波市姚江源机械有限公司

南京风工农业科技有限公司

安徽中科光电色选机械有限公司

安吉元丰茶叶机械有限公司

嵊州市众兴机械有限公司

浙江天峰机械有限公司

浙江川崎茶业机械有限公司

浙江春江茶叶机械有限公司

浙江恒峰科技开发有限公司

浙江红五环制茶装备股份有限公司

浙江上洋机械股份有限公司

浙江上河茶叶机械有限公司

浙江绿峰机械有限公司

第四章　水果机械

高密市益丰机械有限公司
华中农业大学
杭州吉美实业有限公司
江西绿萌科技控股有限公司
临安市浙西新纪元机械制造有限公司
宁波利豪机械有限公司

宁国市昌水山核桃脱脯机械有限公司
山东永佳动力股份有限公司
上海康博实业有限公司
威而德（日照）园林机械有限公司
筑水农机（常州）有限公司

第五章　食用菌机械

慈溪市瑞丰农业投资有限公司
浙江（龙泉）菇源自动化设备有限公司
浙江宏业装备科技有限公司

浙江叶华机械制造有限公司
庆元县菇星节能机械有限公司

第六章　畜牧水产机械

北京京鹏环宇畜牧科技有限公司
海宁市海牧农牧科技有限公司
杭州珑池泉科技有限公司
四方力欧畜牧科技股份有限公司
浙江富地机械有限公司

浙江明江环保科技有限公司
浙江牧神机械有限公司
嵊州市科灵机械有限公司
浙江三庸蜂业科技有限公司

第七章　设施农业装备

杭州华垦农业设施技术开发有限公司
杭州继实节能技术有限公司

杭州阳田农业设备有限公司
上海华维节水灌溉股份有限公司

第八章　农业物联网与智能装备

北京天宝伟业科技有限公司
广州极飞科技有限公司
杭州宝瑞农业科技有限公司
杭州启飞智能科技有限公司
洛阳市博马农业工程机械有限公司

宁波瑞丰机电科技有限公司
深圳高科新农技术有限公司
深圳市大疆创新科技有限公司
浙大正呈科技有限公司
浙江托普云农科技股份有限公司